ECOSISTEMAS DE LA CUENCA HIDROGRÁFICA DEL RÍO SAVEGRE COSTA RICA

Heiner Acevedo • Julio Bustamante
Luis Paniagua • Ronald Chaves

Ilustraciones de
Francisco Quesada

INBio
Instituto Nacional de Biodiversidad

MUSEO NACIONAL DE COSTA RICA

MINISTERIO DEL AMBIENTE Y ENERGÍA
-MINAE-

ARAUCARIA
Cooperación española
AECI

333.917
E18e Ecosistemas de la cuenca hidrográfica del Río Savegre / Heiner Acevedo [et al] ; ilustrado por Francisco Quesada y Luis González. – 1 ed.-- Santo Domingo de Heredia, Costa Rica: Instituto Nacional de Biodiversidad, INBio,
2002

352 p. : ils. ; 12,5 cm x 20,5 cm. – (Serie Ecosistemas de Costa Rica. 1)

Incluye mapas y fotografías a color

ISBN 9968 - 702 – 73 - 0

1. Río Savegre (Puntarenas, Costa Rica). 2. Biodiversidad. 3. Cuencas hidrográficas. 4. Ecosistemas. I. Acevedo, Heiner. II. Quesada, Francisco, il. III. Gonzáles, Luis, il. IV. Título

Esta publicación se hizo posible gracias a la colaboración económica del Proyecto Desarrollo Sostenible de la cuenca hidrográfica del río Savegre, que forma parte del Programa Regional Araucaria, financiado con fondos del Gobierno del Reino de España.

Coordinador editorial: Fabio Rojas Carballo

Revisores científicos: Maarten Kappelle, Marco Castro

Editor: Daniel Rueda Araya

Ilustraciones: Francisco Quesada

Perfiles: Luis González

Fotografías: Heiner Acevedo, Ronald Chaves,
Julio Bustamante, Luis González

Ilustración de portada: Francisco Quesada

Diseño y diagramación: Kattia Salazar Retana

Primera edición 2002, 2.000 ejemplares

Hecho en Costa Rica por la
Editorial INBio

Contenido

Índice de los ecosistemas

22. Matorral tropical denso arbolado siempreverde latifoliado montano alto bien drenado
23. Matorral tropical ralo siempreverde latifoliado montano alto bien drenado
24. Herbazal tropical arbustivo siempreverde montano alto bien drenado dominado por gramíneas
25. Matorral tropical denso siempreverde latifoliado subalpino bien drenado
26. Herbazal tropical arbustivo siempreverde subalpino bien drenado dominado por gramíneas
27. Matorral tropical denso siempreverde latifoliado alpino bien drenado
28. Matorral tropical denso arbolado siempreverde latifoliado alpino bien drenado
29. Herbazal tropical arbustivo siempreverde alpino bien drenado dominado por gramíneas
30. Herbazal tropical denso siempreverde basal bien drenado dominado por gramíneas
31. Herbazal tropical arbolado siempreverde basal bien drenado dominado por gramíneas
32. Herbazal tropical denso siempreverde premontano bien drenado dominado por gramíneas
33. Herbazal tropical arbolado siempreverde premontano bien drenado dominado por gramíneas
34. Herbazal tropical denso siempreverde montano bajo bien drenado dominado por gramíneas
35. Herbazal tropical arbolado siempreverde montano bajo bien drenado dominado por gramíneas
36. Herbazal tropical denso siempreverde montano alto bien drenado dominado por gramíneas
37. Herbazal tropical ralo siempreverde montano alto bien drenado dominado por gramíneas
38. Plantación arbórea maderable tropical de melina (*Gmelina arborea*)
39. Plantación arbórea maderable tropical de teca (*Tectona grandis*)
40. Plantación arbórea frutal tropical de palma de aceite (*Elaeis guianensis*)
41. Plantación arbórea frutal tropical de pejiballe (*Bactris gasipaes*)
42. Plantación arbustiva frutal tropical de café (*Coffea* spp.)
43. Plantación arbustiva frutal tropical de mora (*Rubus* spp.)
44. Plantación herbácea frutal tropical de arroz (*Oryza sativa*)

Presentación

Esta obra, titulada "Guía de los ecosistemas de la cuenca hidrográfica del río Savegre", constituye un nuevo resultado del Proyecto de Desarrollo Sostenible que se lleva a cabo en esta zona, con el objetivo prioritario de mejorar la calidad de vida de sus habitantes. Me satisface su publicación, además, porque en el proyecto participan activamente científicos y técnicos costarricenses y españoles, junto con las comunidades del lugar.

Con la lectura de esta obra, el lector puede apreciar la importante cantidad y calidad de información obtenida, mediante el estudio y la clasificación de los ecosistemas presentes en la cuenca. A su vez, esto confirma la urgencia de promover, con tenacidad y orientación estratégica, un proceso de ordenamiento de los recursos biológicos, físicos y socioeconómicos existentes en Costa Rica. Particularmente, puede observarse la gran riqueza en biodiversidad de la cuenca del río Savegre, la cual representa tan solo el 1% de la superficie del territorio costarricense, pero contiene hasta un 20% de su flora total.

La catalogación de los 44 diferentes ecosistemas identificados se propone como una útil herramienta metodológica, tanto para investigadores y educadores como para instituciones públicas y privadas relacionadas con el estudio del territorio. Sin duda alguna, con el uso adecuado y el examen riguroso de los elementos y las especies propias de cada ecosistema, los interesados tendrán la oportunidad de descubrir más y mejores alternativas de aplicación.

En mi calidad de Embajador de España en Costa Rica, me complace prologar esta obra con la seguridad de que será especialmente utilizada, pues desde ahora queda abierta para su estudio y accesible a cualquier persona que desee ampliar los conocimientos sobre las características de los ecosistemas y las especies vegetales localizadas.

Mis felicitaciones a las instituciones responsables del proyecto, a los científicos y técnicos y a las comunidades involucradas , y mi deseo y apoyo para que continúen por esta línea de trabajo y de superación permanente.

Víctor Ibáñez-Martín Mellado
Embajador de España

Este libro está dedicado a los habitantes de la cuenca hidrográfica del río Savegre, ejemplo para todo Costa Rica, por promover una visión integral del desarrollo sostenible basado en la conservación de la biodiversidad.

Agradecimientos

Agradecemos al Ministerio del Ambiente y Energía (MINAE), en la persona de Elizabeth Odio, ex titular de ese despacho y ex Vicepresidenta de la República. Al Sistema Nacional de Áreas de Conservación (SINAC) y a su ex director Luis Rojas. Al Instituto Nacional de Biodiversidad (INBio) y, en particular, a su Director General, Rodrigo Gámez, por fortalecer día a día la alianza estratégica entre estas instituciones para la conservación y el desarrollo de los recursos naturales de Costa Rica.

A los miembros del Comité Técnico de ECOMAPAS Maarten Kappelle, Marco Castro y Francisco González, por su permanente apoyo.

Al personal del Área de Conservación Pacífico Central (ACOPAC) y a su director, Rafael Gutierrez, por el interés y apoyo incondicional durante las fases de este proyecto.

Al Catastro Nacional, por facilitar las fotografías aéreas del Proyecto MINAE–RECOPE, y en especial a Marlon Aguilar y Jorge Avendaño.

A Sergio Romero, por gestionar ante el proyecto RECOPE–MINAE el préstamo de la cartografía digital escala 1:25.000, para la elaboración de los ecosistemas de la cuenca hidrográfica del río Savegre.

Al Proyecto de Desarrollo Sostenible de la Cuenca Hidrográfica del río Savegre, al Proyecto Integral Araucaria y a la Agencia Española de Cooperación Internacional (AECI), por el especial entusiasmo y colaboración en todo el proceso, desde el diseño hasta la publicación de esta obra.

A Fabiana Murillo y Alexander Rodríguez, por el apoyo en el levantamiento de información de campo, de las bases de datos y la identificación de especímenes. A Quírico Jiménez y al personal del Programa de Inventario, por la colaboración brindada.

A Armando Estrada, Rafael Chacón, Silvia Lobo, Alonso Quesada, Armando Ruiz, Germán Vega, Joaquín Sánchez y Javier Solano, todos miembros del Departamento de Historia Natural del Museo Nacional de Costa Rica, por el apoyo en el levantamiento de información de campo, la comprobación de campo, la digitación de las bases de datos y la identificación de los especímenes recolectados; muy especialmente a su directora, Cecilia Pineda.

A la Empresa Lighthawk y al piloto Gene Steffen, por la oportunidad de efectuar el sobrevuelo de la cuenca.

A nuestros compañeros del Proyecto ECOMAPAS, Alfonso Garita, Huberth Monge y Luis González, por todo el trabajo y apoyo incondicional.

Agradecemos a todos y esperamos que la presente obra satisfaga sus expectativas y sea útil para la comunidad nacional e internacional, por el bien de la conservación y el uso sostenible de la biodiversidad costarricense.

Resumen ejecutivo

Esta obra tiene como objetivo presentar los resultados de un estudio ecológico realizado en la cuenca hidrográfica del río Savegre, durante setiembre de 2000 y julio de 2001. En ella se destacan las actividades del inventario y mapeo de los ecosistemas y de la caracterización de la vegetación, llevadas a cabo por tres instituciones costarricenses, a saber: el Instituto Nacional de Biodiversidad (INBio), el Museo Nacional de Costa Rica (MNCR) y el Área de Conservación Pacífico Central (ACOPAC) del Ministerio del Ambiente y Energía.

La cuenca hidrográfica del río Savegre se encuentra ubicada en la vertiente pacífica de la Cordillera de Talamanca, en la región del Pacífico central de Costa Rica. Cuenta con una superficie total de 58.917 hectáreas (aproximadamente 589 km^2), que comparte con dos de las 11 áreas de conservación del país: el Área de Conservación Pacífico Central (ACOPAC) y el Área de Conservación La Amistad-Pacífico (ACLAP). Hoy día, la cuenca hidrográfica ostenta cuatro categorías de manejo de áreas silvestres protegidas (ASP), que conjuntamente representan el 71,9% de su superficie. De ellas destaca la Reserva Forestal Los Santos.

Este tipo de estudio surge por la necesidad de satisfacer la demanda costarricense de información ecológica, en relación con el mapeo, el inventario y el monitoreo de la biodiversidad en el ámbito de las especies y de los ecosistemas, para la adecuada toma de decisiones en las áreas de conservación, especialmente en cuanto al uso sostenible de la biodiversidad *in situ*.

Es así como, mediante la aplicación de ciertas metodologías diseñadas especialmente para estudios ecológicos, fue posible realizar el trabajo de campo y la recolección de las muestras botánicas en 95 puntos de muestreo. Como parte de los resultados obtenidos, el Proyecto ECOMAPAS reportó para la cuenca hidrográfica del río Savegre un total de 1.526 especies de plantas vasculares, de las cuales 1.110 corresponden a nuevos registros para la zona. Esto demuestra la importancia de estos estudios para documentar la riqueza florística en zonas específicas del país.

Del mismo modo, se reportan 57 especies endémicas (para Costa Rica se estima un total de 1.200 especies) y, específicamente, dos especies endémicas para la cuenca: *Passiflora gilbertiana* (Passifloraceae, hierba) y *Bartlettina silvicola* (Asteraceae, arbusto). ECOMAPAS reportó, también, 11 especies amenazadas y tres especies en veda. Para el conocimiento de la flora costarricense, es muy satisfactorio mencionar el hallazgo de la especie *Sebastiania panamensis* (Euphorbiaceae), un arbusto de bosques montanos (2.100–3.100 m.n.s.m.) que anteriormente solo se conocía en Panamá.

En este estudio se determinó la existencia y el mapeo de 44 ecosistemas, distribuidos en seis pisos altitudinales. De ellos, nueve se clasifican como ecosistemas naturales, 20 como seminaturales y 15 como culturales. Los ecosistemas naturales representan el 63,04% de superficie de la cuenca, mientras los culturales el 21,73% y los seminaturales el 13,82%.

La información geográfica y ecológica se incorporó en una base de datos, administrada por un sistema de información geográfica (SIG), que permite gran flexibilidad para el diseño y la producción de mapas de cobertura de la tierra, de los ecosistemas y de la vegetación. Técnicamente, se trata de un SIG que se podrá ampliar, actualizar y modificar, de manera fácil y rápida, según sean las necesidades de los diferentes sectores de la sociedad interesados en estas tecnologías y conocimientos. El uso del SIG facilitará el desarrollo de una variedad de productos, tales como: (a) claves para la identificación y descripción de ecosistemas y su vegetación en una región definida, (b) mapas impresos, (c) mapas digitales en disco compacto y para INTERNet y (d) guías de campo, entre otros.

Sin duda, los resultados del Proyecto ECOMAPAS serán utilizados por las instituciones participantes (INBio, MNCR y el SINAC) y por otras organizaciones, nacionales e internacionales, que tienen como objetivo primordial contribuir con la conservación y el uso sostenible de la biodiversidad costarricense. En particular, esta información constituye un aporte básico y actualizado para la elaboración de un plan de ordenamiento territorial de la cuenca, siempre con la meta impostergable de racionalizar la utilización de los recursos, de asegurar la protección de la biodiversidad y de mejorar la calidad de vida de los habitantes de la zona.

Introducción y antecedentes

Introducción

Esta publicación ha sido organizada de manera que sirva como una guía de campo. Es decir, una guía que le permita al lector ubicar un ecosistema específico, sea con el fin de investigarlo, compararlo o simplemente observarlo en el sitio mismo de estudio.

La guía se conforma de cuatro capítulos. Además, contiene una introducción general y los antecedentes del proyecto ECOMAPAS, su naturaleza, objetivos y actores participantes; una lista de acrónimos; un glosario -que recomendamos utilizar en todo momento-; una lista de las especies de plantas vasculares observadas; una leyenda de dibujos de las plantas vasculares, con las cuales se realizaron los perfiles de vegetación; y, finalmente, un mapa desplegable de los ecosistemas de la cuenca a escala 1:100.000.

El primer capítulo trata sobre las generalidades de la cuenca, su ubicación geográfica y administrativa, la presencia de áreas silvestres protegidas, los aspectos biofísicos y la riqueza florística, entre otros temas.

Por su parte, el capítulo dos ofrece un resumen de la metodología empleada por el Proyecto ECOMAPAS, conocida como Evaluación Ecológica Rápida (EER). En términos generales, se describen los detalles más importantes del proceso de recolección general de la información, asimismo, se propone la definición de una clave para la clasificación de los ecosistemas, que utiliza la información recolectada y la verifica en el campo a partir de un muestreo estratificado. Para quienes estén interesados en profundizar más sobre esta materia, en los apéndices se presenta un resumen complementario, también se les recomienda el informe técnico titulado "Caracterización de la vegetación y manual de flora de la cuenca hidrográfica del río Savegre, Costa Rica" (INBio, MINAE y MNCR, 2001), el cual se encuentra en las oficinas regionales del Área de Conservación Pacífico Central (ACOPAC), en la Fundación de Parques Nacionales (Proyecto Desarrollo Sostenible de la Cuenca Hidrográfica del Río Savegre), en el INBio o en el MNCR.

El capítulo tres refiere a la lista, descripción y nomenclatura de los ecosistemas. Para cada uno de los ecosistemas identificados en la cuenca se presenta la descripción fisionómica, que incluye un detalle pormenorizado de la vegetación, del clima, de la hidrología, de la geomorfología, del suelo, de la distribución altitudinal y del impacto

humano. Además, se incluyen dos fotografías del ecosistema, una lista de plantas que responde a la riqueza florística observada en los diferentes puntos de muestreo, un mapa sobre la distribución del ecosistema en la cuenca y un perfil o esquema (idealizado) de la vegetación del ecosistema. Y, finalmente, el capítulo cuatro presenta una pequeña introducción al tema de la cobertura de la tierra.

Antecedentes del proyecto

El proyecto ECOMAPAS tiene la misión de contribuir con el desarrollo del conocimiento y el uso sostenible de la biodiversidad de Costa Rica. Inició en el año 1998 y, como parte de sus objetivos principales, pretende recolectar datos ecológicos y elaborar mapas sobre los ecosistemas costarricenses.

ECOMAPAS se ha constituido en un importante componente de la iniciativa denominada Desarrollo del Conocimiento y Uso Sostenible de la Biodiversidad (Decreto N° 27912-RE), a cargo del INBio y del SINAC, la cual cuenta con el apoyo financiero del Gobierno del Reino de los Países Bajos (Holanda). En particular, esta iniciativa busca conocer la realidad de cinco áreas de conservación (AC), a saber: Osa (ACOSA), La Amistad-Pacífico (ACLAP), La Amistad-Caribe (ACLAC), Tempisque (ACT) y Arenal (ACA). Simultáneamente, con fondos facilitados por el Gobierno del Reino de España, ECOMAPAS ha venido estudiado la cuenca hidrográfica del río Savegre y el Área de Conservación Pacífico Central (ACOPAC), en el marco del Proyecto de Desarrollo Sostenible de la Cuenca Hidrográfica del Río Savegre.

Los gobiernos de la República de Costa Rica y del Reino de España, animados por sus lazos históricos, por un mutuo interés en el intercambio científico técnico y el fortalecimiento de la cooperación para el desarrollo sostenible, promovieron un Acuerdo Complementario de Cooperación. En el caso costarricense, este instrumento de colaboración recíproca fue aprobado por la Asamblea Legislativa, mediante Ley N°7822 del 3 de setiembre de 1998, y publicado en el Diario Oficial La Gaceta el 29 de setiembre del mismo año.

Precisamente, con base en ese acuerdo, el 7 de abril de 1999 se concertó el Proyecto Desarrollo Sostenible de la Cuenca Hidrográfica del Río Savegre, cuya normativa fue publicada en La Gaceta el 27 de julio de 1999. Como parte de la articulación de esfuerzos internacionales, este proyecto se enmarca dentro del Programa Araucaria para la Conservación de la Diversidad Biológica y el Desarrollo Sostenible en Iberoamérica, y se ha constituido en el mecanismo idóneo de acción conjunta y de participación activa de las instituciones públicas y privadas, costarricenses y españolas, comprometidas con el mejoramiento y el cumplimiento de los compromisos internacionales adquiridos en esta materia.

Al suscribir el Convenio sobre la Diversidad Biológica, Costa Rica y España comparten la necesidad de establecer actividades conjuntas para la preservación de los recursos naturales, particularmente en áreas que presentan rentas menores a la media nacional y carencias en los servicios sociales básicos.

En esa perspectiva, el Proyecto de Desarrollo Sostenible de la Cuenca Hidrográfica del Río Savegre tiene la misión de sistematizar y unir todos los esfuerzos posibles que surgen de los diferentes sectores sociales y económicos orientados a la consecución de los objetivos nacionales de conservación y uso sostenible de la biodiversidad. Para ello, promueven acciones y alianzas estratégicas locales, regionales, nacionales e internacionales y se aprovechan las iniciativas de cooperación mutua entre la República de Costa Rica y el Reino de España.

El Proyecto de Desarrollo Sostenible de la Cuenca Hidrográfica del Río Savegre está considerado un proyecto líder que busca mejorar la calidad de vida de los habitantes de la zona y la protección, el conocimiento y el uso sostenible de los recursos naturales, a partir de acciones concretas en el campo de la conservación de la biodiversidad, del apoyo a los sistemas productivos sostenibles y el impulso de la gestión y participación social.

Para el logro de ese proceso, por su condición de socio del proyecto y tratándose de una organización para el desarrollo de los temas de biodiversidad y turismo rural, el INBio aporta el conocimiento y la experiencia obtenida en el mapeo de los ecosistemas y en los estudios de botánica, a lo largo de más de 12 años de trabajo continuo.

Finalmente, es importante mencionar que, dado el interés y compromiso del Proyecto de Desarrollo Sostenible de la Cuenca Hidrográfica del Río Savegre, se ha generado una alianza estratégica entre el INBio y el Museo Nacional de Costa Rica, institución líder también en el conocimiento y la gestión de la biodiversidad costarricense. Esta sinergia ha permitido la apertura de muchos otros canales de colaboración, en los cuales ambas instituciones participan muy activamente.

CAPÍTULO I

Generalidades de la cuenca hidrográfica

Ubicación geográfica

El área de estudio del Proyecto Desarrollo Sostenible de la Cuenca Hidrográfica del Río Savegre se ubica en la región del Pacífico Central de Costa Rica, en las estribaciones de la Cordillera de Talamanca que descienden hacia la vertiente del Pacífico. Se localiza entre las coordenadas 83°71´ - 84°07´ longitud oeste y 9°34´ - 9°63´ latitud norte, con altitudes desde los 0 metros sobre el nivel del mar (msnm) en la costa hasta los 3.491 msnm, cuya referencia máxima es el cerro Buena Vista (cerro de La Muerte).

Bajo la administración del SINAC, la cuenca se compone de 58.917,87 hectáreas, distribuidas en dos áreas de conservación: el Área de Conservación Pacífico Central (ACOPAC), la cual representa el 89,9% de la superficie y el Área de Conservación La Amistad-Pacífico (ACLAP), con un 10,1%.

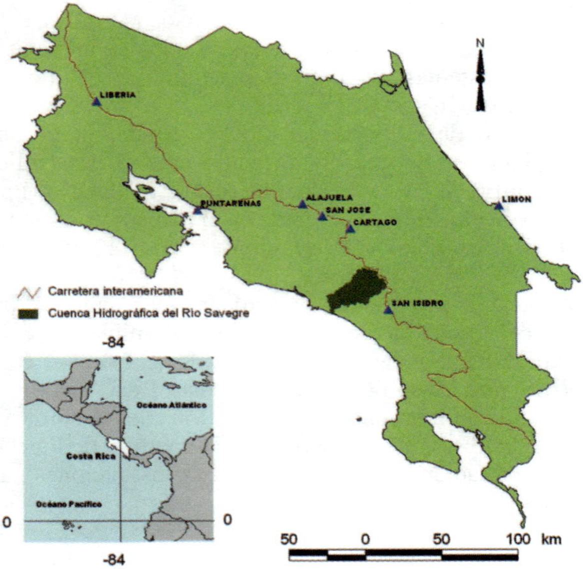

Ubicación geográfica de la cuenca hidrográfica del río Savegre.

Ubicación política y administrativa

Desde la perspectiva de la distribución política y administrativa, la cuenca del río Savegre pertenece a las provincias de San José y Puntarenas. Su superficie comprende parte de los cantones de Tarrazú (12,87 km²), Dota (171,79 km²) y Peréz Zeledón (324,66 km²), en San José y el cantón de Aguirre (79,86 km²) en Puntarenas, para total de 589,18 km². Específicamente, la cuenca está distribuida en diez distritos: Naranjillo, Quepos y Savegre (Aguirre); Copey y Santa María (Dota); Barú, Páramo, Río Nuevo y Rivas (Peréz Zeledón) y San Lorenzo (Tarrazú).

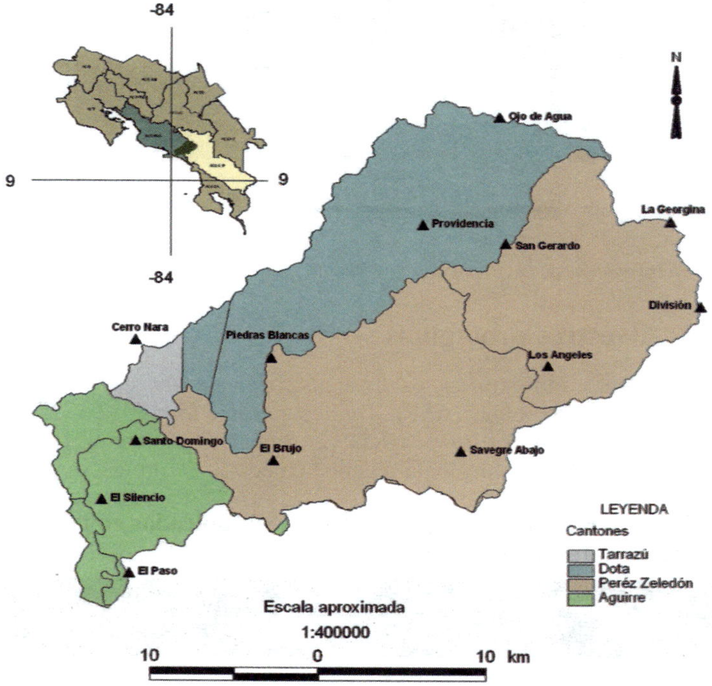

División política y administrativa de la cuenca hidrográfica del río Savegre.

Básicamente, la superficie de la cuenca representa el 1,15% del territorio nacional. En esta zona conviven 3.802 habitantes, distribuidos en 35 comunidades rurales. La mayor cantidad de población se concentra en el sector medio y bajo de la cuenca (Cordero *et al.*, 1998).

Principales poblados de la cuenca hidrográfica del río Savegre.

Áreas silvestres protegidas

La cuenca hidrográfica ostenta cuatro categorías de manejo de áreas silvestres protegidas (ASP). De la superficie total (58.917,87 ha), el 71,9% (42.345 ha) está ocupada por áreas silvestres y el 28,1% (16.573 ha) restante no presenta ninguna categoría de protección.

Cuadro 1. Áreas silvestres protegidas (ASP) ubicadas en la cuenca hidrográfica del río Savegre

Categorías de manejo	Nombre	Extensión total de ASP (ha)	Extensión ASP en la cuenca (ha)	Porcentaje ASP en la cuenca
Reserva biológica	Cerro Las Vueltas	801	455	0,8
Zona protectora	Cerro Nara	2.351	654	1,1
Reserva forestal	Los Santos	60.542	41.026	69,6
Parque nacional	Tapantí-Macizo de la Muerte	58.322	210	0,4
Total		122.016	42.345	71,9

Fuentes: García (1997) y MINAE-SINAC (1999).

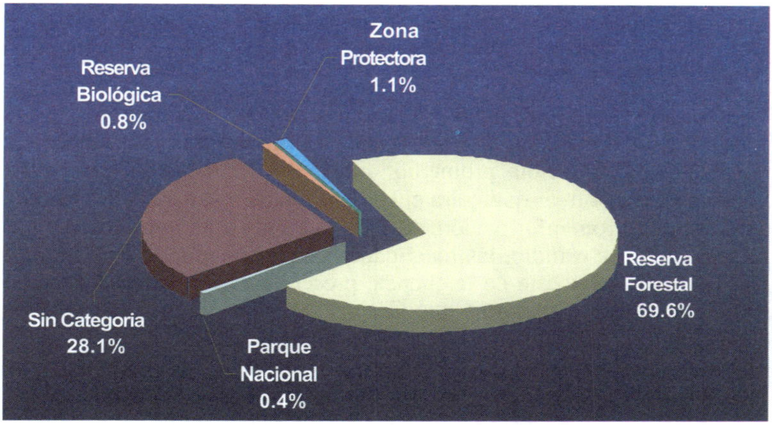

Figura 1. *Porcentaje que ocupan las áreas silvestres protegidas en la cuenca hidrográfica del río Savegre.*

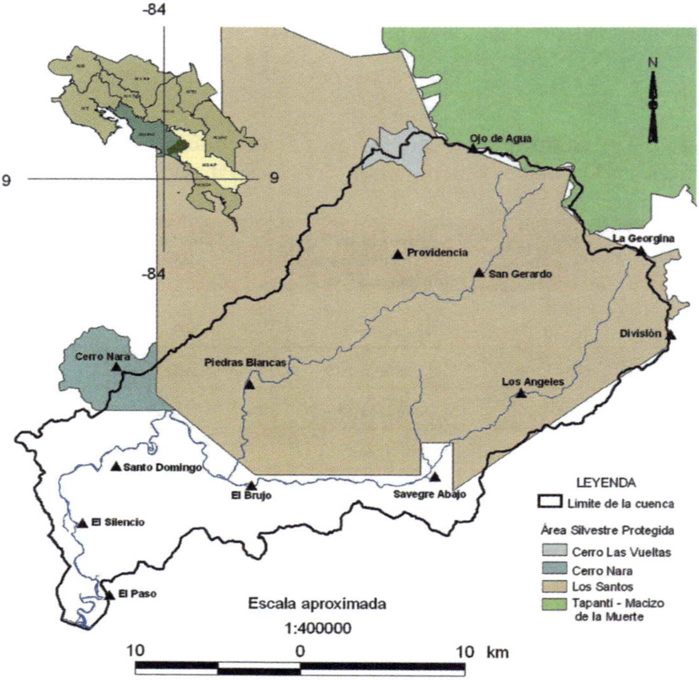

Áreas silvestres protegidas ubicadas en la cuenca hidrográfica del río Savegre.

Aspectos biofísicos

Basados en un mapa temático sobre distribución de la precipitación, Barrantes y Vega (2001) estimaron para la cuenca un rango de precipitación promedio anual de 2.293–6.108 mm. Es importante mencionar que, para el cálculo de los resultados previos, los autores utilizaron información de 27 estaciones meteorológicas. De acuerdo con ese estudio, las localidades conocidas como Cerro Nara y Río Blanco, al suroeste de la cuenca, presentan la mayor precipitación (5.500-6.000 mm), mientras que Cerro Palangana (al noroeste), Cerro Asunción y Cerro Sakira (al norte de la cuenca) se incluyen entre las de menor precipitación (2.000–2.500 mm).

La cuenca hidrográfica del río Savegre posee un rango altitudinal de 0-3.491 m.n.s.m. Este gradiente le brinda una significativa riqueza florística, debido a la diversidad de climas presentes con temperaturas entre menos 5° C y más 24° C. Especialmente, en la cuenca existen seis pisos altitudinales que corresponden a un similar número de provincias térmicas. En el cuadro 2 se muestra la distribución de los pisos altitudinales y su relación con las provincias térmicas (Herrera y Gómez,1993).

Cuadro 2. Delimitación de los pisos altitudinales y provincias térmicas en la cuenca hidrográfica del río Savegre, 2001.

Piso altitudinal	Altitud (m.n.s.m.)	Provincia térmica (temperatura media anual en ° C)	Superficie (ha)	Porcentaje (%)
Basal	0-500	Tropical > 24	13.062,75	22,17
Premontano	500-1200	Subtropical 20 – 24	15.593,78	26,47
Montano bajo	1200-2100	Templada 15 – 20	14.240,67	24,17
Montano alto	2100-3100	Fría 10 – 15	14.852,75	25,21
Sub Alpino	3100-3300	Boreal baja 5 – 10	859,95	1,46
Alpino	> 3300	Boreal alta < 5	307,98	0,52
Total			**58.917,88**	**100,00**

Fuente: Mapa de pisos altitudinales presentes en la cuenca hidrográfica del río Savegre.

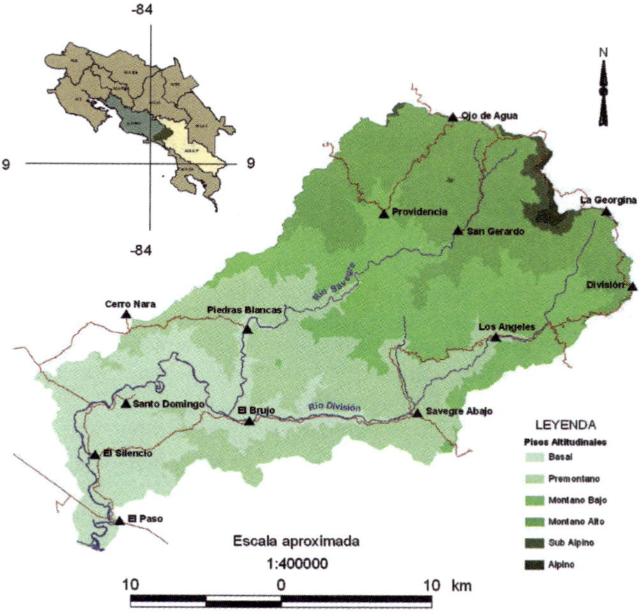

Pisos altitudinales presentes en la cuenca hidrográfica del río Savegre.

Conocimiento actual de la flora

En la Reserva Forestal Los Santos se han realizado estudios florísticos de gran importancia. Por ejemplo, en un trabajo de van Velzen y Wijtzes (1990), llevado a cabo en el bosque montano cercano a la comunidad de San Gerardo de Dota (cantón Dota), se describe la vegetación de la sucesión secundaria de diferentes edades y un total de 302 especies que incluyen helechos, monocotiledóneas y dicotiledóneas (ver Kappelle, 1996). Más recientemente, Kappelle *et al.,* (2000) identificaron 626 especies en la misma región. Por otra parte, en un estudio de exploración botánica realizado por Estrada y Sánchez (2000), en las áreas de altitud media del sureste del Pacífico Central (incluyendo las localidades de Savegre Abajo, Los Ángeles y Santa Eduviges), se identificaron más de 1.000 especies. Del mismo modo, Sánchez (2000) registró 135 especies en un estudio de la flora del páramo en la Reserva Biológica Cerro Vueltas.

Finalmente, el INBio y el MNCR (2001) realizaron una investigación en la cuenca y reportaron 2.024 especies de plantas vasculares, es decir, aproximadamente un 20% de la flora del país, pero en solo el 1,15% del territorio nacional.

CAPÍTULO II

Inventario de los ecosistemas

Con la finalidad de identificar, clasificar y describir los ecosistemas, el Proyecto ECOMAPAS utilizó una estrategia metodológica conformada por dos grandes componentes. En la primera fase, dada la extensión de la cuenca hidrográfica del río Savegre, era necesario emplear ciertas técnicas para recolectar, en el menor tiempo posible y a una escala semidetallada, la información ecológica, biológica y geográfica de la zona. Con esta finalidad, ECOMAPAS seleccionó la metodología conocida como Evaluación Ecológica Rápida (EER).

Una vez obtenida la información, el segundo componente consistió en la definición de una clave para ordenar los datos con el objetivo de identificar y clasificar los ecosistemas; luego se procedió a su verificación en el campo, aplicando un modelo de muestreo estratificado para, finalmente, describir con detalle las características de los ecosistemas de la cuenca hidrográfica del río Savegre y su vegetación (INBIO, MINAE y MNCR, 2001).

Evaluación Ecológica Rápida: I fase

Como se mencionó, la Evaluación Ecológica Rápida (EER) está constituida por un conjunto de técnicas para recolectar, en el menor tiempo posible y a una escala semidetallada, la información de grandes superficies. Sin duda alguna, esta estrategia fue fundamental para la recolección de los datos.

La EER aplica una serie de análisis pormenorizados que utilizan fotografías aéreas e imágenes geoespaciales capturadas por sensores remotos. En el caso del proyecto ECOMAPAS, se utilizaron fotografías aéreas a color (escala 1:40.000), georeferenciadas y procesadas por sistemas de información geográfica (SIG).

La información obtenida de las fotografías aéreas (por ejemplo, la cobertura de la tierra, la vegetación) que es analizada con base en indicadores cartográficos adicionales (por ejemplo, temperatura, humedad, suelo, geomorfología, sistemas de drenaje, red vial, áreas silvestres protegidas, etc.), como la comprobación en el campo (el muestreo estratificado), ayudan a mejorar la calidad de la interpretación de los datos, lo cual se constituye en un factor vital para la planificación del inventario, el monitoreo y la conservación de la biodiversidad (Muchoney *et al.,* 1994; Sayre *et al.,* 2000).

Desarrollo de la clave para la clasificación de ecosistemas: II fase

El segundo componente de la estrategia metodológica empleada por el proyecto ECOMAPAS consistió en seleccionar la clave más adecuada para la clasificación de los ecosistemas. Para esos efectos, el proyecto ECOMAPAS llevó a cabo las siguientes actividades:

- ***Identificación de los ecosistemas***
  - Aplicación de la clave de clasificación fisionómica
  - Identificación preliminar de ecosistemas
  - Verificación de campo
- ***Inventario florístico***
  - Recolección de información en el campo
  - Determinación de especies de importancia para la conservación
  - Presentación de la lista de plantas
- ***Descripción de los ecosistemas***

Identificación de los ecosistemas

Aplicación de la clave de clasificación fisionómica. Para la definición de la clave se utilizó un sistema de clasificación fisionómica desarrollado por el Proyecto ECOMAPAS. Este sistema se basa en la metodología propuesta por van Gils y van Wijgaarden (1984), que ha sido validada y aplicada en diferentes partes del trópico americano y africano y en las zonas templadas del hemisferio norte. Básicamente, el sistema se fundamenta: en a) la identificación y cuantificación de las proporciones de cobertura de las copas de árboles y arbustos: y, b) la sumatoria de esas proporciones, mediante la interpretación de las fotografías aéreas y su respectiva verificación en el campo.

Como parte del primer componente, las fotografías aéreas permitieron identificar varios elementos característicos en áreas que se comportan particularmente homogéneas. Con esa finalidad, algunos de los elementos más buscados en las fotografías aéreas fueron:

(1) Forma: carreteras, ríos, etc.
(2) Tamaño: edificios, árboles, etc.
(3) Patrón: herbazal, matorral, bosque, etc.
(4) Sombras: debido al ángulo del sol y también de nubes.
(5) Tono o color: reflejo que caracteriza un objeto.
(6) Textura: arreglo superficial de las partículas que constituyen una superficie.

Específicamente, de acuerdo con la metodología[1], al interpretar el patrón es posible obtener datos preliminares de la fisionomía de la vegetación. Para ello, en la lectura de las fotografías aéreas se aplican los siguientes supuestos:

(a) Se pueden determinar tres elementos de vegetación: árboles, arbustos y hierbas.
(b) Se puede identificar el elemento de vegetación dominante: árbol, arbusto o hierba.
(c) Se puede cuantificar un porcentaje de cobertura de cada elemento de vegetación (árboles, arbustos y hierbas), para luego determinar el tipo de vegetación (bosques, matorrales o herbazales).
(d) Se pueden combinar los elementos de vegetación (árboles, arbustos y hierbas) con otros elementos característicos (forma, tamaño, patrón, tono y textura) y, con ello, realizar una interpretación más minuciosa de la vegetación (bosques, matorrales o herbazales).

Con base en estos supuestos, el análisis de las fotografías aéreas permitió definir nueve clases fisionómicas básicas que se ubican en un rango de herbazales densos, cuando la cobertura de árboles y arbustos es mínima, a matorrales densos y bosques densos, cuando hay una considerable cobertura de especies leñosas, sean árboles y/o arbustos (cuadro 3). En la figura 2 se presenta la clave esquemática utilizada para la definición de las diferentes clases fisionómicas, según la estructura de la vegetación.

En la figura 3 se puede visualizar la representación idealizada de las nueve clases fisionómicas obtenidas de las fotografías aéreas a color. En otras palabras, con la aplicación de la clave como sistema analítico para la interpretación de las fotografías aéreas, se lograron definir nueve clases fisionómicas (figuras 2 y 3, cuadro 3) que permitieron la identificación y clasificación de la estructura de la vegetación: bosques, matorrales y herbazales.

Identificación preliminar de los ecosistemas[2]. Como ya se mencionó, para iniciar el proceso se utilizaron como insumos las fotografías aéreas a color (escala 1:40.000) [1] y la cartografía digital (escala 1:25.000) con proyección Costa Rica Transversal Mercator (CRTM) [2].

---

1 Esta metodología del proyecto ECOMAPAS se encuentra en prensa (Kappelle *et al.*, 2002)

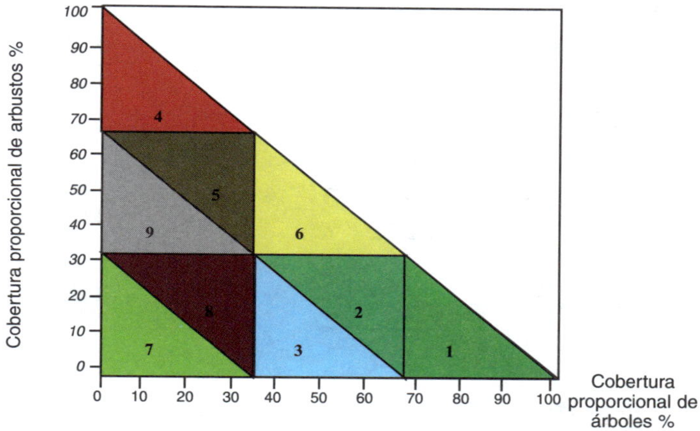

Figura 2. *Clave esquemática para la definición de clases fisionómicas, según las proporciones de cobertura de las copas de árboles y los arbustos presentes en los ecosistemas (Kappelle et al., 2002)*

Cuadro 3. Clave fisionómica utilizada para la clasificación de la estructura de la vegetación, de acuerdo con los porcentajes de cobertura de las copas de árboles y arbustos y la sumatoria de esos porcentajes

Clase fisionómica	Árboles (% cobertura)	Arbustos (% cobertura)	Σ Árboles y arbustos (% cobertura)
Bosque denso (1)	> 66,7	< 33,3	> 66,7
Bosque ralo (2)	33,3 – 66,7	< 33,3	> 66,7
Herbazal arbolado (3)	33,3 – 66,7	< 33,3	33,3 – 66,7
Matorral denso (4)	< 33,3	> 66,7	> 66,7
Matorral ralo (5)	< 33,3	33,3 – 66,7	> 66,7
Matorral denso arbolado (6)	33,3 – 66,7	33,3 – 66,7	> 66,7
Herbazal denso (7)	< 33,3	< 33,3	< 33,3
Herbazal ralo (8)	< 33,3	< 33,3	33,3 – 66,7
Herbazal arbustivo (9)	< 33,3	33,3 – 66,7	33,3 – 66,7

Fuente: Kappelle et al., 2002

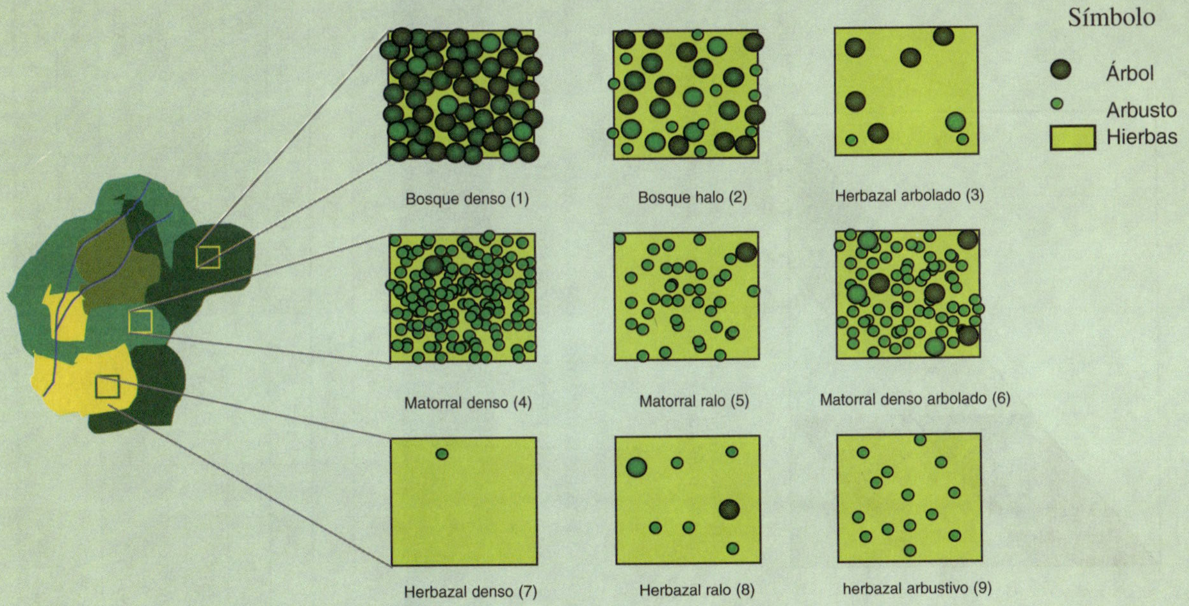

Figura 3. *Representación ideal, desde una perspectiva aérea, de las nueve clases fisionómicas que se pueden encontrar en un mosaico paisajístico, basadas en la cobertura de las copas de árboles y arbustos (Kappelle et al., 2002).*

La fotointepretación [4] incluyó el análisis del color (tono), la textura (granulación), el tamaño, la forma y el contexto de las unidades o polígonos identificables en las fotografías aéreas, según la clave para la definición de las clases fisionómicas [3].

Seguidamente, se realizó el proceso de ortofotos [5], el cual consiste en modificar geométricamente la fotografía aérea para ajustarla a un sistema de proyección geográfica. En la ortofoto se eliminan las distorsiones debidas a la perspectiva, al movimiento de la cámara y al relieve, de forma que posea las mismas propiedades métricas que un mapa.

Se continuó con la digitalización [6], como el proceso de convertir a formato digital los elementos (polígonos, líneas y puntos) que aparecen dibujados en las fotografías aéreas que fueron utilizadas en la fotointerpretación. Del mismo modo se procedió con la digitación de la base de datos que se asocia al mapa.

Con base en todo lo anterior, se obtuvo el mapa de las clases fisionómicas de la cuenca (biótico) [7]. Posteriormente, este mismo mapa se intersectó con la capa temática de pisos altitudinales -rangos de altitud y temperatura- (abiótico) [8] para obtener el mapa preliminar de ecosistemas [9].

Verificación de campo. Con base en el mapa preliminar de ecosistemas, se llevó a cabo la verificación de campo [12] para la comprobación de los ecosistemas interpretados preliminarmente en la fase anterior. Esto consistió en confrontar y comprobar las unidades (diferentes ecosistemas) de acuerdo con un diseño de muestreo, estratificado y aleatorio [10]; estratificado (por cuanto los pisos altitudinales se constituyen en las clases o rangos donde se ubican, como población, los ecosistemas) y aleatorio (porque para cada uno de los ecosistemas identificados por piso altitudinal, se escogieron al azar los puntos de muestreo). Durante la verificación de campo [12] se recolectaron los datos generales para cada ecosistema, que incluyen información geográfica, biológica y ecológica (geografía, fisionomía, fenología foliar, espinosidad, hidrología, composición florística e influencia humana). La recolección sistemática de estos datos, utilizando formularios estandarizados [11], aseguró la precisión de la labor y facilitó la creación de la base de datos digital y el proceso de análisis y síntesis.

---

2 El número entre paréntesis indica el proceso que se activa para obtener la descripción final de los ecosistemas. Sus resultados se muestran en el apartado "Ecosistemas de Savegre". En la figura 4 (diagrama lógico) se presentan todas las etapas de la estrategia metodológica.

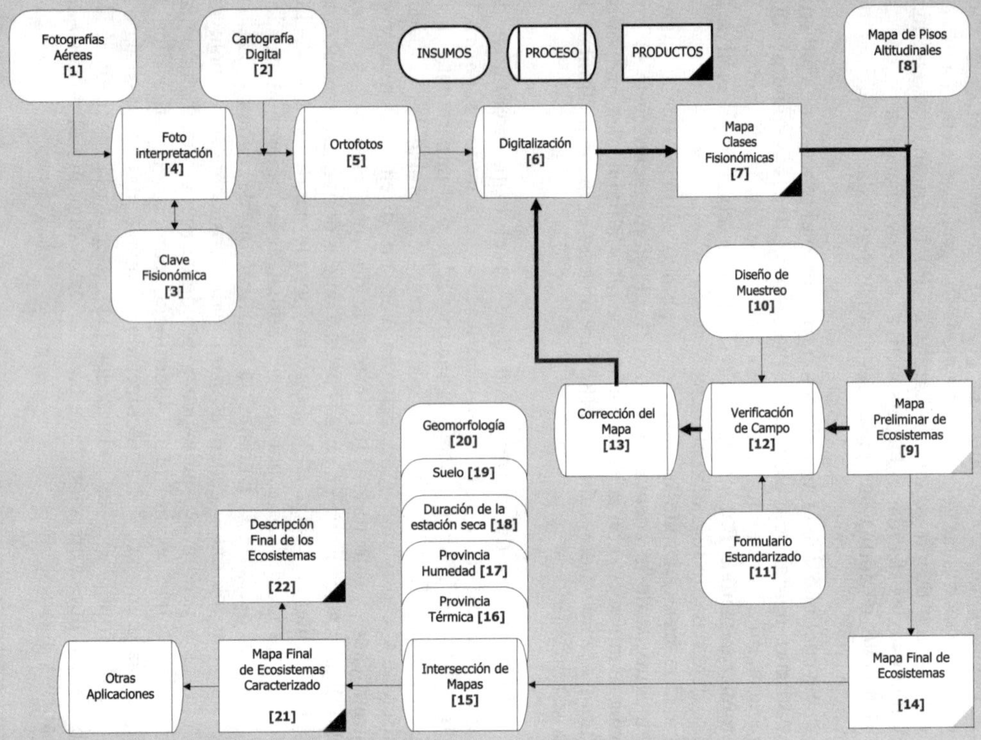

Figura 4. *Diagrama lógico de los procesos seguidos en la metodología de ecosistemas, Proyecto ECOMAPAS.*

El propósito de la verificación de campo [12] es la comprobación de la estructura y composición de los ecosistemas interpretados preliminarmente, de modo tal que se realice una corrección del mapa [13], con el objetivo de obtener un mapa final de ecosistemas [14].

Por último, la información referida al clima [16] (según la provincia térmica ligeramente modificada), la provincia húmeda [17], la duración de la estación seca [18] (Herrera y Gómez 1993), el suelo [19] (Pérez *et al.*, 1978) y la geomorfología[20] (Madrigal y Rojas 1980), se combina mediante la técnica de intersección de mapas [15] con el mapa final de ecosistemas [14], de modo que resulta en un mapa final de ecosistemas caracterizado que concentra todas las características posibles [21]; (ver figura 4).

Inventario florístico

El inventario florístico comprendió dos etapas: a) la recolección de la información, durante la verificación de campo [12], de las especies identificadas por medio de los puntos de muestreo; y, b) la determinación de las especies de importancia para la conservación, trabajo realizado mediante el proceso de análisis y síntesis con el uso de las bases de datos digitales.

Recolección de información en el campo. Durante la recolección de la información para el inventario florístico de la cuenca, se llevaron a cabo dos tipos de actividades: 1) recolecta de especímenes fértiles de las especies más relevantes (para su posterior identificación en el herbario) y 2) observaciones de las especies en los distintos puntos de muestreo. Con base en estas dos actividades, se elaboró una lista de plantas de la cuenca que incluye únicamente las plantas vasculares identificadas (la lista se presenta en el Apéndice 4).

Determinación de especies de importancia para la conservación. En relación con las especies de importancia para la conservación en la cuenca, se definieron tres tipos de condiciones: 1) las especies endémicas, 2) las especies en estado crítico de conservación y 3) las especies vedadas. Las especies endémicas son aquellas que se distribuyen específicamente en Costa Rica y que fueron registradas dentro de la cuenca. Las especies en estado crítico refieren a las amenazadas o en peligro de extinción, definidas para Costa Rica por Jiménez (1999). De acuerdo con este autor, dentro de las especies amenazadas se incluyen aquellas cuyas poblaciones experimentan una disminución progresiva debido a una explotación excesiva, a la destrucción de su hábitat o a otras perturbaciones ambientales, por lo que de continuar esta problemática podrían ser incluidas en la categoría

de especies en peligro de extinción. Estas especies poseen pocos individuos y solo se registran entre seis y 20 localidades de distribución. Por su parte, las especies en peligro de extinción son aquellas propensas a desaparecer o cuya supervivencia sería poco probable si se mantienen los factores causales (deforestación, explotación, etc.). Dentro de esta categoría se incluyen todas aquellas especies reducidas numéricamente hasta un nivel crítico o cuyo hábitat ha experimentado una drástica disminución. Estas especies poseen pocos individuos y solo registran un máximo de cinco localidades de distribución (Jiménez 1999). Finalmente, las especies vedadas son aquellas tipificadas vía decreto ejecutivo, pues fueron declaradas en veda total de aprovechamiento, al punto de que, según sea la prohibición, se sanciona a las empresas o personas físicas que lucren con ellas.

Presentación de la lista de plantas. La lista de plantas sigue un orden alfabético y, para cada una de las familias, las especies se ordenan alfabéticamente por género y especie respectivamente (la lista se presenta en el Apéndice 4). Con esa finalidad, se utilizó un acrónimo de familia de plantas vasculares, según Weber (1982); además, en cada encabezado de familia se incluyó un número (por ejemplo, 1/1, donde el primer número indica la cantidad de géneros identificados de esa familia en la cuenca y el segundo la cantidad de especies). Para cada especie, se incluye el nombre científico (género y especie) y la abreviatura de la autoridad; finalmente, se describe el hábito de crecimiento.

Con respecto a los hábitos de crecimiento, las especies se agruparon en cuatro categorías: a) árbol: una planta leñosa con un eje principal definido y una altura de más de 5 m; b) arbusto: planta leñosa de menos de 5 m de altura y en muchas ocasiones sin un eje central definido por ramificarse desde la base y que puede ser terrestre o epífita; c) hierba: planta no leñosa (herbácea) que puede ser terrestre o epífita (aquí se incluyeron todos los helechos con excepción de los arborescentes); y, d) bejuco: planta leñosa o herbácea con tallos largos que se extienden sobre el suelo o se apoyan o sostienen con diferentes soportes.

Esta lista florística no pretende ser completa ni exhaustiva, sino que tiene como propósito establecer un primer nivel de información documentada sobre la riqueza florística de la cuenca, especialmente de sus especies más representativas.

Descripción de los ecosistemas

Para la descripción de los ecosistemas [22], se definieron tres grandes categorías en función del origen y de la intervención humana: a) Ecosistemas naturales, b) Ecosistemas seminaturales y c) Ecosistemas culturales.

Ecosistemas naturales: estos ecosistemas presentan poca o ninguna intervención humana, por lo que incluyen la vegetación primaria, los bosques poco alterados y los bosques secundarios en etapas muy avanzadas de recuperación. Dentro de esta categoría se agruparon dos clases fisionómicas: a) Bosque denso, que incluyen los bosques mixtos de las elevaciones bajas e intermedias, los robledales y bosques enanos del páramo y subpáramo, y los manglares (que pueden ser interpretados desde las fotografías aéreas por su color y textura); y, b) Herbazal denso de *Chusquea*, un tipo de herbazal natural que corresponde a las áreas de páramo dominadas por este género de la familia Poaceae.

Ecosistemas seminaturales: Estos ecosistemas presentan una intervención humana bastante evidente y se ubican en sitios donde se está dando una franca recuperación o sucesión ecológica de la vegetación original. Dentro de estos ecosistemas se incluyeron bosques secundarios incipientes, bosques secundarios en etapas intermedias y bosques maduros muy intervenidos por la actividad maderera. Además, se agruparon las clases fisionómicas denominadas: a) bosque ralo (bosques intervenidos) y b) los matorrales (denso, denso arbolado y ralo) que corresponden a los denominados charrales y tacotales.

Ecosistemas culturales: Estos ecosistemas se localizan en las áreas donde se desarrollan actividades productivas o de subsistencia para el ser humano, como son los pastizales, las plantaciones agrícolas y forestales, y los cultivos en general, ya sea a pequeña o gran escala. Dentro de esta categoría se agruparon las clases fisionómicas denominadas herbazales (arbolado, arbustivo, denso y ralo), representadas principalmente por los pastizales. Las otras actividades se identificaron con el nombre específico del cultivo (por ejemplo, café, plantación de palma de aceite, plantación de teca, cultivo de arroz, etc.).

A continuación se presentan los parámetros más significativos y determinantes, de acuerdo con los múltiples aspectos de los

ecosistemas naturales y seminaturales. Estos parámetros fueron utilizados, a su vez, para distinguir los diferentes niveles jerárquicos para la clasificación de los ecosistemas:

- Zona latitudinal (Costa Rica: tropical);
  - Origen de la vegetación dominante (natural y seminatural)
    - Temperatura media anual (pisos altitudinales basados en provincias térmicas según Herrera y Gómez, 1993);
      - Fisionomía dominante (estructura: bosques, matorrales o herbazales);
        - Fenología foliar (caducidad foliar: siempreverde vs. semideciduo vs. deciduo);
          - Tipo foliar del estrato dominante (latifoliado etc.);
            - Régimen hidrológico (drenaje e inundabilidad);
              - Densidad de la vegetación (denso, ralo, arbolado, arbustivo);
                - Composición florística (especies observadas).

La estructura anterior se constituye en una clave adaptada, según la jerarquía que se menciona en el siguiente apartado, para los ecosistemas culturales. Como se mencionó, estos ecosistemas se desarrollan a partir de la intervención del hombre, sea por la siembra de plantas agrícolas o forestales útiles.

- Origen de la vegetación tropical dominante (cultural)
  - Fisionomía dominante (estatura y arquitectura: bosques, matorrales o herbazales; sembrados: plantaciones arbóreas, arbustivas y herbáceas, respectivamente);
    - Uso actual de la tierra (árboles maderables vs. árboles frutales vs. arbustos vs. hierbas); y,
      - Composición florística (especies dominantes).

Al combinar ambas jerarquías se logra delimitar una estructura que permite la clasificación y la descripción de los cuarenta y cuatro ecosistemas de la cuenca hidrográfica del río Savegre. Enseguida se presentan los resultados.

CAPÍTULO III

Ecosistemas de la cuenca hidrográfica del río Savegre

Riqueza florística

En un estudio realizado por el INBio y el MNCR, titulado "Caracterización de la vegetación y manual de plantas registradas de la cuenca hidrográfica del río Savegre" (INBio *et al.*, 2001), se reportaron para esta zona 2.024 especies. Del total, el 75,3% (1.526) de las especies resultan del trabajo de campo realizado durante un año, entre los meses de setiembre del 2000 y del 2001, en 95 puntos de muestreo. El 24% de las especies restantes (498) son producto de las búsquedas de información efectuadas antes de setiembre del 2000, en la colección de plantas de los herbarios de ambas instituciones.

De las 1.526 especies, el mayor porcentaje fue identificado mediante observaciones en los puntos de muestreo. En un porcentaje menor, se hicieron recolectas científicas (muestras de especímenes botánicos) para su respectiva identificación y preservación en los herbarios del INBio y del MNCR, entre otros. Con base en el análisis, las observaciones botánicas corresponden a 181 familias (69,3%), 784 géneros (36,5%) y 1.526 especies (16,1%)[3].

Con respecto a las formas de crecimiento, las especies se clasificaron en 535 hierbas, 457 árboles, 323 arbustos y 134 bejucos, para una suma de 1.449 especies. De ese total, 77 aun están en proceso de definición, pues se encuentran en el nivel de género por tratarse de especies taxonómicamente complejas y de difícil determinación.

De acuerdo con la información de las 1.526 especies reportadas, se han observado 11 especies amenazadas (Jiménez, 1999), tales como: *Anthodiscus chocoensis* (Caryocaraceae, árbol), *Caryocar costarricense* (Caryocaraceae, árbol), *Mora oleifera* (Fabaceae/Caesalpiniaceae, árbol) y *Parkia pendula* (Fabaceae/Mim., árbol). Se reportaron, asimismo, tres especies en veda (Decreto Nº 25700-MINAE, La Gaceta N°11, del 16 de enero de 1997), a saber: *Anthodiscus chocoensis* (Caryocaraceae, árbol), *Parkia pendula* (Fabaceae/Mim., árbol) y *Caryodaphnopsis burgeri* (Lauraceae, árbol).

---

3 Zamora, N. 2001. Proyecto Manual de Plantas de Costa Rica (entrevista). Heredia, Costa Rica, Instituto Nacional de Biodiversidad.

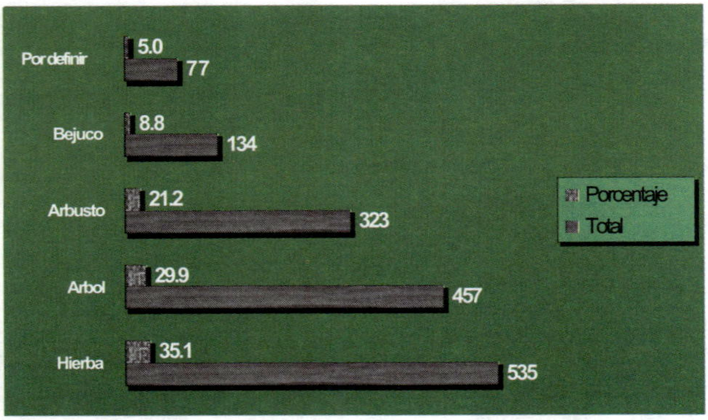

Figura 5. *Cantidad y porcentaje de especies por forma de crecimiento en la cuenca hidrográfica del río Savegre, 2001.*

Por otra parte, se identificaron 57 especies endémicas, de las cuales dos son específicas de la cuenca, *Passiflora gilbertiana* (Passifloraceae, hierba) y *Bartlettina silvicola* (Asteraceae, arbusto). Es importante mencionar que para Costa Rica se ha estimado un total de 1.200 especies en condición endémica. En el Apéndice 4 (Lista de plantas vasculares identificadas en la cuenca) se puede observar la totalidad de las especies amenazadas, vedadas y endémicas.

Entre los principales hallazgos, para el conocimiento de la flora de Costa Rica, se reportó la especie *Sebastiania panamensis* (Euphorbiaceae), un arbusto de bosques montanos (2.100–3.100 msnm) que anteriormente solo se conocía de Panamá. Otros importantes hallazgos se observaron en los árboles *Anthodiscus chocoensis* (Ajo negro), *Newtonia suaveolens* y *Parkia pendula* (Tamarindón), así como en el bejuco *Dicella aciculifera*, especies anteriormente conocidas en la península de Osa; además del árbol *Panopsis cinnamomea* y la hierba *Polygonum hydropiperoides*, solo reportadas para la vertiente atlántica costarricense. En ambos casos, estas especies amplían sus rangos de distribución. Aunque no son endémicas de Costa Rica, también se han registrado, hasta el momento, cuatro especies específicas de la cuenca, a saber: el árbol *Chiangiodendron mexicanum*; las hierbas *Siphocampylus nematosephalus* y *Crassula acuatica*; y, el bejuco *Passiflora hahnii*.

Se identificaron, del mismo modo, algunas especies poco comunes y escasas, es decir, con pocas localidades conocidas y por ende poco recolectadas. Tal es el caso de los árboles *Aparisthmium cordatum, Buchenavia tetraphylla, Cornus peruviana, Lacmellea zamorae, Matayba apetala* y *Matisia tinamastiana*; los arbustos *Monochaetum cordatum* y *Tachia parviflora*; las hierbas *Ichthyothere scandens, Potamogeton illinoensis* y *Heterotoma lobelioides*; y, las palmas *Chamaedorea incrustata, C. piscifolia y C. rossteniorum* (INBio *et al.*, 2001).

Clasificación de los ecosistemas

El Proyecto ECOMAPAS diferenció un total de 44 ecosistemas, los cuales incluyen nueve ecosistemas naturales, 20 seminaturales y 15 culturales, distribuidos entre seis pisos altitudinales.

A continuación se muestra la clave taxonómica para la clasificación de esos ecosistemas identificados en la cuenca hidrográfica del río Savegre. Para ello, el Proyecto ECOMAPAS seleccionó aquellos parámetros que mejor determinaron el aspecto de los ecosistemas (ver Desarrollo de la clave para la clasificación de ecosistemas). En negrilla se presentan los ecosistemas descritos más adelante.

<u>**1) ecosistemas tropicales**</u>

a) ecosistemas naturales tropicales

i) ecosistemas naturales tropicales basales

(1) bosques naturales tropicales basales

(a) bosques naturales tropicales siempreverdes basales

(i) bosques naturales tropicales siempreverdes latifoliados basales

1. bosques naturales tropicales siempreverdes latifoliados basales bien drenados

a. bosques naturales tropicales densos siempreverdes latifoliados basales bien drenados

i. bosque tropical denso siempreverde latifoliado basal bien drenado

2. bosques naturales tropicales siempreverdes latifoliados basales pantanosos

a. bosques naturales tropicales densos siempreverdes latifoliados basales pantanosos

i. bosque tropical denso siempreverde latifoliado basal pantanoso dominado por mangles

ii) ecosistemas naturales tropicales premontanos

(1) bosques naturales tropicales premontanos

(a) bosques naturales tropicales siempreverdes premontanos

(i) bosques naturales tropicales siempreverdes latifoliados premontanos

1. bosques naturales tropicales siempreverdes latifoliados premontanos bien drenados

a. bosques naturales tropicales densos siempreverdes latifoliados premontanos bien drenados

i. bosque tropical denso siempreverde latifoliado premontano bien drenado

iii) ecosistemas naturales tropicales montano bajo

(1) bosques naturales tropicales montano bajo

(a) bosques naturales tropicales siempreverdes montano bajo

(i) bosques naturales tropicales siempreverdes latifoliados montano bajo

1. bosques naturales tropicales siempreverdes latifoliados montano bajo bien drenados

a. bosques naturales tropicales densos siempreverdes latifoliados montano bajo bien drenados

i. bosque tropical denso siempreverde latifoliado montano bajo bien drenado

iv) ecosistemas naturales tropicales montano alto

(1) bosques naturales tropicales montano alto

(a) bosques naturales tropicales siempreverdes montano alto

(i) bosques naturales tropicales siempreverdes latifoliados montano alto

1. bosques naturales tropicales siempreverdes latifoliados montano alto bien drenados

a. bosques naturales tropicales densos siempreverdes latifoliados montano alto bien drenados

i. bosque tropical denso siempreverde latifoliado montano alto bien drenado dominado por *Quercus* spp.

v) ecosistemas naturales tropicales subalpino

(1) bosques naturales tropicales subalpino

(a) bosques naturales tropicales siempreverdes subalpino

(i) bosques naturales tropicales siempreverdes latifoliados subalpino

1. bosques naturales tropicales siempreverdes latifoliados subalpino bien drenados

a. bosques naturales tropicales densos siempreverdes latifoliados subalpino bien drenados

i. bosque tropical denso siempreverde latifoliado subalpino bien drenado

(2) herbazales naturales tropicales subalpino

(a) herbazales naturales tropicales siempreverdes subalpino

(i) herbazales naturales tropicales siempreverdes graminoide subalpino

1. herbazales naturales tropicales siempreverdes graminoide subalpino bien drenados

a. herbazales naturales tropicales densos siempreverdes graminoide subalpino bien drenados

i. herbazal tropical denso siempreverde graminoide subalpino bien drenado dominado por *Chusquea subtessellata*

vi) ecosistemas naturales tropicales alpino
(1) bosques naturales tropicales alpino
(a) bosques naturales tropicales siempreverdes alpino
(i) bosques naturales tropicales siempreverdes latifoliados alpino
1. bosques naturales tropicales siempreverdes latifoliados alpino bien drenados
a. bosques naturales tropicales densos siempreverdes latifoliados alpino bien drenados
i. bosque tropical denso siempreverde latifoliado alpino bien drenado
(2) herbazales naturales tropicales alpino
(a) herbazales naturales tropicales siempreverdes alpino
(i) herbazales naturales tropicales siempreverdes graminoide alpino
1. herbazales naturales tropicales siempreverdes graminoide alpino bien drenados
a. herbazales naturales tropicales densos siempreverdes graminoide alpino bien drenados
i. herbazal tropical denso siempreverde graminoide alpino bien drenado dominado por *Chusquea subtessellata*

b) ecosistemas seminaturales tropicales
i) ecosistemas seminaturales tropicales basales
(1) bosques seminaturales tropicales basales
(a) bosques seminaturales tropicales siempreverdes basales
(i) bosques seminaturales tropicales siempreverdes latifoliados basales
1. bosques seminaturales tropicales siempreverdes latifoliados basales bien drenados
a. bosques seminaturales tropicales ralos siempreverdes latifoliados basales bien drenados
i. bosque tropical ralo siempreverde latifoliado basal bien drenado
(2) matorrales seminaturales tropicales basales
(a) matorrales seminaturales tropicales siempreverdes basales
(i) matorrales seminaturales tropicales siempreverdes latifoliados basales
1. matorrales seminaturales tropicales siempreverdes latifoliados basales bien drenados
a. matorrales seminaturales tropicales densos siempreverdes latifoliados basales bien drenados
i. matorral tropical denso siempreverde latifoliado basal bien drenado

b. matorrales seminaturales tropicales ralos siempreverdes latifoliados basales bien drenados

i. matorral tropical ralo siempreverde latifoliado basal bien drenado

(3) herbazales seminaturales tropicales basales

(a) herbazales seminaturales tropicales siempreverdes basales

(i) herbazales seminaturales tropicales siempreverdes graminoides basales

1. herbazales seminaturales tropicales siempreverdes graminoides basales bien drenados

a. herbazales seminaturales tropicales arbustivos siempreverdes graminoides basales bien drenados

i. herbazal tropical arbustivo siempreverde basal bien drenado dominado por gramíneas

ii) ecosistemas seminaturales tropicales premontanos

(1) bosques seminaturales tropicales premontanos

(a) bosques seminaturales tropicales siempreverdes premontanos

(i) bosques seminaturales tropicales siempreverdes latifoliados premontanos

1. bosques naturales tropicales siempreverdes latifoliados premontanos bien drenados

a. bosques seminaturales tropicales ralos siempreverdes latifoliados premontanos bien drenados

i. bosque tropical ralo siempreverde latifoliado premontano bien drenado

(2) matorrales seminaturales tropicales premontanos

(a) matorrales seminaturales tropicales siempreverdes premontanos

(i) matorrales seminaturales tropicales siempreverdes latifoliados premontanos

1. matorrales seminaturales tropicales siempreverdes latifoliados premontanos bien drenados

a. matorrales naturales tropicales densos arbolados siempreverdes latifoliados premontano bien drenados

i. matorral tropical denso arbolado siempreverde latifoliado premontano bien drenado

(3) herbazales seminaturales tropicales premontanos

(a) herbazales seminaturales tropicales siempreverdes premontanos

(i) herbazales seminaturales tropicales siempreverdes graminoides premontanos

1. herbazales seminaturales tropicales siempreverdes graminoides premontanos bien drenados

a. herbazales seminaturales tropicales arbustivos siempreverdes graminoides premontanos bien drenados

i. herbazal tropical arbustivo siempreverde premontano bien drenado dominado por gramíneas

iii) ecosistemas seminaturales tropicales montanos bajos

(1) bosques seminaturales tropicales montanos bajos

(a) bosques seminaturales tropicales siempreverdes montanos bajos

(i) bosques seminaturales tropicales siempreverdes latifoliados montanos bajos

1. bosques seminaturales tropicales siempreverdes latifoliados montanos bajos bien drenados

a. bosques seminaturales tropicales ralos siempreverdes latifoliados montanos bajos bien drenados

i. bosque tropical ralo siempreverde latifoliado montano bajo bien drenado

(2) matorrales seminaturales tropicales montanos bajos

(a) matorrales seminaturales tropicales siempreverdes montanos bajos

(i) matorrales seminaturales tropicales siempreverdes latifoliados montanos bajos

1. matorrales seminaturales tropicales siempreverdes latifoliados montanos bajos bien drenados

a. matorrales seminaturales tropicales densos arbolados siempreverdes latifoliados montanos bajos bien drenados

i. matorral tropical denso arbolado siempreverde latifoliado montano bajo bien drenado

b. matorrales seminaturales tropicales ralos siempreverdes latifoliados montanos bajos bien drenados

i. matorral tropical ralo siempreverde latifoliado montano bajo bien drenado

iv) ecosistemas seminaturales tropicales montanos altos

(1) bosques seminaturales tropicales montanos altos

(a) bosques seminaturales tropicales siempreverdes montanos altos

(i) bosques seminaturales tropicales siempreverdes latifoliados montanos altos

1. bosques seminaturales tropicales siempreverdes latifoliados montanos altos bien drenados

a. bosques seminaturales tropicales ralos siempreverdes latifoliados montanos altos bien drenados

i. bosque tropical ralo siempreverde latifoliado montano alto bien drenado

(2) matorrales seminaturales tropicales montanos altos

(a) matorrales seminaturales tropicales siempreverdes montanos altos

(i) matorrales seminaturales tropicales siempreverdes latifoliados montanos altos

1. matorrales seminaturales tropicales siempreverdes latifoliados montanos altos bien drenados

a. matorrales seminaturales tropicales densos siempreverdes latifoliados montanos altos bien drenados

i. matorral tropical denso siempreverde latifoliado montano alto bien drenado

b. matorrales naturales tropicales densos arbolados siempreverdes latifoliados montanos altos bien drenados

i. matorral tropical denso arbolado siempreverde latifoliado montano alto bien drenado

c. matorrales naturales tropicales ralos siempreverdes latifoliados montanos altos bien drenados

i. matorral tropical ralo siempreverde latifoliado montano alto bien drenado

(3) herbazales seminaturales tropicales montanos altos

(a) herbazales seminaturales tropicales siempreverdes montanos altos

(i) herbazales seminaturales tropicales siempreverdes graminoides montanos altos

1. herbazales seminaturales tropicales siempreverdes graminoides montanos altos bien drenados

a. herbazales seminaturales tropicales arbustivos siempreverdes graminoides montanos altos bien drenados

i. herbazal tropical arbustivo siempreverde montano alto bien drenado dominado por gramíneas

v) ecosistemas seminaturales tropicales subalpinos

(1) matorrales seminaturales tropicales subalpinos

(a) matorrales seminaturales tropicales siempreverdes subalpinos

(i) matorrales seminaturales tropicales siempreverdes latifoliados subalpinos

1. matorrales seminaturales tropicales siempreverdes latifoliados subalpinos bien drenados

a. matorrales seminaturales tropicales densos siempreverdes latifoliados subalpinos bien drenados

i. matorral tropical denso siempreverde latifoliado subalpino bien drenado

(2) herbazales seminaturales tropicales subalpinos

(a) herbazales seminaturales tropicales siempreverdes subalpinos

(i) herbazales seminaturales tropicales siempreverdes graminoides subalpinos

1. herbazales seminaturales tropicales siempreverdes graminoides subalpinos bien drenados

a. herbazales seminaturales tropicales arbustivos siempreverdes graminoides subalpinos bien drenados

i. herbazal tropical arbustivo siempreverde subalpino bien drenado dominado por gramíneas

vi) ecosistemas seminaturales tropicales alpinos

(1) matorrales seminaturales tropicales alpinos

(a) matorrales seminaturales tropicales siempreverdes alpinos

(i) matorrales seminaturales tropicales siempreverdes latifoliados alpinos

1. matorrales seminaturales tropicales siempreverdes latifoliados alpinos bien drenados

a. matorrales seminaturales tropicales densos siempreverdes latifoliados alpinos bien drenados

i. matorral tropical denso siempreverde latifoliado alpino bien drenado

b. matorrales naturales tropicales densos arbolados siempreverdes latifoliados alpinos bien drenados

i. matorral tropical denso arbolado siempreverde latifoliado alpino bien drenado

(2) herbazales seminaturales tropicales alpinos

(a) herbazales seminaturales tropicales siempreverdes alpinos

(i) herbazales seminaturales tropicales siempreverdes graminoides alpinos

1. herbazales seminaturales tropicales siempreverdes graminoides alpinos bien drenados

a. herbazales seminaturales tropicales arbustivos siempreverdes graminoides alpinos bien drenados

i. herbazal tropical arbustivo siempreverde alpino bien drenado dominado por gramíneas

c) ecosistemas culturales tropicales

i) ecosistemas culturales tropicales pastoriles

(1) herbazales culturales tropicales basales

(a) herbazales culturales tropicales siempreverdes basales

(i) herbazales culturales tropicales siempreverdes graminoides basales

1. herbazales culturales tropicales siempreverdes graminoides basales bien drenados

a. herbazales culturales tropicales densos siempreverdes graminoides basales bien drenados

i. herbazal tropical denso siempreverde basal bien drenado dominado por gramíneas

b. herbazales culturales tropicales arbolados siempreverdes graminoides basales bien drenados herbazal tropical arbolado siempreverde basal bien drenado dominado por gramíneas

(2) herbazales culturales tropicales premontanos

(a) herbazales culturales tropicales siempreverdes premontanos

(i) herbazales culturales tropicales siempreverdes graminoides premontanos

1. herbazales culturales tropicales siempreverdes graminoides premontanos bien drenados

a. herbazales culturales tropicales densos siempreverdes graminoides premontanos bien drenados

i. herbazal tropical denso siempreverde premontano bien drenado dominado por gramíneas

b. herbazales culturales tropicales arbolados siempreverdes graminoides premontanos bien drenados

i. herbazal tropical arbolado siempreverde premontano bien drenado dominado por gramíneas

(3) herbazales culturales tropicales montanos bajos

(a) herbazales culturales tropicales siempreverdes montanos bajos

(i) herbazales culturales tropicales siempreverdes graminoides montanos bajos

1. herbazales culturales tropicales siempreverdes graminoides montanos bajos bien drenados

a. herbazales culturales tropicales densos siempreverdes graminoides montanos bajos bien drenados

i. herbazal tropical denso siempreverde montano bajo bien drenado dominado por gramíneas

b. herbazales culturales tropicales arbolados siempreverdes graminoides montanos bajos bien drenados

i. herbazal tropical arbolado siempreverde montano bajo bien drenado dominado por gramíneas

(4) herbazales culturales tropicales montanos altos

(a) herbazales culturales tropicales siempreverdes montanos altos

(i) herbazales culturales tropicales siempreverdes graminoides montanos altos

1. herbazales culturales tropicales siempreverdes graminoides montanos altos bien drenados

a. herbazales culturales tropicales densos siempreverdes graminoides montanos altos bien drenados
i. herbazal tropical denso siempreverde montano alto bien drenado dominado por gramíneas
b. herbazales culturales tropicales ralos siempreverdes graminoides montanos altos bien drenados
i. herbazal tropical ralo siempreverde montano alto bien drenado dominado por gramíneas
(ii) ecosistemas culturales tropicales agrícolas y forestales
1. bosques culturales (plantaciones arbóreas) tropicales
a. plantaciones arbóreas maderables tropicales
i. plantación arbórea maderable tropical de melina (*Gmelina arborea*)
ii. plantación arbórea maderable tropical de teca (*Tectona grandis*)
b. plantaciones arbóreas frutales tropicales
i. plantación arbórea frutal tropical de palma de aceite (*Elaeis guianensis*)
ii. plantación arbórea frutal tropical de pejibaye (*Bactris gasipaes*)
2. matorrales culturales (plantaciones arbustivas) tropicales
a. plantaciones arbustivas frutales tropicales
i. plantación arbustiva frutal tropical de café (*Coffea* spp.)
ii. plantación arbustiva frutal tropical de mora (*Rubus* spp)
3. herbazales culturales (plantaciones herbáceas) tropicales
a. plantaciones herbáceas frutales tropicales
i. plantación herbácea frutal tropical de arroz *(Oryza sativa)*

Lista de ecosistemas

Ecosistemas naturales

1. bosque tropical denso siempreverde latifoliado basal bien drenado
2. bosque tropical denso siempreverde latifoliado basal pantanoso dominado por mangles
3. bosque tropical denso siempreverde latifoliado premontano bien drenado
4. bosque tropical denso siempreverde latifoliado montano bajo bien drenado
5. bosque tropical denso siempreverde latifoliado montano alto bien drenado dominado por *Quercus* spp.
6. bosque tropical denso siempreverde latifoliado subalpino bien drenado

7. herbazal tropical denso siempreverde graminoide subalpino bien drenado dominado por *Chusquea subtessellata*
8. bosque tropical denso siempreverde latifoliado alpino bien drenado
9. herbazal tropical denso siempreverde graminoide alpino bien drenado dominado por *Chusquea subtessellata*

Ecosistemas seminaturales

10. bosque tropical ralo siempreverde latifoliado basal bien drenado
11. matorral tropical denso siempreverde latifoliado basal bien drenado
12. matorral tropical ralo siempreverde latifoliado basal bien drenado
13. herbazal tropical arbustivo siempreverde basal bien drenado dominado por gramíneas
14. bosque tropical ralo siempreverde latifoliado premontano bien drenad
15. matorral tropical denso arbolado siempreverde latifoliado premontano bien drenado
16. herbazal tropical arbustivo siempreverde premontano bien drenado dominado por gramíneas
17. bosque tropical ralo siempreverde latifoliado montano bajo bien drenado
18. matorral tropical denso arbolado siempreverde latifoliado montano bajo bien drenado
19. matorral tropical ralo siempreverde latifoliado montano bajo bien drenado
20. bosque tropical ralo siempreverde latifoliado montano alto bien drenado
21. matorral tropical denso siempreverde latifoliado montano alto bien drenado
22. matorral tropical denso arbolado siempreverde latifoliado montano alto bien drenado
23. matorral tropical ralo siempreverde latifoliado montano alto bien drenado
24. herbazal tropical arbustivo siempreverde montano alto bien drenado dominado por gramíneas
25. matorral tropical denso siempreverde latifoliado subalpino bien drenado
26. herbazal tropical arbustivo siempreverde subalpino bien drenado dominado por gramíneas
27. matorral tropical denso siempreverde latifoliado alpino bien drenado
28. matorral tropical denso arbolado siempreverde latifoliado alpino bien drenado
29. herbazal tropical arbustivo siempreverde alpino bien drenado dominado por gramíneas

Ecosistemas culturales

Ecosistemas culturales pastoriles

30. herbazal tropical denso siempreverde basal bien drenado dominado por gramíneas
31. herbazal tropical arbolado siempreverde basal bien drenado dominado por gramíneas
32. herbazal tropical denso siempreverde premontano bien drenado dominado por gramíneas
33. herbazal tropical arbolado siempreverde premontano bien drenado dominado por gramíneas
34. herbazal tropical denso siempreverde montano bajo bien drenado dominado por gramíneas
35. herbazal tropical arbolado siempreverde montano bajo bien drenado dominado por gramíneas
36. herbazal tropical denso siempreverde montano alto bien drenado dominado por gramíneas
37. herbazal tropical ralo siempreverde montano alto bien drenado dominado por gramíneas

Ecosistemas culturales agrícolas y forestales

38. plantación arbórea maderable tropical de melina (*Gmelina arborea*)
39. plantación arbórea maderable tropical de teca (*Tectona grandis*)
40. plantación arbórea frutal tropical de palma de aceite (*Elaeis guianensis*)
41. plantación arbórea frutal tropical de pejibaye (*Bactris gasipaes*)
42. lantación arbustiva frutal tropical de café (*Coffea* spp.)
43. plantación arbustiva frutal tropical de mora (*Rubus* spp.)
44. plantación herbácea frutal tropical de arroz (*Oryza sativa*)

Los ecosistemas naturales (bosque denso, herbazal denso de *Chusquea* y manglar denso) son los mejor representados dentro de la cuenca, con un 63,04% de la superficie total. En segundo lugar, se encuentran los ecosistemas culturales (herbazales pastoriles, plantaciones forestales y cultivos agrícolas) con un 21,73%. Finalmente, los ecosistemas seminaturales (bosque ralo, matorrales y herbazales arbustivos) ocupan un 13,82% de la superficie total (cuadro 4).

Cuadro 4. Superficie (ha) de los ecosistemas, identificados por piso altitudinal, de la cuenca hidrográfica del río Savegre, 2001

Ecosistemas	Superficie absoluta (ha)	Superficie relativa (%)
Ecosistemas naturales		
bosque tropical denso siempreverde latifoliado basal bien drenado	5.035,45	8,55
bosque tropical denso siempreverde latifoliado basal pantanoso dominado por mangles	51,19	0,09
bosque tropical denso siempreverde latifoliado premontano bien drenado	9.869,43	16,75
bosque tropical denso siempreverde latifoliado montano bajo bien drenado	10.265,29	17,42
bosque tropical denso siempreverde latifoliado montano alto bien drenado dominado por *Quercus* spp.	11.148,68	18,92
bosque tropical denso siempreverde latifoliado subalpino bien drenado	446,24	0,76
herbazal tropical denso siempreverde latifoliado subalpino bien drenado dominado por *Chusquea subtessellata*	125,47	0,21
bosque tropical denso siempreverde latifoliado alpino bien drenado 98,15	98,15	0,06
herbazal tropical denso siempreverde latifoliado alpino bien drenado dominado por *Chusquea subtessellata*	162,21	0,28
Subtotal ecosistemas naturales	**37.142,11**	**63,04**

Ecosistema	Superficie absoluta (ha)	Superficie relativa (%)
Ecosistemas seminaturales		
bosque tropical ralo siempreverde latifoliado basal bien drenado	190,47	0,32
matorral tropical denso siempreverde latifoliado basal bien drenado	1.263,15	2,14
matorral tropical ralo siempreverde latifoliado basal bien drenado	738,45	1,25
herbazal tropical arbustivo siempreverde basal bien drenado dominado por gramíneas	380,79	0,65
bosque tropical ralo siempreverde latifoliado premontano bien drenado	268,31	0,46
matorral tropical denso arbolado siempreverde latifoliado premontano bien drenado	1.194,92	2,03
herbazal tropical arbustivo siempreverde premontano bien drenado dominado por gramíneas	214,85	0,36
bosque tropical ralo siempreverde latifoliado montano bajo bien drenado	196,31	0,33
matorral tropical denso arbolado siempreverde latifoliado montano bajo bien drenado	579,33	0,98
matorral tropical ralo siempreverde latifoliado montano bajo bien drenado	327,35	0,56

Ecosistema	Superficie absoluta (ha)	Superficie relativa (%)
Ecosistemas seminaturales		
bosque tropical ralo siempreverde latifoliado montano alto bien drenado	313,56	0,53
matorral tropical denso siempreverde latifoliado montano alto bien drenado	330,40	0,56
matorral tropical denso arbolado siempreverde latifoliado montano alto bien drenado	936,70	1,59
matorral tropical ralo siempreverde latifoliado montano alto bien drenado	346,39	0,59
herbazal tropical arbustivo siempreverde montano alto bien drenado dominado por gramíneas	468,06	0,79
matorral tropical denso siempreverde latifoliado subalpino bien drenado	232,36	0,39
herbazal tropical arbustivo siempreverde subalpino bien drenado dominado por gramíneas	55,69	0,09
matorral tropical denso siempreverde latifoliado alpino bien drenado	49,07	0,08
matorral tropical denso arbolado siempreverde latifoliado alpino bien drenado	22,90	0,04
herbazal tropical arbustivo siempreverde alpino bien drenado dominado por gramíneas	35,65	0,06
Subtotal ecosistemas seminaturales	**8.144,71**	**13,82**

Ecosistema	Superficie absoluta (ha)	Superficie relativa (%)
Ecosistemas culturales		
herbazal tropical denso siempreverde basal bien drenado dominado por gramíneas	2.703,12	4,59
herbazal tropical arbolado siempreverde basal bien drenado dominado por gramíneas	435,41	0,74
herbazal tropical denso siempreverde premontano bien drenado dominado por gramíneas	2.995,21	5,08
herbazal tropical arbolado siempreverde premontano bien drenado dominado por gramíneas	579,92	0,98
herbazal tropical denso siempreverde montano bajo bien drenado dominado por gramíneas	2.345,52	3,98
herbazal tropical arbolado siempreverde montano bajo bien drenado dominado por gramíneas	345,39	0,59
herbazal tropical denso siempreverde montano alto bien drenado dominado por gramíneas	1.092,89	1,85
herbazal tropical ralo siempreverde montano alto bien drenado dominado por gramíneas	181,50	0,31
plantación arbórea maderable tropical de melina (*Gmelina arborea*)	202,80	0,34
plantación arbórea maderable tropical de teca (*Tectona grandis*)	248,25	0,42
plantación arbórea frutal tropical de palma de aceite (*Elaeis guianensis*)	1.028,46	1,75

Ecosistema	Superficie absoluta (ha)	Superficie relativa (%)
Ecosistemas seminaturales		
plantación arbórea frutal tropical de pejiballe (*Bactris gasipaes*)	4,74	0,01
plantación arbustiva frutal tropical de café (*Coffea* spp.)	478,98	0,81
plantación arbustiva frutal tropical de mora (*Rubus* spp.)	2,25	0,004
plantación herbácea frutal tropical de arroz (*Oryza sativa*)	157,63	0,27
Subtotal ecosistemas culturales	**12.802,07**	**21,73**
Clasificación especial (Tierras yermas, nubes, infraestructura sombras y espejos de agua)	828,99	1,41
Total	**58.917,87**	**100**

Fuente: Mapa de Ecosistemas de la cuenca hidrográfica del río Savegre (desplegable).

Descripción de los ecosistemas

Ecosistemas naturales

1. Bosque tropical denso siempreverde latifoliado basal bien drenado

VEGETACIÓN	
Fisionomía:	Bosque denso
Fenología foliar del estrato dominante:	Siempreverde
Tipo foliar del estrato dominante:	Latifoliado
Estratificación:	Estratos difusos, a veces definidos
Periodicidad:	Perenne
Espinosidad:	No espinoso
Altura:	Mayor de 25 m
DISTRIBUCIÓN ALTITUDINAL	
Piso altitudinal:	Basal
CLIMA	
Provincia térmica:	Subtropical (3,29%), Tropical (96,71%)
Provincia de humedad:	Muy húmeda
Duración de la estación seca:	3-4 meses secos
HIDROLOGÍA	
Régimen hidrológico:	Bien drenado
Inundabilidad:	No inundado
GEOMORFOLOGÍA	
Forma de la tierra:	Origen tectónico y erosivo (96,55%), Sedimentación aluvial (3,45%)
SUELO	
Orden del suelo:	Inceptisol (76,63%), Mollisol (2,06%), Ultisol (21,31%)
IMPACTO HUMANO	
Estado:	Natural
Influencia actual:	No intervenido, a veces Intervenido
Uso actual de la tierra:	Forestal, a veces Desconocido

Punto de muestreo a 1.5 km al noreste del Albergue Coopesilencio, en la localidad de Coopesilencio (9° 25' N - 84° 01' O).

Punto de muestreo a 1.5 km al noreste del Albergue Coopesilencio, en la localidad de Coopesilencio (9° 25' N - 84° 01' O).

Composición florística observada

Árboles

Acacia allenii (FAB/MIM), *Albizia carbonaria* (FAB/MIM), *Alchornea costaricensis* (EUP), *Allophylus psilospermus* (SAP), *Anacardium excelsum* (ANA), *Andira inermis* (FAB/PAP), *Apeiba tibourbou* (TIL), *Bathysa veraguensis* (RUB), *Batocarpus costaricensis* (MOR), *Bravaisia integerrima* (ACA), *Brosimum alicastrum* (MOR), *Brosimum costaricanum* (MOR), *Brosimum guianense* (MOR), *Brosimum utile* (MOR), *Calatola costaricensis* (ICC), *Caryocar costaricense* (CCR), *Castilla tunu* (MOR), *Cecropia insignis* (CEC), *Cecropia obtusifolia* (CEC), *Cedrela odorata* (MEL), *Ceiba pentandra* (BOM), *Cestrum racemosum* (SOL), *Clarisia biflora* (MOR), *Clusia minor* (CLU), *Coccoloba standleyana* (PLG), *Coccos nucifera* (ARE), *Compsoneura sprucei* (MYS), *Conostegia rufescens* (MLS), *Cordia alliodora* (BOR), *Cordia bicolor* (BOR), *Cornutia pyramidata* (VRB), *Croton draco* (EUP), *Croton schiedeanus* (EUP), *Dendropanax arboreus* (ARL), *Dicraspidia donnell-smithii* (TIL), *Dussia macroprophyllata* (FAB/PAP), *Ficus americana* (MOR), *Ficus bullenei* (MOR), *Ficus colubrinae* (MOR), *Ficus costaricana* (MOR), *Ficus crassiuscula* (MOR), *Ficus crassivenosa* (MOR), *Ficus tonduzii* (MOR), *Ficus yoponensis* (MOR), *Garcinia madruno* (CLU), *Goethalsia meiantha* (TIL), *Gordonia fruticosa* (TEA), *Grias cauliflora* (LCY), *Guarea donnell-smithii* (MEL), *Hampea appendiculata* (MLV), *Hampea platanifolia* (MLV), *Heliocarpus appendiculatus* (TIL), *Hernandia stenura* (HRN), *Hura crepitans* (EUP), *Hyeronima alchorneoides* (EUP), *Inga acrocephala* (FAB/MIM), *Inga oerstediana* (FAB/MIM), *Inga pezizifera* (FAB/MIM), *Iriartea deltoidea* (ARE), *Jacaratia spinosa* (CRC), *Lacistema aggregatum* (FLC), *Lacmellea zamorae* (APO), *Luehea seemannii* (TIL), *Mabea occidentalis* (EUP), *Macrocnemum roseum* (RUB), *Maquira costaricana* (MOR), *Miconia affinis* (MLS), *Miconia elata* (MLS), *Miconia gracilis* (MLS), *Miconia trinervia* (MLS), *Mortoniodendron anisophyllum* (TIL), *Mouriri gleasoniana* (MLS), *Nectandra membranacea* (LAU), *Ochroma pyramidale* (BOM), *Ocotea helicterifolia* (LAU), *Ocotea insularis* (LAU), *Ocotea mollifolia* (LAU), *Ocotea nicaraguensis* (LAU), *Otoba novogranatensis* (MYS), *Parkia pendula* (FAB/MIM), *Pleuranthodendron lindenii* (FLC), *Pleurothyrium golfodulcensis* (LAU), *Poulsenia armata* (MOR), *Pourouma bicolor* (CEC), *Protium glabrum* (BRS), *Pseudolmedia mollis* (MOR), *Pterocarpus rohrii* (FAB/PAP), *Quararibea asterolepis* (BOM), *Sapium glandulosum* (EUP), *Sarcaulus brasiliensis* (SPT), *Schizolobium parahyba* (FAB/CAE), *Senna spectabilis* (FAB/CAE), *Simarouba amara* (SMR), *Sloanea terniflora* (ELC), *Socratea exorrhiza* (ARE), *Sorocea affinis* (MOR), *Sorocea pubivena* (MOR), *Spondias mombin* (ANA), *Sterculia apetala (STR), Sterculia recordiana (STR), Symphonia globulifera (CLU), Tabebuia ochracea (BIG), Terminalia oblonga (CMB), Tetrathylacium macrophyllum (FLC), Trema micrantha (ULM), Trichospermum grewiifolium (TIL), Turpinia occidentalis (STP), Virola koschnyi (MYS), Virola sebifera (MYS), Vismia baccifera (CLU), Warszewiczia coccinea (RUB), Zygia longifolia (FAB/MIM).*

Arbustos

Acalypha diversifolia (EUP), Acalypha macrostachya (EUP), Aphelandra lingua-bovis (ACA), Ardisia compressa (MRS), Asterogyne martiana (ARE), Bactris glandulosa (ARE), Bertiera guianensis (RUB), Blakea subpeltata (MLS), Byttneria aculeata (STR), Callicarpa acuminata (VRB), Carica papaya (CRC), Casearia arguta (FLC), Cestrum megalophyllum (SOL), Chamaedorea pinnatifrons (ARE), Chamaedorea zamorae (ARE), Clibadium surinamense (AST), Clidemia densiflora (MLS), Clidemia dentata (MLS), Clidemia discolor (MLS), Cnemidaria choricarpa (CTH), Conostegia subcrustulata (MLS), Coussarea curvigemmia (RUB), Cyathea multiflora (CTH), Geonoma congesta (ARE), Geonoma deversa (ARE), Hamelia axillaris (RUB), Heisteria macrophylla (OLC), Henriettea cuneata (MLS), Isertia haenkeana (RUB), Leandra granatensis (MLS), Mayna odorata (FLC), Meliosma donnellsmithii (SAB), Miconia calvescens (MLS), Miconia nervosa (MLS), Miconia paleacea (MLS), Myriocarpa longipes (URT), Naucleopsis ulei (MOR), Neonicholsonia watsonii (ARE), Neurolaena lobata (AST), Olmedia aspera (MOR), Pentagonia tinajita (RUB), Phoradendron robustissimum (VIS), Piper auritum (PIP), Piper chrysostachyum (PIP), Piper friedrichsthalii (PIP), Piper hispidum (PIP), Piper nudifolium (PIP), Piper peltatum (PIP), Piper phytolaccifolium (PIP), Piper reticulatum (PIP), Pleuropetalum pleiogynum (AMA), Psychotria berteriana (RUB), Psychotria elata (RUB), Psychotria haematocarpa (RUB), Psychotria officinalis (RUB), Psychotria solitudinum (RUB), Razisea spicata (ACA), Senna papillosa (FAB/CAE), Senna reticulata (FAB/CAE), Siparuna grandiflora (MNM), Solanum rovirosanum (SOL), Solanum torvum (SOL), Solanum valerianum (SOL), Swartzia myrtifolia (FAB/PAP), Synechanthus warscewiczianus (ARE), Tessaria integrifolia (AST), Urera baccifera (URT), Urera eggersii (URT), Urera elata (URT), Verbesina gigantea (AST), Verbesina tonduzii (AST), Vernonia brachiata (AST), Vernonia patens (AST).

Bejucos

Abuta panamensis (MNS), Acacia hayesii (FAB/MIM), Adelobotrys adscendens (MLS), Begonia glabra (BEG), Cardiospermum grandiflorum (SAP), Chamissoa altissima (AMA), Cissampelos grandifolia (MNS), Cissampelos tropaeolifolia (MNS), Dalbergia frutescens (FAB/PAP), Dalechampia dioscoreifolia (EUP), Davilla nitida (DLL), Dichapetalum hammelii (DCH), Dioscorea mexicana (DSC), Disciphania calocarpa (MNS), Doliocarpus brevipedicellatus (DLL), Entada gigas (FAB/MIM), Gouania polygama (RHM), Gurania makoyana (CUC), Mikania micrantha (AST), Mucuna holtonii (FAB/PAP), Omphalea diandra (EUP), Passiflora brevifila (PAS), Passiflora lobata (PAS), Passiflora pittieri (PAS), Passiflora vitifolia (PAS), Plukenetia stipellata (EUP), Pouzolzia obliqua (URT), Psiguria warscewiczii (CUC), Sechium pittieri (CUC), Sechium tacaco (CUC), Smilax spissa (SML), Solanum lanceifolium (SOL), Tropaeolum moritzianum (TRO).

Hierbas

Aciotis levyana (MLS), Aeschynomene americana (FAB/PAP), Arthrostemma ciliatum (MLS), Asplundia alata (CYC), Asplundia pittieri (CYC), Begonia corredorana (BEG), Besleria laxiflora (GSN), Besleria pauciflora (GSN), Calathea lutea (MRN), Carludovica drudei (CYC), Centropogon granulosus (CAM), Chamaeranthemum durandii (ACA), Chrysothemis friedrichsthaliana (GSN), Costus nitidus (COT), Costus plicatus (COT), Critonia morifolia (AST), Cuphea carthagenensis (LYT), Cyathula prostrata (AMA), Cyclanthus bipartitus (CYC), Desmodium incanum (FAB/PAP), Dicranopygium osaanse (CYC), Dieffenbachia oerstedii (ARA), Dracontium pittieri (ARA), Drymaria cordata (CRY), Eclipta prostrata (AST), Hedychium coronarium (ZIN), Hyptis obtusiflora (LAM), Hyptis vilis (LAM), Iresine diffusa (AMA), Justicia aurea (ACA), Lantana camara (VRB), Lasiacis scabrior (POA), Melanthera aspera (AST), Mimosa pudica (FAB/MIM), Olfersia cervina (DRY), Olyra caudata (POA), Pennisetum purpureum (POA), Peperomia macrostachya (PIP), Philodendron pterotum (ARA), Phyllanthus urinaria (EUP), Polygonum punctatum (PLG), Ruellia inundata (ACA), Ruellia tubiflora (ACA), Salvia occidentalis (LAM), Sida rhombifolia (MLV), Stellaria ovata (CRY), Tectaria andina (TEC), Teliostachya alopecuroidea (ACA), Viguiera cordata (AST), Witheringia solanacea (SOL), Xiphidium coeruleum (HAE).

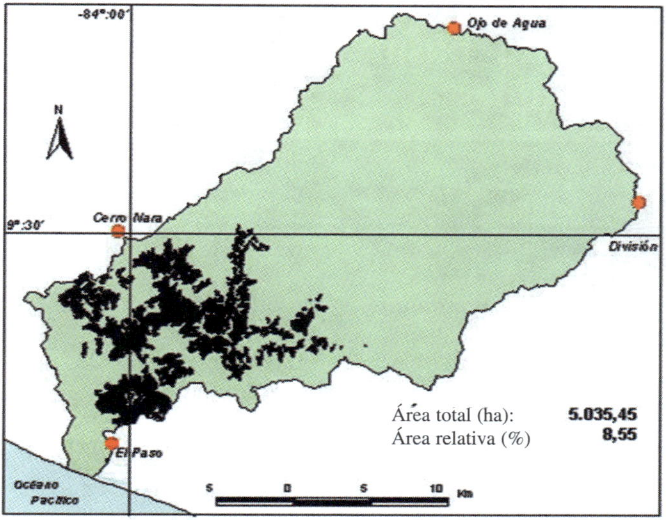

Distribución espacial del bosque tropical denso siempreverde latifoliado basal bien drenado.

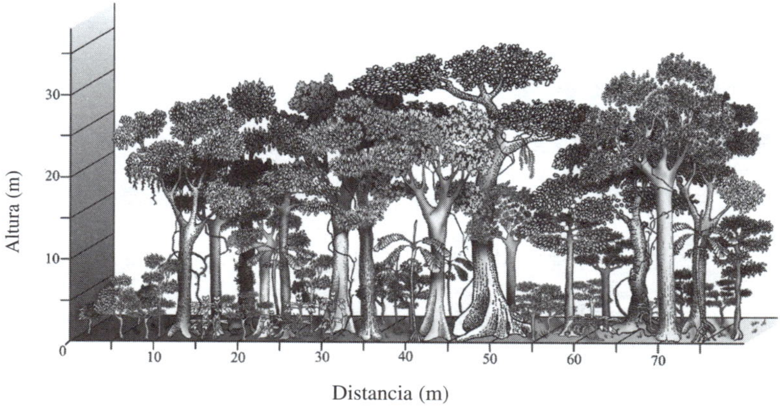

Perfil lateral esquematizado de la vegetación del bosque tropical denso siempreverde latifoliado basal bien drenado

2. Bosque tropical denso siempreverde latifoliado basal pantanoso dominado por mangles

VEGETACIÓN	
Fisionomía:	Manglar denso
Fenología foliar del estrato dominante:	Siempreverde
Tipo foliar del estrato dominante:	Latifoliado
Estratificación:	Estratos definidos
Periodicidad:	Perenne
Espinosidad:	No espinoso
Altura:	5-25 m
DISTRIBUCIÓN ALTITUDINAL	
Piso altitudinal:	Basal
CLIMA	
Provincia térmica:	Tropical
Provincia de humedad:	Húmeda (92,56%), Muy húmeda (7,44%)
Duración de la estación seca:	3-4 meses secos
HIDROLOGÍA	
Régimen hidrológico:	Costero estuarino
Inundabilidad:	Inundado
GEOMORFOLOGÍA	
Forma de la tierra:	Sedimentación aluvial
SUELO	
Orden del suelo:	Mollisol
IMPACTO HUMANO	
Estado:	Natural
Influencia actual:	No intervenido
Uso actual de la tierra:	Desconocido

Punto de muestreo en la localidad de Estero Garita, Playa Savegre (9º 21' N - 84º 02' O).

Punto de muestreo en la localidad de Estero Garita, Playa Savegre (9º 21' N - 84º 02' O).

Composición florística observada

Árboles

Coccos nucifera (ARE), Inga vera (FAB/MIM), Laguncularia racemosa (CMB), Mora oleifera (FAB/CAE), Rhizophora mangle (RHZ), Terminalia catappa (CMB).

Arbustos

Chrysobalanus icaco (CHB), Tabebuia palustris (BIG).

Bejucos

Phryganocydia phellosperma (BIG).

Hierbas

Acrostichum aureum (PTR), Crinum erubescens (AMR), Cyperus giganteus (CYP), Thelechitonia trilobata (AST).

Punto de muestreo en la localidad de Estero Garita, Playa Savegre (9° 21' N - 84° 02' O).

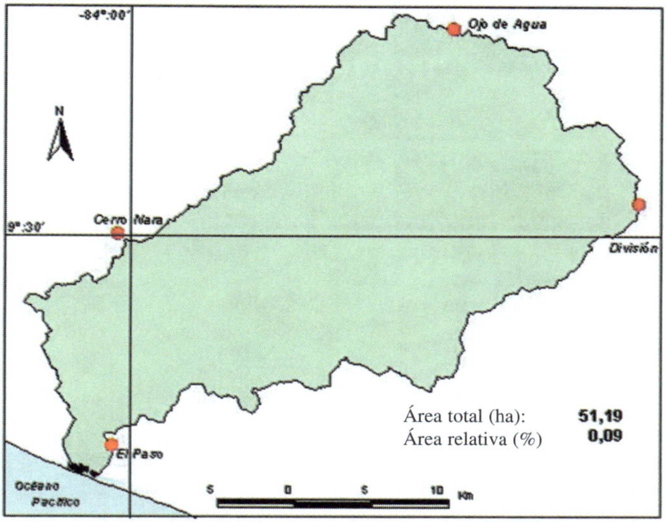

Distribución espacial del bosque tropical denso siempreverde latifoliado basal pantanoso dominado por mangles.

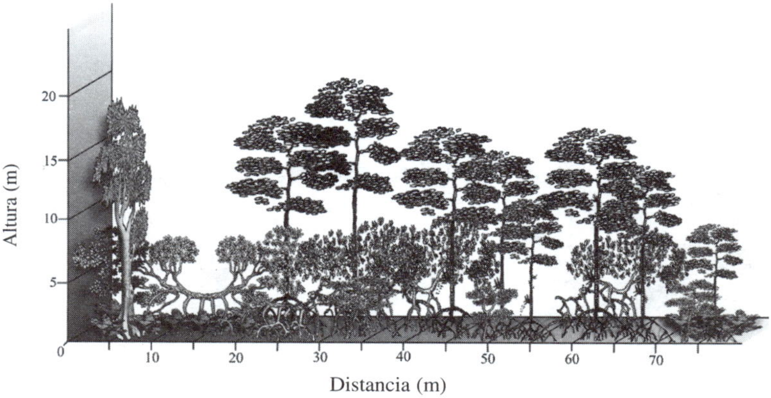

Perfil lateral esquematizado de la vegetación del bosque tropical denso siempreverde latifoliado basal pantanoso dominado por mangles.

3. Bosque tropical denso siempreverde latifoliado premontano bien drenado

VEGETACIÓN	
Fisionomía:	Bosque denso
Fenología foliar del estrato dominante:	Siempreverde
Tipo foliar del estrato dominante:	Latifoliado
Estratificación:	Estratos difusos, a veces definidos
Periodicidad:	Perenne
Espinosidad:	No espinoso
Altura:	Mayor de 25 m, a veces de 5-25 m
DISTRIBUCIÓN ALTITUDINAL	
Piso altitudinal:	Premontano
CLIMA	
Provincia térmica:	Subtropical (77,93%), Templada (0,45%), Tropical (21,62%),
Provincia de humedad:	Muy húmeda (99,34%) Pluvial (0,66%)
Duración de la estación seca :	0 (0,27%), 1-2 (0,39%), 3-4 (99,34%) meses secos
HIDROLOGÍA	
Régimen hidrológico:	Bien drenado
Inundabilidad:	No inundado
GEOMORFOLOGÍA	
Forma de la tierra:	Origen tectónico y erosivo
SUELO	
Orden del suelo:	Inceptisol (99,21%), Ultisol (0,79%)
IMPACTO HUMANO	
Estado:	Natural
Influencia actual:	No intervenido
Uso actual de la tierra:	Desconocido

Punto de muestreo a 2.7 km al noreste de la localidad de San Cristóbal (9º 25' N - 83º 59' O).

Punto de muestreo a 3 km al este de la localidad de San Marcos (9º 25' N - 83º 51' O).

Composición florística observada

Árboles

Abarema idiopoda (FAB/MIM), Alchornea glandulosa (EUP), Alchornea latifolia (EUP), Annona pittieri (ANN), Aparisthmium cordatum (EUP), Apeiba membranacea (TIL), Apeiba tibourbou (TIL), Aspidosperma spruceanum (APO), Beilschmiedia tovarensis (LAU), Bellucia pentamera (MLS), Brosimum costaricanum (MOR), Brosimum guianense (MOR), Brosimum lactescens (MOR), Brosimum utile (MOR), Bunchosia cornifolia (MLP), Calatola costaricensis (ICC), Calophyllum brasiliense (CLU), Carapa guianensis (MEL), Caryocar costaricense (CCR), Casearia arborea (FLC), Casearia commersoniana (FLC), Casearia tacanensis (FLC), Cassipourea elliptica (RHZ), Castilla elastica (MOR), Cecropia insignis (CEC), Cecropia obtusifolia (CEC), Chionanthus panamensis (OLE), Chrysochlamys glauca (CLU), Cinnamomum hammelianum (LAU), Clarisia biflora (MOR), Clethra mexicana (CLE), Coccoloba belizensis (PLG), Compsoneura sprucei (MYS), Conostegia bigibbosa (MLS), Conostegia rufescens (MLS), Conostegia tenuifolia (MLS), Cordia cymosa (BOR), Couratari guianensis (LCY), Coussapoa villosa (CEC), Croton schiedeanus (EUP), Dendropanax arboreus (ARL), Dialium guianense (FAB/CAE), Discophora guianensis (ICC), Duguetia confusa (ANN), Dussia macroprophyllata (FAB/PAP), Elaeagia myriantha (RUB), Erythroxylum macrophyllum (ERX), Euterpe precatoria (ARE), Faramea multiflora (RUB), Faramea sessifolia (RUB), Ficus americana (MOR), Ficus colubrinae (MOR), Ficus macbridei (MOR), Ficus yoponensis (MOR), Garcinia madruno (CLU), Gordonia fruticosa (TEA), Graffenrieda galeottii (MLS), Guarea glabra (MEL), Guarea pterorhachis (MEL), Guatteria diospyroides (ANN), Heliocarpus appendiculatus (TIL), Henriettea tuberculosa (MLS), Hernandia stenura (HRN), Lacmellea panamensis (APO), Lacmellea zamorae (APO), Ladenbergia sericophylla (RUB), Lozania pittieri (FLC), Mabea klugii (EUP), Mabea occidentalis (EUP), Macrohasseltia macroterantha (FLC), Maquira costaricana (MOR), Maranthes panamensis (CHB), Marila laxiflora (CLU), Matayba apetala (SAP), Matayba ingifolia (SAP), Meliosma glabrata (SAB), Miconia decurrens (MLS), Miconia elata (MLS), Miconia gracilis (MLS), Miconia punctata (MLS), Miconia serrulata (MLS), Miconia trinervia (MLS), Micropholis crotonoides (SPT), Micropholis melinoniana (SPT), Minquartia guianensis (OLC), Mouriri gleasoniana (MLS), Nectandra reticulata (LAU), Newtonia suaveolens (FAB/MIM), Ocotea atirrensis (LAU), Ocotea cernua (LAU), Ocotea jorge-escobarii (LAU), Ocotea meziana (LAU), Ocotea mollifolia (LAU), Ocotea nicaraguensis (LAU), Ocotea veraguensis (LAU), Otoba novogranatensis (MYS), Parathesis acostensis (MRS), Perebea hispidula (MOR), Perrottetia multiflora (CEL), Phyllanthus skutchii

(EUP), Plinia povedae (MRT), Podocarpus macrostachyus (POD), Poulsenia armata (MOR), Pourouma bicolor (CEC), Pourouma minor (CEC), Pouteria laevigata (SPT), Pouteria macrocarpa (SPT), Pouteria reticulata (SPT), Pouteria torta (SPT), Protium schippii (BRS), Pseudolmedia oxyphyllaria (MOR), Pseudolmedia spuria (MOR), Quararibea asterolepis (BOM), Roupala montana (PRT), Ruptiliocarpon caracolito (LPB), Sapium glandulosum (EUP), Schefflera robusta (ARL), Socratea exorrhiza (ARE), Sorocea cufodontisii (MOR), Sorocea trophoides (MOR), Spachea correae (MLP), Stephanopodium costaricense (DCH), Sterculia recordiana (STR), Symphonia globulifera (CLU), Tachigali versicolor (FAB/CAE), Talauma gloriensis (MAG), Tapirira mexicana (ANA), Tapirira myriantha (ANA), Terminalia oblonga (CMB), Tetragastris panamensis (BRS), Tetrathylacium macrophyllum (FLC), Ticodendron incognitum (TIC), Tovomita weddelliana (CLU), Trema integerrima (ULM), Turpinia occidentalis (STP), Vantanea barbourii (HOU), Viburnum costaricanum (CPR), Virola koschnyi (MYS), Virola sebifera (MYS), Vitex cooperi (VRB), Vochysia megalophylla (VOC).

Arbustos

Acalypha diversifolia (EUP), Acalypha ferdinandii (EUP), Amphirrhox longifolia (VIO), Ardisia compressa (MRS), Ardisia pittieri (MRS), Asterogyne martiana (ARE), Baccharis trinervis (AST), Bactris glandulosa (ARE), Banara guianensis (FLC), Blakea foliacea (MLS), Blakea litoralis (MLS), Calyptrogyne ghiesbreghtiana (ARE), Carpotroche platyptera (FLC), Chamaedorea macrospadix (ARE), Chamaedorea sullivaniorum (ARE), Chamaedorea tepejilote (ARE), Clibadium anceps (AST), Clidemia densiflora (MLS), Clidemia radicans (MLS), Clidemia sessiliflora (MLS), Cordia porcata (BOR), Cordia spinescens (BOR), Cyathea multiflora (CTH), Geonoma congesta (ARE), Hedyosmum bonplandianum (CLR), Hedyosmum brenesii (CLR), Hedyosmum scaberrimum (CLR), Hillia loranthoides (RUB), Miconia prasina (MLS), Naucleopsis ulei (MOR), Neurolaena lobata (AST), Oryctanthus occidentalis (LOR), Oryctanthus spicatus (LOR), Ouratea lucens (OCH), Pavonia oxyphyllaria (MLV), Pentagonia tinajita (RUB), Phoradendron chrysocladon (VIS), Piper aequale (PIP), Piper arboreum (PIP), Piper hispidum (PIP), Piper imperiale (PIP), Piper obliquum (PIP), Piper phytolaccifolium (PIP), Piper sagittifolium (PIP), Piper schiedeanum (PIP), Piper urostachyum (PIP), Piper xanthostachyum (PIP), Psychotria borucana (RUB), Psychotria elata (RUB), Psychotria microbotrys (RUB), Psychotria officinalis (RUB), Psychotria panamensis (RUB), Psychotria poeppigiana (RUB), Psychotria solitudinum (RUB), Psychotria uliginosa (RUB), Rinorea deflexiflora (VIO), Rudgea reducticalyx (RUB), Siparuna tecaphora (MNM), Solanum circinatum (SOL), Solanum rovirosanum (SOL), Solanum torvum (SOL), Stemmadenia simulans (APO), Struthanthus burgeri (LOR), Synechanthus warscewiczianus (ARE), Topobea multiflora (MLS), Vernonia brachiata (AST).

Bejucos

Abuta panamensis (MNS), Anomospermum reticulatum (MNS), Callichlamys latifolia (BIG), Cissampelos tropaeolifolia (MNS), Cissus biformifolia (VIT), Cissus rhombifolia (VIT), Clidemia epiphytica (MLS), Desmoncus schippii (ARE), Dicella aciculifera (MLP), Disciphania calocarpa (MNS), Doliocarpus brevipedicellatus (DLL), Doliocarpus dentatus (DLL), Entada gigas (FAB/MIM), Gouania lupuloides (RHM), Heisteria scandens (OLC), Heteropsis oblongifolia (ARA), Heteropterys obovata (MLP), Liabum bourgeaui (AST), Lonicera japonica (CPR), Merremia tuberosa (CNV), Mikania banisteriae (AST), Mikania guaco (AST), Moutabea aculeata (PGL), Passiflora auriculata (PAS), Passiflora vitifolia (PAS), Paullinia faginea (SAP), Sabicea panamensis (RUB), Salpichlaena volubilis (BLE), Sarcorhachis naranjoana (PIP), Securidaca diversifolia (PGL), Vitis tiliifolia (VIT).

Hierbas

Anthurium cuspidatum (ARA), Anthurium lancifolium (ARA), Anthurium ramonense (ARA), Araeococcus pectinatus (BML), Begonia multinervia (BEG), Burmeistera vulgaris (CAM), Calathea crotalifera (MRN), Calathea platystachya (MRN), Centropogon granulosus (CAM), Chamaeranthemum durandii (ACA), Chrysothemis friedrichsthaliana (GSN), Coccocypselum hirsutum (RUB), Costus lasius (COT), Costus ricus (COT), Cyclanthus bipartitus (CYC), Elephantopus mollis (AST), Encyclia pseudopygmaea (ORC), Epidendrum radicans (ORC), Heliconia stilesii (HLC), Ichthyothere scandens (AST), Iresine diffusa (AMA), Jaegeria hirta (AST), Justicia skutchii (ACA), Lasiacis standleyi (POA), Lindsaea lancea (DST), Macrocarpaea macrophylla (GEN), Maxillaria longipetiolata (ORC), Niphidium crassifolium (PLP), Oerstedella pinnifera (ORC), Olfersia cervina (DRY), Philodendron microstictum (ARA), Philodendron verrucosum (ARA), Sauvagesia erecta (OCH), Sobralia leucoxantha (ORC), Sobralia luteola (ORC), Stellaria ovata (CRY), Stenospermation angustifolium (ARA), Tachia parviflora (GEN), Tetranema gamboanum (SCR), Thelypteris arborescens (THL), Viguiera cordata (AST), Vriesea pedicellata (BML), Witheringia solanacea (SOL).

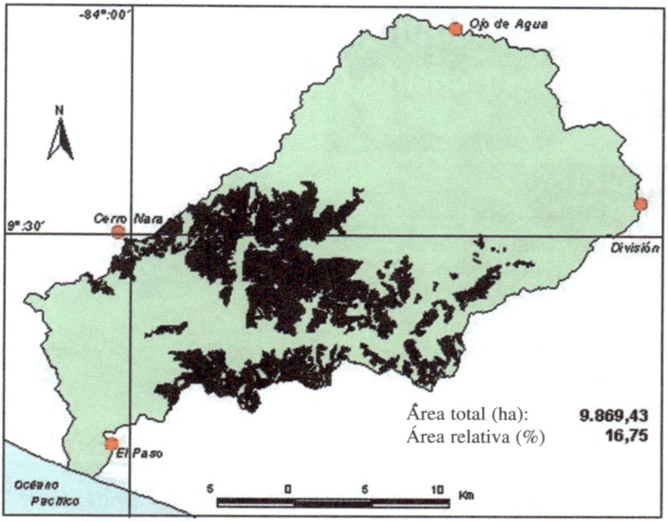

Distribución espacial del bosque tropical denso siempreverde latifoliado premontano bien drenado.

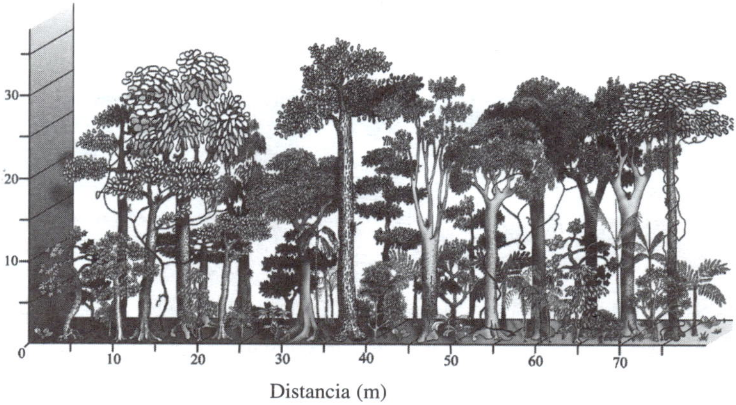

Perfil lateral esquematizado de la vegetación del bosque tropical denso siempreverde latifoliado premontano bien drenado.

4. Bosque tropical denso siempreverde latifoliado montano bajo bien drenado

VEGETACIÓN		
	Fisionomía:	Bosque denso
	Fenología foliar del estrato dominante:	Siempreverde
	Tipo foliar del estrato dominante:	Latifoliado
	Estratificación:	Estratos difusos, a veces definidos
	Periodicidad:	Perenne
	Espinosidad:	No espinoso
	Altura:	Mayor de 25 m, a veces de 5-25 m
DISTRIBUCIÓN ALTITUDINAL		
	Piso altitudinal:	Montano Bajo
CLIMA		
	Provincia térmica:	Subtropical (21,20%), Templada (77,73%), Templada fría (1,07%),
	Provincia de humedad:	Muy húmeda (86,96%), Pluvial (13,04%)
	Duración de la estación seca:	0 (11,91%), 1-2 (1,13%), 3-4 (86,96%) meses secos
HIDROLOGÍA		
	Régimen hidrológico:	Bien drenado
	Inundabilidad:	No inundado
GEOMORFOLOGÍA		
	Forma de la tierra:	Origen tectónico y erosivo
SUELO		
	Orden del suelo:	Inceptisol
IMPACTO HUMANO		
	Estado:	Natural
	Influencia actual:	Intervenido
	Uso actual de la tierra:	Forestal, a veces Desconocido

Punto de muestreo a 4 km al norte de la localidad de Los Angeles de Páramo (9º 30' N - 83º 48' O).

Punto de muestreo a 4 km al oeste y 1 km al norte de la localidad de Los Angeles de Páramo (9º 29' N - 83º 50' O).

Composición florística observada

Árboles

Aegiphila odontophylla (VRB), *Alchornea glandulosa* (EUP), *Alchornea latifolia* (EUP), *Alfaroa costaricensis* (JUG), *Alfaroa williamsii* (JUG), *Alnus acuminata* (BET), *Annona amazonica* (ANN), *Annona pittieri* (ANN), *Anthodiscus chocoensis* (CCR), *Beilschmiedia alloiophylla* (LAU), *Billia hippocastanum* (HIP), *Brosimum guianense* (MOR), *Brosimum lactescens* (MOR), *Brunellia costaricensis* (BNL), *Calatola costaricensis* (ICC), *Calophyllum brasiliense* (CLU), *Casearia arborea* (FLC), *Casearia tacanensis* (FLC), *Cecropia insignis* (CEC), *Cecropia obtusifolia* (CEC), *Cecropia polyphlebia* (CEC), *Cedrela tonduzii* (MEL), *Chiangiodendron mexicanum* (FLC), *Chione sylvicola* (RUB), *Chrysochlamys allenii* (CLU), *Cinchona pubescens* (RUB), *Cinnamomum costaricanum* (LAU), *Cinnamomum hammelianum* (LAU), *Cinnamomum triplinerve* (LAU), *Citharexylum caudatum* (VRB), *Clethra gelida* (CLE), *Clethra mexicana* (CLE), *Clusia palmana* (CLU), *Clusia torresii* (CLU), *Compsoneura sprucei* (MYS), *Conostegia montana* (MLS), *Conostegia rhodopetala* (MLS), *Conostegia tenuifolia* (MLS), *Cordia cymosa* (BOR), *Cordia lucidula* (BOR), *Cornus disciflora* (COR), *Cornus peruviana* (COR), *Cornutia pyramidata* (VRB), *Coussapoa parviceps* (CEC), *Croton draco* (EUP), *Daphnopsis morii* (THY), *Dendropanax arboreus* (ARL), *Dendropanax querceti* (ARL), *Drimys granadensis* (WIN), *Elaeagia auriculata* (RUB), *Erythrina costaricensis* (FAB/PAP), *Erythroxylum macrophyllum* (ERX), *Euterpe precatoria* (ARE), *Faramea occidentalis* (RUB), *Ficus brevibracteata* (MOR), *Ficus caldasiana* (MOR), *Ficus crassiuscula* (MOR), *Ficus davidsoniae* (MOR), *Ficus pertusa* (MOR), *Ficus tonduzii* (MOR), *Ficus tuerckheimii* (MOR), *Ficus velutina* (MOR), *Freziera candicans* (TEA), *Freziera friedrichsthaliana* (TEA), *Garcinia madruno* (CLU), *Gordonia fruticosa* (TEA), *Guapira costaricana* (NYC), *Guatteria diospyroides* (ANN), *Guatteria oliviformis* (ANN), *Guatteria talamancana* (ANN), *Guatteria tonduzii* (ANN), *Guettarda crispiflora* (RUB), *Guettarda poasana* (RUB), *Hampea appendiculata* (MLV), *Hampea platanifolia* (MLV), *Hasseltia floribunda* (FLC), *Heliocarpus appendiculatus* (TIL), *Hyeronima alchorneoides* (EUP), *Hyeronima oblonga* (EUP), *Ilex maxima* (AQF), *Inga pezizifera* (FAB/MIM), *Inga ruiziana* (FAB/MIM), *Inga tonduzii* (FAB/MIM), *Lacmellea zamorae* (APO), *Ladenbergia brenesii* (RUB), *Ladenbergia valerii* (RUB), *Lippia myriocephala* (VRB), *Lozania mutisiana* (FLC), *Mabea occidentalis* (EUP), *Macrohasseltia macroterantha* (FLC), *Macrolobium costaricense* (FAB/CAE), *Magnolia poasana* (MAG), *Marila pluricostata* (CLU), *Matudaea trinervia* (HAM), *Mauria heterophylla*

(ANA), Meliosma depressiva (SAB), Miconia dolichorrhyncha (MLS), Miconia elata (MLS), Miconia gracilis (MLS), Miconia multiplinervia (MLS), Miconia punctata (MLS), Miconia smaragdina (MLS), Miconia trinervia (MLS), Molinadendron hondurense (HAM), Mollinedia pinchotiana (MNM), Myrsine coriacea (MRS), Nectandra cufodontisii (LAU), Nectandra membranacea (LAU), Nectandra purpurea (LAU), Nectandra salicina (LAU), Ocotea austinii (LAU), Ocotea cernua (LAU), Ocotea endresiana (LAU), Ocotea holdridgeiana (LAU), Ocotea insularis (LAU), Ocotea laetevirens (LAU), Ocotea leucoxylon (LAU), Ocotea nicaraguensis (LAU), Ocotea praetermissa (LAU), Ocotea stenoneura (LAU), Ocotea tonduzii (LAU), Ocotea valeriana (LAU), Ocotea whitei (LAU), Oreopanax oerstedianus (ARL), Oreopanax striatus (ARL), Oreopanax xalapensis (ARL), Otoba novogranatensis (MYS), Panopsis costaricensis (PRT), Panopsis mucronata (PRT), Parathesis acostensis (MRS), Persea rigens (LAU), Pleuranthodendron lindenii (FLC), Pleurothyrium palmanum (LAU), Podocarpus macrostachyus (POD), Posoqueria latifolia (RUB), Prestoea acuminata (ARE), Prunus fortunensis (ROS), Pseudolmedia mollis (MOR), Pseudolmedia oxyphyllaria (MOR), Quercus copeyensis (FAG), Quercus costaricensis (FAG), Quercus insignis (FAG), Quercus oocarpa (FAG), Quercus seemannii (FAG), Quiina schippii (QII), Roupala montana (PRT), Ruagea glabra (MEL), Sapium glandulosum (EUP), Sapium pachystachys (EUP), Sapium rigidifolium (EUP), Saurauia montana (ACT), Sloanea brenesii (ELC), Sorocea trophoides (MOR), Styrax argenteus (STY), Symphonia globulifera (CLU), Symplocos serrulata (SYM), Talauma gloriensis (MAG), Tapirira mexicana (ANA), Tovomita weddelliana (CLU), Trema integerrima (ULM), Trichilia havanensis (MEL), Trichospermum galeottii (TIL), Turpinia occidentalis (STP), Ulmus mexicana (ULM), Viburnum costaricanum (CPR), Virola guatemalensis (MYS), Virola koschnyi (MYS), Virola sebifera (MYS), Vismia baccifera (CLU), Vochysia allenii (VOC), Vochysia ferruginea (VOC), Weinmannia pinnata (CUN), Zanthoxylum melanostictum (RUT), Zinowiewia costaricensis (CEL).

Arbustos

Ardisia compressa (MRS), Ardisia glandulosomarginata (MRS), Ardisia pittieri (MRS), Baccharis pedunculata (AST), Baccharis trinervis (AST), Blakea anomala (MLS), Blakea gracilis (MLS), Blakea litoralis (MLS), *Blakea woodsonii (MLS), Bocconia frutescens (PAP), Buddleja americana (LOG), Cavendishia bracteata (ERI), Cavendishia callista (ERI), Cestrum megalophyllum (SOL), Chamaedorea incrustata (ARE), Chamaedorea piscifolia (ARE), Chamaedorea tepejilote (ARE), Chamaedorea zamorae (ARE), Clidemia dentata (MLS), Clidemia discolor (MLS), Clidemia sessiliflora (MLS), Cordia inermis (BOR), Croton brevipes (EUP), Cyathea divergens (CTH), Cyathea multiflora (CTH), Decachaeta thieleana (AST), Fuchsia paniculata (ONA), Gaiadendron punctatum (LOR), Gaultheria erecta (ERI), Geonoma edulis (ARE), Gonzalagunia rosea (RUB), Hedyosmum bonplandianum (CLR), Hedyosmum goudotianum (CLR), Hemichaena fruticosa (SCR), Hillia triflora (RUB), Hoffmannia dotae (RUB), Lozanella enantiophylla (ULM), Malvaviscus arboreus (MLV), Meliosma donnellsmithii (SAB), Meriania phlomoides (MLS), Miconia cremadena (MLS), Miconia dodecandra (MLS), Miconia dolichopoda (MLS), Miconia nutans (MLS), Miconia poeppigii (MLS), Monochaetum amabile (MLS), Monochaetum floribundum (MLS), Neomirandea angularis (AST), Oryctanthus spicatus (LOR), Ossaea micrantha (MLS), Palicourea angustifolia (RUB), Panopsis cinnamomea (PRT), Phenax sonneratii (URT), Phoradendron undulatum (VIS), Piper aduncum (PIP), Piper arboreum (PIP), Piper augustum (PIP), Piper biseriatum (PIP), Piper crassinervium (PIP), Piper glabrescens (PIP), Piper imperiale (PIP), Piper lacunosum (PIP), Piper maxonii (PIP), Piper nemorense (PIP), Piper obliquum (PIP), Piper phytolaccifolium (PIP), Podandrogyne decipiens (CAP), Prestoea longepetiolata (ARE), Psittacanthus ramiflorus (LOR), Psychotria aubletiana (RUB), Psychotria correae (RUB), Psychotria elata (RUB), Psychotria grandis (RUB), Psychotria stockwellii (RUB), Psychotria uliginosa (RUB), Raputia heptaphylla (RUT), Rondeletia amoena (RUB), Rubus glaucus (ROS), Rubus irasuensis (ROS), Rubus roseifolius (ROS), Satyria warszewiczii (ERI), Sebastiania panamensis (EUP), Senecio arborescens (AST), Senecio cooperi (AST), Senecio multivenius (AST), Siparuna guianensis (MNM), Solanum acerifolium (SOL), Solanum antillarum (SOL), Solanum lepidotum (SOL), Solanum roblense (SOL), Solanum rovirosanum (SOL), Sphyrospermum buxifolium (ERI), Sphyrospermum cordifolium (ERI), Struthanthus cansjerifolius (LOR), Synechanthus warscewiczianus (ARE), Tabernaemontana longipes (APO), Tibouchina longifolia (MLS), Topobea pittieri (MLS), Triumfetta bogotensis (TIL), Vaccinium consanguineum (ERI), Verbesina oerstediana (AST), Verbesina tapantiana (AST), Vernonia brachiata (AST), Vernonia canescens (AST), Vernonia patens (AST), Xylosma hispidula (FLC).*

Bejucos

Abuta panamensis (MNS), Amphilophium pannosum (BIG), Anthurium ranchoanum (ARA), Begonia glabra (BEG), Bidens reptans (AST), Cayaponia granatensis (CUC), Chiococca alba (RUB), Cissampelos tropaeolifolia (MNS), Cissus trianae (VIT), Doliocarpus brevipedicellatus (DLL), Elateriopsis oerstedii (CUC), Hydrangea peruviana (HDR), Liabum bourgeaui (AST), Marcgravia brownei (MRC), Marcgravia pittieri (MRC), Mikania banisteriae (AST), Mikania guaco (AST), Mikania holwayana (AST), Mucuna holtonii (FAB/PAP), Muehlenbeckia tamnifolia (PLG), Passiflora hahnii (PAS), Salmea scandens (AST), Salpichlaena volubilis (BLE), Sarcorhachis naranjoana (PIP), Solanum lanceifolium (SOL), Tropaeolum moritzianum (TRO).

Hierbas

Acalypha apodanthes (EUP), Aechmea tonduzii (BML), Ageratina anisochroma (AST), Ageratina ixiocladon (AST), Ageratina ligustrina (AST), Ageratum conyzoides (AST), Alocasia macrorrhizos (ARA), Anthurium alatipedunculatum (ARA), Anthurium caperatum (ARA), Anthurium carnosum (ARA), Anthurium microspadix (ARA), Anthurium protensum (ARA), Anthurium scandens (ARA), Anthurium tonduzii (ARA), Archibaccharis irazuensis (AST), Archibaccharis schiedeana (AST), Asplenium abscissum (ASL), Asplenium auritum (ASL), Asplenium maxonii (ASL), Asplenium pteropus (ASL), Barbosella geminata (ORC), Begonia cooperi (BEG), Begonia estrellensis (BEG), Begonia involucrata (BEG), Blechnum ensiforme (BLE), Burmeistera vulgaris (CAM), Calathea brenesii (MRN), Calceolaria mexicana (SCR), Calea urticifolia (AST), Centradenia grandifolia (MLS), Centropogon congestus (CAM), Centropogon granulosus (CAM), Centropogon panamensis (CAM), Cheiroglossa palmata (OPH), Chusquea longifolia (POA), Cirsium mexicanum (AST), Columnea florida (GSN), Columnea polyantha (GSN), Conyza bonariensis (AST), Cuphea carthagenensis (LYT), Dahlia imperialis (AST), Dichaea cryptarrhena (ORC), Digitaria abyssinica (POA), Diplazium subsilvaticum (WOD), Elleanthus cynarocephalus (ORC), Epidendrum fundii (ORC), Epidendrum piliferum (ORC), Epidendrum trialatum (ORC), Equisetum bogotense (EQU), Erechtites valerianifolia (AST), Fleischmannia pycnocephala (AST), Galinsoga quadriradiata (AST), Gamochaeta americana (AST), Gunnera insignis (GUN), Guzmania desautelsii (BML), Guzmania polycephala (BML), Heliconia beckneri *(HLC), Heterocondylus vitalbae (AST), Hydrocotyle bowlesioides (API), Hyptis capitata (LAM), Hyptis obtusiflora (LAM), Impatiens balsamina (BLS), Iresine calea (AMA), Iresine diffusa (AMA), Isachne arundinacea (POA), Juncus bufonius (JUN), Justicia angustibracteata (ACA), Justicia valerii (ACA), Loasa triphylla (LOA), Lycopodiella cernua (LYC), Lycopodium clavatum (LYC), Macrocarpaea macrophylla (GEN), Maxillaria brunnea (ORC), Maxillaria flava (ORC), Maxillaria valerioi (ORC), Melanthera aspera (AST), Merostachys latifolia (POA), Monstera adansonii (ARA), Monstera deliciosa (ARA), Neomirandea araliifolia (AST), Nertera granadensis (RUB), Oncidium warscewiczii (ORC), Paesia anfractuosa (DST), Peperomia angularis (PIP), Peperomia dotana (PIP), Peperomia tetraphylla (PIP), Philodendron verrucosum (ARA), Pilea cornutocucullata (URT), Pilea pittieri (URT), Pilea quichensis (URT), Plantago australis (PLA), Platystele compacta (ORC), Pleurothallis phyllocardia (ORC), Pleurothallis pompalis (ORC), Pleurothallis tonduzii (ORC), Polyanthina nemorosa (AST), Polygonum punctatum (PLG), Psychotria pithecobia (RUB), Pteridium arachnoideum (DST), Ruellia tubiflora (ACA), Rumex obtusifolius (PLG), Salvia alvajaca (LAM), Salvia polystachya (LAM), Sanicula liberta (API), Scaphyglottis mesocopis (ORC), Senecio costaricensis (AST), Sida haenkeana (MLV), Sigmatostalix picta (ORC), Sinclairia polyantha (AST), Sobralia leucoxantha (ORC), Solanum oxycarpum (SOL), Solanum quitoense (SOL), Stelis powellii (ORC), Stelis spathulata (ORC), Stellaria ovata (CRY), Stenospermation angustifolium (ARA), Symbolanthus calygonus (GEN), Tachia parviflora (GEN), Tillandsia leiboldiana (BML), Tillandsia multicaulis (BML), Tillandsia punctulata (BML), Tradescantia poelliae (CMM), Tradescantia zanonia (CMM), Verbena litoralis (VRB), Viguiera cordata (AST), Viola stipularis (VIO), Vriesea gladioliflora (BML), Vriesea tonduziana (BML), Witheringia coccoloboides (SOL).*

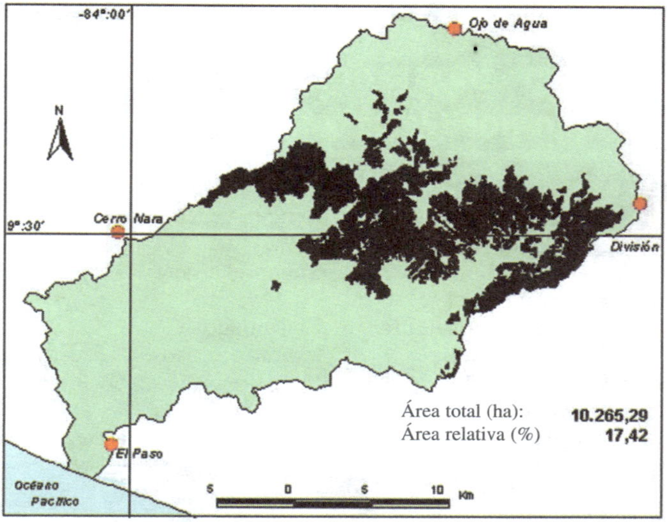

Distribución espacial del bosque tropical denso siempreverde latifoliado montano bajo bien drenado.

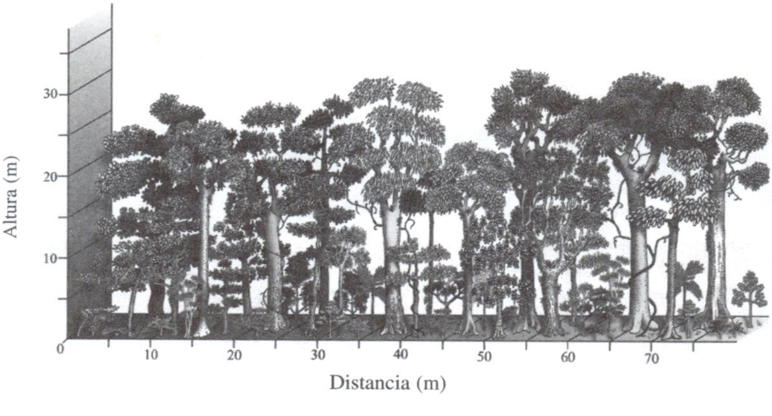

Perfil lateral esquematizado de la vegetación del bosque tropical denso siempreverde latifoliado montano bajo bien drenado.

5. Bosque tropical denso siempreverde latifoliado montano alto bien drenado dominado por *Quercus* spp.

VEGETACIÓN	
Fisionomía:	Bosque denso
Fenología foliar del estrato dominante:	Siempreverde
Tipo foliar del estrato dominante:	Latifoliado
Estratificación:	Estratos difusos, a veces definidos
Periodicidad:	Perenne
Espinosidad:	No espinoso
Altura:	Mayor de 25 m, a veces de 5-25 m
DISTRIBUCIÓN ALTITUDINAL	
Piso altitudinal:	Montano alto
CLIMA	
Provincia térmica:	Boreal 1 (4,73%), Templada (20,95%), Templada fría (74,31%),
Provincia de humedad:	Húmeda (12,52%), Muy húmeda (86,07%), Pluvial (1,41%)
Duración de la estación seca:	0 (1,85%), 1-2 (10,72%), 3-4 (87,43%) meses secos
HIDROLOGÍA	
Régimen hidrológico:	Bien drenado
Inundabilidad:	No inundado
GEOMORFOLOGÍA	
Forma de la tierra:	Origen tectónico y erosivo
SUELO	
Orden del suelo:	Histosol (3,14%), Inceptisol (96,86%)
IMPACTO HUMANO	
Estado:	Natural
Influencia actual:	Intervenido
Uso actual de la tierra:	Forestal, a veces Desconocido

Punto de muestreo a 2 km norte de la localidad de San Gerardo de Dota (9° 31' N - 83° 49' O).

Punto de muestreo a 2 km norte de la localidad de San Gerardo de Dota (9° 31' N - 83° 49' O).

Composición florística observada

Árboles

Aegiphila odontophylla (VRB), Aiouea costaricensis (LAU), Alchornea costaricensis (EUP), Alchornea latifolia (EUP), Alfaroa costaricensis (JUG), Alfaroa williamsii (JUG), Alnus acuminata (BET), Ardisia palmana (MRS), Beilschmiedia alloiophylla (LAU), Billia hippocastanum (HIP), Brunellia costaricensis (BNL), Clethra gelida (CLE), Clethra mexicana (CLE), Cleyera theioides (TEA), Clusia palmana (CLU), Cordia croatii (BOR), Cornus disciflora (COR), Dendropanax querceti (ARL), Drimys granadensis (WIN), Freziera candicans (TEA), Garcinia intermedia (CLU), Guatteria oliviformis (ANN), Guettarda crispiflora (RUB), Heliocarpus appendiculatus (TIL), Hyeronima oblonga (EUP), Ilex costaricensis (AQF), Ilex lamprophylla (AQF), Ilex pallida (AQF), Ladenbergia brenesii (RUB), Lippia myriocephala (VRB), Magnolia poasana (MAG), Magnolia sororum (MAG), Maytenus woodsonii (CEL), Miconia theizans (MLS), Mollinedia pinchotiana (MNM), Myrsine coriacea (MRS), Nectandra cufodontisii (LAU), Ocotea cernua (LAU), Ocotea insularis (LAU), Ocotea leucoxylon (LAU), Ocotea mollicella (LAU), Ocotea praetermissa (LAU), Ocotea valeriana (LAU), Oreopanax oerstedianus (ARL), Oreopanax xalapensis (ARL), Parathesis acostensis (MRS), Prestoea acuminata (ARE), Prunus fortunensis (ROS), Quercus copeyensis (FAG), Quercus costaricensis (FAG), Quercus rapurahuensis (FAG), Quercus seemannii (FAG), Rhamnus oreodendron (RHM), Rhamnus sphaerosperma (RHM), Rondeletia buddleioides (RUB), Sapium pachystachys (EUP), Saurauia montana (ACT), Schefflera robusta (ARL), Styrax argenteus (STY), Styrax glabrescens (STY), Trichilia havanensis (MEL), Viburnum costaricanum (CPR), Vismia baccifera (CLU), Weinmannia balbisiana (CUN), Weinmannia pinnata (CUN), Wercklea lutea (MLV), Zanthoxylum limoncello (RUT), Zanthoxylum melanostictum (RUT), Zinowiewia costaricensis (CEL).

Arbustos

Baccharis trinervis (AST), Blakea woodsonii (MLS), Bocconia frutescens (PAP), Brickellia argyrolepis (AST), Buddleja americana (LOG), Cavendishia bracteata (ERI), Clibadium leiocarpum (AST), Clidemia spectabilis (MLS), Dendrophthora costaricensis (VIS), Dicksonia gigantea (DCK), Fuchsia microphylla (ONA), Fuchsia paniculata (ONA), Geonoma edulis (ARE), Hedyosmum bonplandianum (CLR), Hedyosmum goudotianum (CLR), Hemichaena fruticosa (SCR), Leandra subseriata

(MLS), Meliosma donnellsmithii (SAB), Meriania macrophylla (MLS), Miconia carnea (MLS), Miconia costaricensis (MLS), Miconia dolichopoda (MLS), Miconia tonduzii (MLS), Monnina xalapensis (PGL), Monochaetum amabile (MLS), Monochaetum cordatum (MLS), Monochaetum neglectum (MLS), Palicourea angustifolia (RUB), Piper imperiale (PIP), Piper lacunosum (PIP), Piper lanceifolium (PIP), Piper obliquum (PIP), Psychotria aubletiana (RUB), Rondeletia amoena (RUB), Rubus glaucus (ROS), Rubus irasuensis (ROS), Rumfordia polymnioides (AST), Satyria warszewiczii (ERI), Sebastiania panamensis (EUP), Senecio arborescens (AST), Senecio cooperi (AST), Senecio multivenius (AST), Solanum chrysotrichum (SOL), Struthanthus quercicola (LOR), Triumfetta bogotensis (TIL), Urera caracasana (URT), Vaccinium consanguineum (ERI), Vernonia canescens (AST), Wigandia urens (HYD).

Bejucos

Bomarea acutifolia (ALS), Bomarea costaricensis (ALS), Cissus trianae (VIT), Dioscorea lepida (DSC), Jungia ferruginea (AST), Mikania banisteriae (AST), Muehlenbeckia tamnifolia (PLG), Passiflora coriacea (PAS), Passiflora gilbertiana (PAS), Passiflora lancearia (PAS), Passiflora membranacea (PAS), Passiflora sexflora (PAS), Salmea scandens (AST), Schwartzia costaricensis (MRC), Sechium pittieri (CUC), Senecio phanerandrus (AST), Sicydium tuerckheimii (CUC), Smilax kunthii (SML).

Hierbas

Ageratina anisochroma (AST), Ageratina pichinchensis (AST), Ageratina reticulifera (AST), Alchemilla pascuorum (ROS), Alchemilla pectinata (ROS), Alchemilla standleyi (ROS), Alloplectus ichthyoderma (GSN), Alonsoa meridionalis (SCR), Anthurium acutifolium (ARA), Anthurium concinnatum (ARA), Archibaccharis irazuensis (AST), Arenaria lanuginosa (CRY), Begonia convallariodora (BEG), Begonia involucrata (BEG), Begonia udisilvestris (BEG), Besleria solanoides (GSN), Bidens pilosa (AST), Burmeistera tenuiflora (CAM), Calceolaria tripartita (SCR), Capanea grandiflora (GSN), Centradenia grandifolia (MLS), Centropogon costaricae (CAM), Chusquea longifolia (POA), Chusquea talamancensis (POA), Columnea polyantha (GSN), Conyza apurensis (AST), Conyza bonariensis (AST), Cynanchum glaberrimum (ASC), Dichorisandra hexandra (CMM), Dicliptera iopus (ACA), Elleanthus glaucophyllus (ORC), Galinsoga quadriradiata (AST), Gnaphalium attenuatum (AST), Gnaphalium domingense (AST), Gunnera insignis (GUN), Holcus lanatus (POA), Hydrocotyle bowlesioides (API), Hydrocotyle mexicana (RAN), Hypochoeris radicata (AST), Iresine diffusa (AMA), Justicia angustibracteata (ACA), Justicia valerii (ACA), Lactuca sativa (AST), Lophosoria quadripinnata (LOP), Lycopodium thyoides (LYC), Maxillaria cedralensis (ORC), Maxillaria minor (ORC), Peperomia galioides (PIP), Peperomia omnicola (PIP), Peperomia pittieri (PIP), Peperomia rotundifolia (PIP), Peperomia tetraphylla (PIP), Phyllanthus niruri (EUP), Phytolacca rivinoides (PHT), Pilea acuminata (URT), Plantago australis (PLA), Pleurothallis dolichopus (ORC), Poa annua (POA), Prunella vulgaris (LAM), Pteridium arachnoideum (DST), Rumex obtusifolius (PLG), Siphocampylus nematosepalus (CAM), Solanum trizygum (SOL), Solenophora calycosa (GSN), Sphaeradenia lauchaena (CYC), Sphaeradenia sphagnicola (CYC), Stelis powellii (ORC), Trifolium repens (FAB/PAP), Viola stipularis (VIO), Vriesea williamsii (BML).

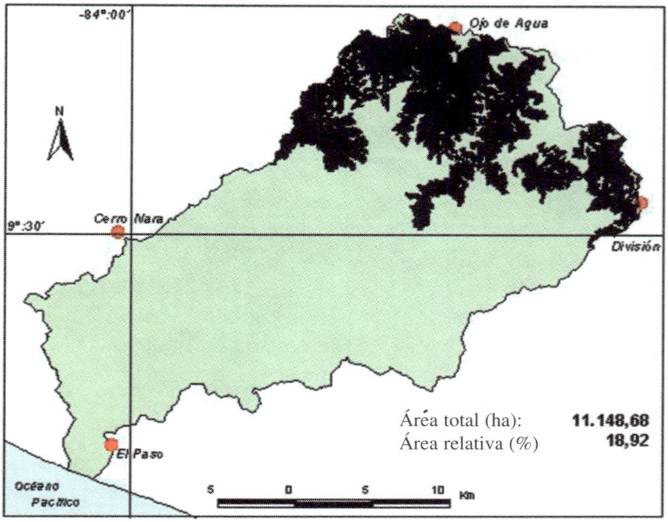

Distribución espacial del bosque tropical denso siempreverde latifoliado montano alto bien drenado dominado por *Quercus* spp.

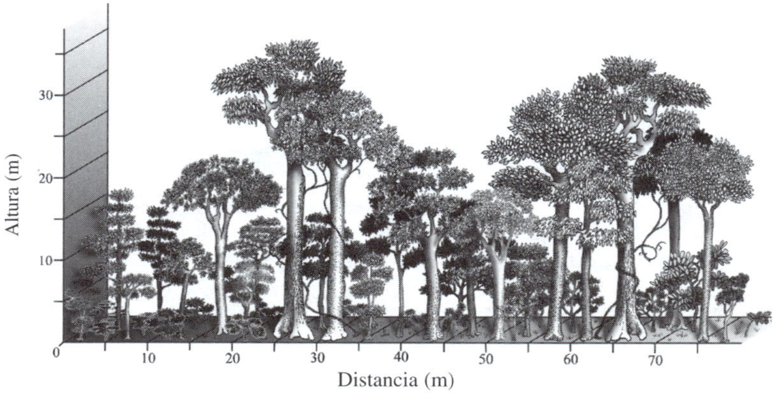

Perfil lateral esquematizado de la vegetación del bosque tropical denso siempreverde latifoliado montano alto bien drenado dominado por *Quercus* spp.

6. Bosque tropical denso siempreverde latifoliado subalpino bien drenado

VEGETACIÓN	
Fisionomía:	Bosque denso
Fenología foliar del estrato dominante:	Siempreverde
Tipo foliar del estrato dominante:	Latifoliado
Estratificación:	Estratos definidos
Periodicidad:	Perenne
Espinosidad:	No espinoso
Altura:	5-25 m
DISTRIBUCIÓN ALTITUDINAL	
Piso altitudinal:	Sub Alpino
CLIMA	
Provincia térmica:	Boreal1 (66,02%), Boreal2 (8,41%) Templada fría (25,57%)
Provincia de humedad:	Húmeda (7,75%) Muy húmeda (92,25%)
Duración de la estación seca:	0 (1,03%), 1-2 (41,08%), 3-4 (57,88%) meses secos
HIDROLOGÍA	
Régimen hidrológico:	Bien drenado
Inundabilidad:	No inundado
GEOMORFOLOGÍA	
Forma de la tierra:	Origen tectónico y erosivo
SUELO	
Orden del suelo:	Histosol (82,60%), Inceptisol (17,40%)
IMPACTO HUMANO	
Estado:	Natural
Influencia actual:	No intervenido
Uso actual de la tierra:	Forestal

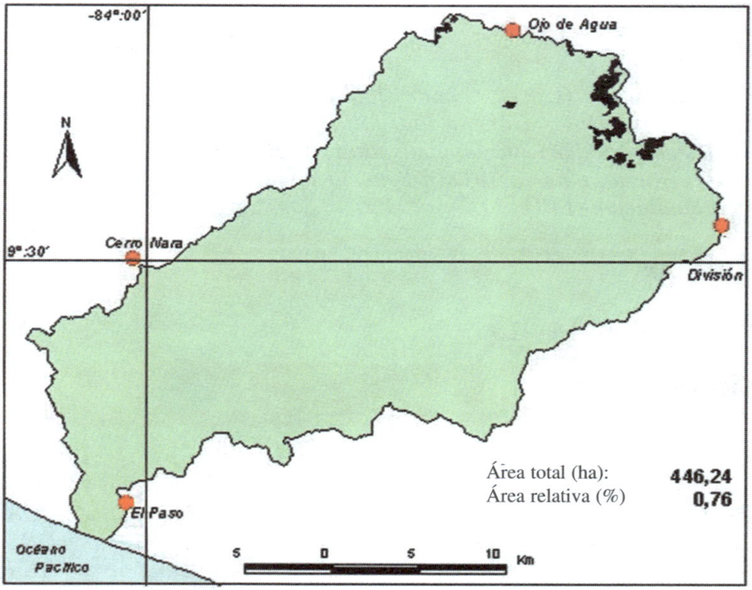

Distribución espacial del bosque tropical denso siempreverde latifoliado subalpino bien drenado.

Composición florística observada

Árboles

Escallonia myrtilloides (GRO), Viburnum costaricanum (CPR), Weinmannia pinnata (CUN).

Arbustos

Buddleja nitida (LOG), Comarostaphylis arbutoides (ERI), Fuchsia paniculata (ONA), Garrya laurifolia (GAR), Monnina xalapensis (PGL), Myrrhidendron donnellsmithii (API), Ribes leptostachyum (GRO), Rubus glaucus (ROS), Senecio multivenius (AST), Vaccinium consanguineum (ERI).

Bejucos

Bomarea acutifolia (ALS).

Hierbas

Acaena cylindristachya (ROS), Acaena elongata (ROS), Ageratina ixiocladon (AST), Alchemilla pectinata (ROS), Alchemilla standleyi (ROS), Castilleja irasuensis (SCR), Chusquea subtessellata (POA), Cirsium subcoriaceum (AST), Dryopteris wallichiana (DRY), Gamochaeta americana (AST), Geranium guatemalense (GER), Gnaphalium brachyphyllum (AST), Hypericum irazuense (CLU), Luzula denticulata (JUN), Plantago australis (PLA), Rumex acetosella (PLG), Senecio oerstedianus (AST), Sonchus oleraceus (AST), Trifolium repens (FAB/PAP).

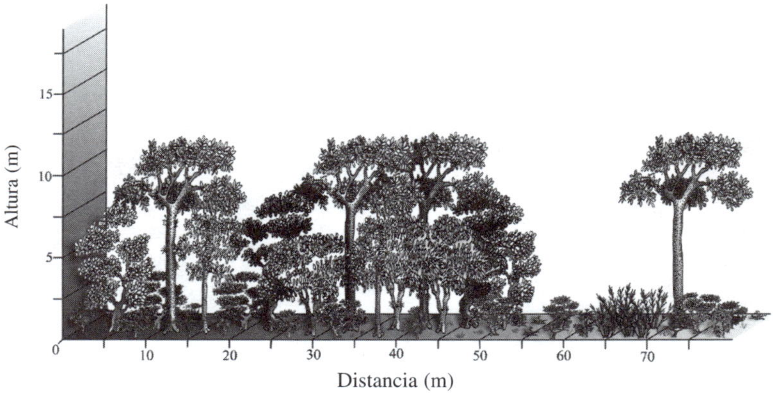

Perfil lateral esquematizado de la vegetación del bosque tropical denso siempreverde latifoliado subalpino bien drenado.

7. Herbazal tropical denso siempreverde graminoide subalpino bien drenado dominado por *Chusquea subtessellata*

VEGETACIÓN		
	Fisionomía:	Herbazal denso de *Chusquea*
	Fenología foliar del estrato dominante:	Siempreverde
	Tipo foliar del estrato dominante:	Graminoide
	Estratificación:	Estratos definidos
	Periodicidad:	Perenne
	Espinosidad:	No espinoso
	Altura:	1-5 m
DISTRIBUCIÓN ALTITUDINAL		
	Piso altitudinal:	Sub Alpino
CLIMA		
	Provincia térmica:	Boreal1 (82,84%), Boreal2 (8,35%) Templada fría (8,81%)
	Provincia de humedad:	Húmeda (16,17%) Muy húmeda (83,83%)
	Duración de la estación seca:	0 (2,05%), 1-2 (56,05%), 3-4 (41,90%) meses secos
HIDROLOGÍA		
	Régimen hidrológico:	Bien drenado
	Inundabilidad:	No inundado
GEOMORFOLOGÍA		
	Forma de la tierra:	Origen tectónico y erosivo
SUELO		
	Orden del suelo:	Histosol (83,83%), Inceptisol (16,17%)
IMPACTO HUMANO		
	Estado:	Natural
	Influencia actual:	No intervenido
	Uso actual de la tierra:	Desconocido

Punto de muestreo en el Cerro Buenavista (9º 33' N - 83º 45' O), donde se muestra una especie no identificada de *Chusquea* que, ocasionalmente, se asocia con individuos de *Chusquea subtessellata.*

Composición florística observada

Árboles

Escallonia myrtilloides (GRO).

Arbustos

Buddleja nitida (LOG), Comarostaphylis arbutoides (ERI), Garrya laurifolia (GAR), Myrrhidendron donnellsmithii (API), Vaccinium consanguineum (ERI).

Hierbas

Alchemilla pectinata (ROS), Alchemilla standleyi (ROS), Chusquea subtessellata (POA), Cirsium subcoriaceum (AST), Cortaderia bifida (POA), Hypericum caracasanum (CLU), Plantago australis (PLA), Rumex acetosella (PLG), Senecio oerstedianus (AST), Trifolium repens (FAB/PAP), Valeriana prionophylla (VAL), Viola nannei (VIO).

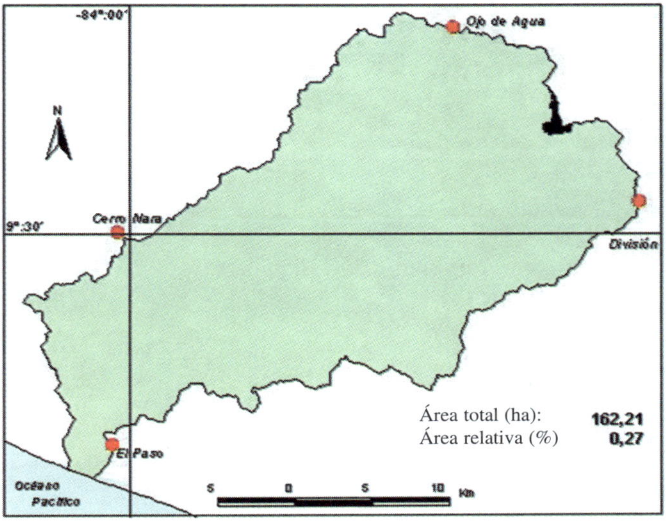

Distribución espacial del herbazal tropical denso siempreverde latifoliado subalpino bien drenado dominado por *Chusquea subtessellata.*

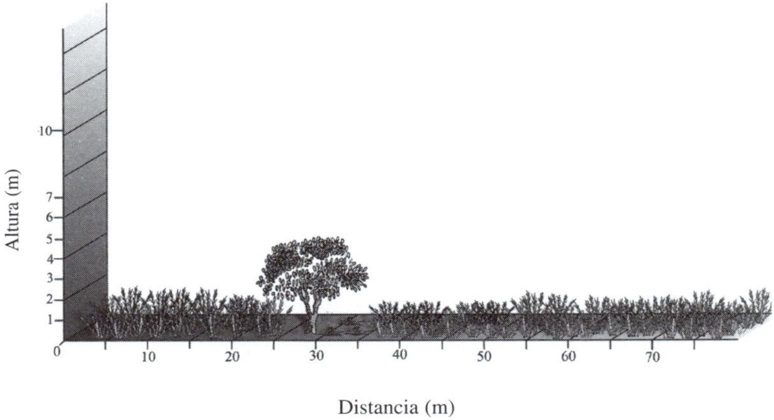

Perfil lateral esquematizado de la vegetación del herbazal tropical denso siempreverde latifoliado subalpino bien drenado dominado por *Chusquea subtessellata.*

8. Bosque tropical denso siempreverde latifoliado alpino bien drenado

VEGETACIÓN	
Fisionomía:	Bosque denso
Fenología foliar del estrato dominante:	Siempreverde
Tipo foliar del estrato dominante:	Latifoliado
Estratificación:	Estratos definidos
Periodicidad:	Perenne
Espinosidad:	No espinoso
Altura:	1-5 m
DISTRIBUCIÓN ALTITUDINAL	
Piso altitudinal:	Alpino
CLIMA	
Provincia térmica:	Boreal1 (80,17%), Boreal2 (19,83%)
Provincia de humedad:	Muy húmeda (100,00%)
Duración de la estación seca:	1-2 (23,71%) 3-4 (76,29%) meses secos
HIDROLOGÍA	
Régimen hidrológico:	Bien drenado
Inundabilidad:	No inundado
GEOMORFOLOGÍA	
Forma de la tierra:	Origen tectónico y erosivo (100,00%)
SUELO	
Orden del suelo:	Histosol (100,00%)
IMPACTO HUMANO	
Estado:	Natural
Influencia actual:	No intervenido
Uso actual de la tierra:	Desconocido

Punto de muestreo en el km 87 de la carretera Interamericana Sur (9º 35' N - 83º 46' O).

Punto de muestreo en el km 87 de la carretera Interamericana Sur (9º 35' N - 83º 46' O).

Composición florística observada

Árboles

Escallonia myrtilloides (GRO).

Arbustos

Buddleja nitida (LOG), Comarostaphylis arbutoides (ERI), Diplostephium costaricense (AST), Hesperomeles heterophylla (ROS), Pernettya prostrata (ERI), Vaccinium consanguineum (ERI).

Hierbas

Acaena cylindristachya (ROS), Acaena elongata (ROS), Agrostis bacillata (POA), Alchemilla pectinata (ROS), Alchemilla standleyi (ROS), Castilleja irasuensis (SCR), Chusquea subtessellata (POA), Eryngium humile (API), Hieracium irasuense (AST), Hypericum caracasanum (CLU), Hypericum strictum (CLU), Lycopodium clavatum (LYC), Muhlenbergia flabellata (POA), Pennisetum clandestinum (POA), Plantago australis (PLA), Senecio oerstedianus (AST), Valeriana prionophylla (VAL), Viola nannei (VIO)

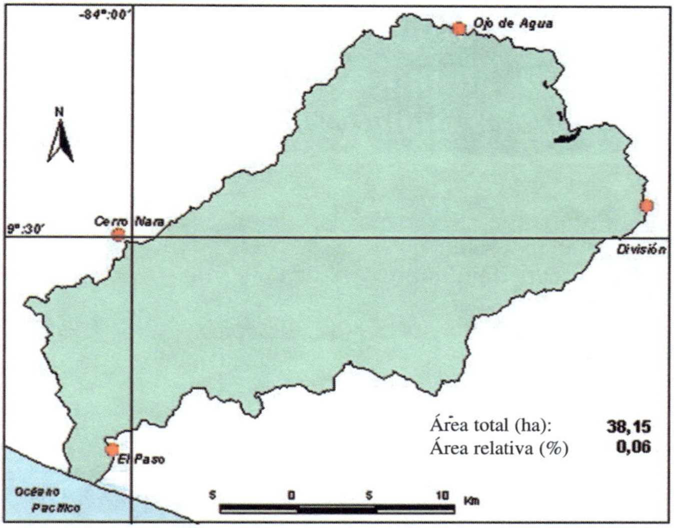

Distribución espacial del bosque tropical denso siempreverde latifoliado alpino bien drenado.

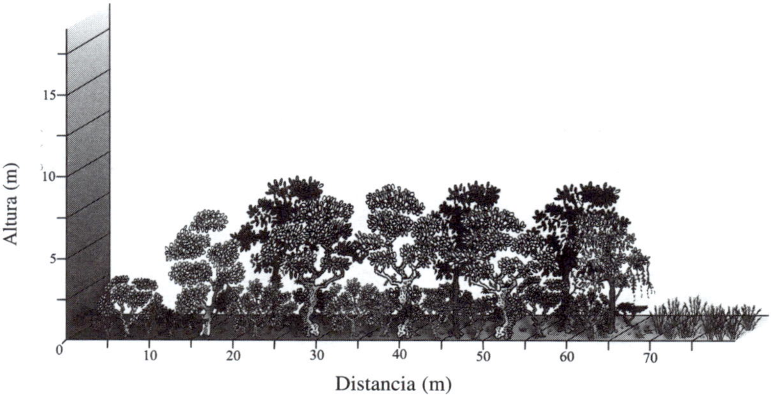

Perfil lateral esquematizado de la vegetación del bosque tropical denso siempreverde latifoliado alpino bien drenado.

9. Herbazal tropical denso siempreverde graminoide alpino bien drenado dominado por *Chusquea subtessellata*

VEGETACIÓN	
Fisionomía:	Herbazal denso de *Chusquea*
Fenología foliar del estrato dominante:	Siempreverde
Tipo foliar del estrato dominante:	Graminoide
Estratificación:	Estratos definidos
Periodicidad:	Perenne
Espinosidad:	No espinoso
Altura:	1-5 m
DISTRIBUCIÓN ALTITUDINAL	
Piso altitudinal:	Alpino
CLIMA	
Provincia térmica:	Boreal1 (22,96%), Boreal2 (77,04%)
Provincia de humedad:	Muy húmeda (100,00%)
Duración de la estación seca:	1-2 (77,04%) 3-4 (22,96%) meses secos
HIDROLOGÍA	
Régimen hidrológico:	Bien drenado
Inundabilidad:	No inundado
GEOMORFOLOGÍA	
Forma de la tierra:	Origen tectónico y erosivo (100,00%)
SUELO	
Orden del suelo:	Histosol (100,00%)
IMPACTO HUMANO	
Estado:	Natural
Influencia actual:	No intervenido, a veces Intervenido
Uso actual de la tierra:	Desconocido, a veces Protegido

Punto de muestreo en el Cerro Buenavista (9º 33’ N - 83º 45’ O).

Punto de muestreo en el Cerro Buenavista (9º 33’ N - 83º 45’ O).

Composición florística observada

Arbustos

Buddleja nitida (LOG), Chaetolepis cufodontisii (MLS), Comarostaphylis arbutoides (ERI), Diplostephium costaricense (AST), Garrya laurifolia (GAR), Hesperomeles heterophylla (ROS), Holodiscus argenteus (ROS), Myrsine dependens (MRS), Pernettya prostrata (ERI), Potentilla heterosepala (ROS), Senecio andicola (AST), Senecio firmipes (AST), Senecio multivenius (AST), Vaccinium consanguineum (ERI).

Bejucos

Bomarea costaricensis (ALS).

Hierbas

Acaena cylindristachya (ROS), Acaena elongata (ROS), Ageratina ixiocladon (AST), Ageratina kupperi (AST), Agrostis bacillata (POA), Agrostis tolucensis (POA), Alchemilla aphanoides (ROS), Alchemilla pascuorum (ROS), Alchemilla pectinata (ROS), Alchemilla pinnata (ROS), Alchemilla polylepis (ROS), Alchemilla standleyi (ROS), Arenaria lanuginosa (CRY), Calamagrostis intermedia (POA), Calceolaria irazuensis (SCR), Castilleja irasuensis (SCR), Castilleja quirosii (SCR), Cerastium guatemalense (CRY), Chionolaena lavandulifolia (AST), Chusquea subtessellata (POA), Cirsium subcoriaceum (AST), Cortaderia hapalotricha (POA), Erigeron karvinskianus (AST), Eryngium humile (API), Gamochaeta americana (AST), Gentiana sedifolia (GEN), Geranium guatemalense (GER), Gnaphalium attenuatum (AST), Gnaphalium brachyphyllum (AST), Gnaphalium roseum (AST), Hieracium irasuense (AST), Hypericum caracasanum (CLU), Hypericum irazuense (CLU), Hypericum pratense (CLU), Hypericum strictum (CLU), Juncus effusus (JUN), Lobelia irazuensis (CAM), Lupinus valerioi (FAB/PAP), Muhlenbergia flabellata (POA), Paepalanthus kupperi (ERO), Pennisetum clandestinum (POA), Plantago australis (PLA), Senecio oerstedianus (AST), Sigesbeckia jorullensis (AST), Stipa hans-meyeri (POA), Valeriana prionophylla (VAL), Valeriana puchella (VAL), Viola nannei (VIO), Westoniella triunguifolia (AST)

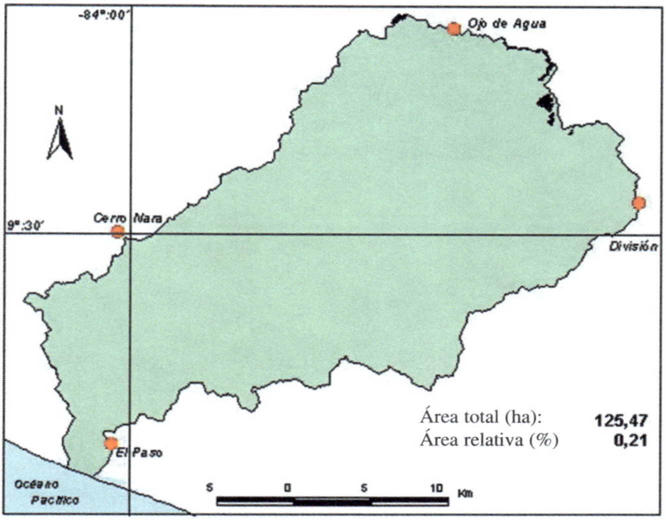

Distribución espacial del herbazal tropical denso siempreverde latifoliado alpino bien drenado dominado por *Chusquea subtessellata*.

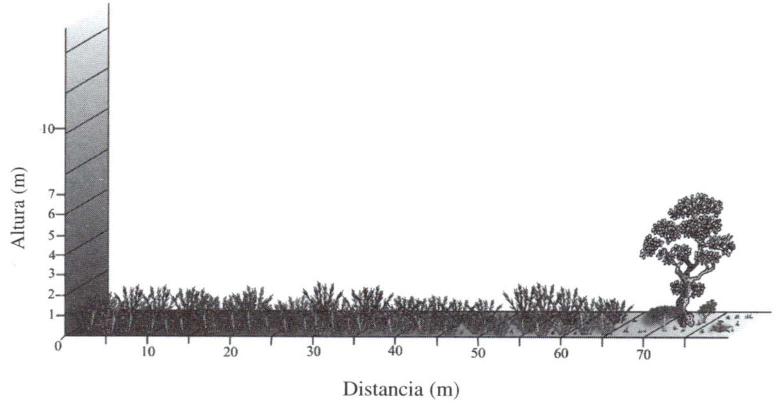

Perfil lateral esquematizado de la vegetación del herbazal tropical denso siempreverde latifoliado alpino bien drenado dominado por *Chusquea subtessellata*.

Ecosistemas seminaturales

10. Bosque tropical ralo siempreverde latifoliado basal bien drenado

VEGETACIÓN

Fisionomía:	Bosque ralo
Fenología foliar del estrato dominante:	Siempreverde
Tipo foliar del estrato dominante:	Latifoliado
Estratificación:	Estratos definidos
Periodicidad:	Perenne
Espinosidad:	No espinoso
Altura:	5-25 m

DISTRIBUCIÓN ALTITUDINAL

Piso altitudinal:	Basal

CLIMA

Provincia térmica:	Tropical
Provincia de humedad:	Muy húmeda
Duración de la estación seca:	3-4 meses secos

HIDROLOGÍA

Régimen hidrológico:	Bien drenado
Inundabilidad:	No inundado

GEOMORFOLOGÍA

Forma de la tierra:	Origen tectónico y erosivo (70,38%), Sedimentación aluvial (29,62%)

SUELO

Orden del suelo:	Inceptisol (68,78%), Mollisol (13,36%), Ultisol (17,86%)

IMPACTO HUMANO

Estado:	Seminatural
Influencia actual:	Muy intervenido
Uso actual de la tierra:	Forestal

Punto de muestreo en la localidad de Coopesilencio (9º 25’ N - 84º 2’ O).

Punto de muestreo en la localidad de Coopesilencio (9º 25’ N - 84º 2’ O).

Composición florística observada

Árboles

Anacardium excelsum (ANA), Andira inermis (FAB/PAP), Apeiba tibourbou (TIL), Bellucia pentamera (MLS), Byrsonima crassifolia (MLP), Cecropia peltata (CEC), Cordia alliodora (BOR), Cornutia pyramidata (VRB), Croton schiedeanus (EUP), Diphysa americana (FAB/PAP), Ficus crassivenosa (MOR), Guazuma ulmifolia (STR), Lacistema aggregatum (FLC), Luehea seemannii (TIL), Miconia affinis (MLS), Ocotea nicaraguensis (LAU), Persea americana (LAU), Schizolobium parahyba (FAB/CAE), Vitex cooperi (VRB).

Arbustos

Acalypha diversifolia (EUP), Clidemia capitellata (MLS), Clidemia dentata (MLS), Cordia spinescens (BOR), Herrania purpurea (STR), Isertia haenkeana (RUB), Machaerium pittieri (FAB/PAP), Miconia lacera (MLS), Palicourea guianensis (RUB), Pavonia fruticosa (MLV), Pentagonia tinajita (RUB), Simaba cedron (SMR).

Bejucos

Chamissoa altissima (AMA), Cissampelos tropaeolifolia (MNS), Cissus verticillata (VIT), Clitoria javitensis (FAB/PAP), Davilla nitida (DLL), Gouania polygama (RHM), Ipomoea squamosa (CNV), Sabicea panamensis (RUB).

Hierbas

Adiantum latifolium (PTR), Aeschynomene americana (FAB/PAP), Blechum pyramidatum (ACA), Bolbitis portoricensis (LOM), Calathea lutea (MRN), Carludovica drudei (CYC), Cyathula achyranthoides (AMA), Cyathula prostrata (AMA), Heliconia latispatha (HLC), Oplismenus burmannii (POA), Teliostachya alopecuroidea (ACA), Thelypteris nicaraguensis (THL), Xiphidium coeruleum (HAE).

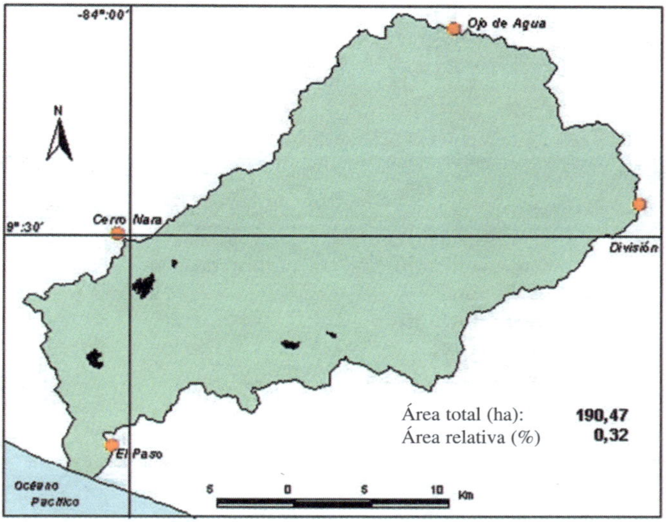

Distribución espacial del bosque tropical ralo siempreverde latifoliado basal bien drenado.

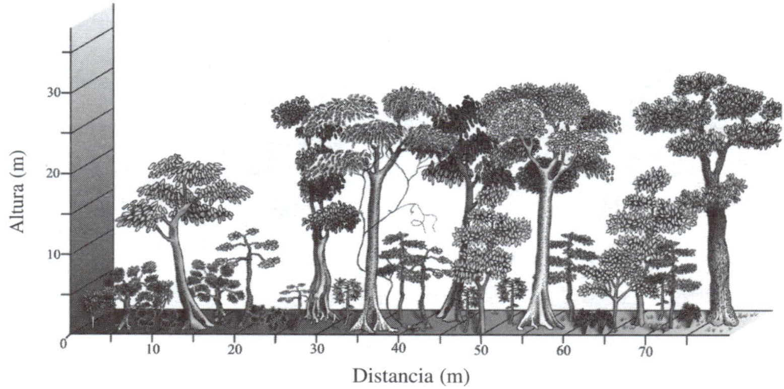

Perfil lateral esquematizado de la vegetación del bosque tropical ralo siempreverde latifoliado basal bien drenado.

11. Matorral tropical denso siempreverde latifoliado basal bien drenado

VEGETACIÓN	
Fisionomía:	Matorral denso
Fenología foliar del estrato dominante:	Siempreverde
Tipo foliar del estrato dominante:	Latifoliado
Estratificación:	Estratos difusos, a veces definidos
Periodicidad:	Perenne
Espinosidad:	No espinoso, a veces espinoso
Altura:	1-5 m
DISTRIBUCIÓN ALTITUDINAL	
Piso altitudinal:	Basal
CLIMA	
Provincia térmica:	Subtropical (1,23%), Tropical (96,66%)
Provincia de humedad:	Muy húmeda
Duración de la estación seca:	3-4 meses secos
HIDROLOGÍA	
Régimen hidrológico:	Bien drenado
Inundabilidad:	No inundado
GEOMORFOLOGÍA	
Forma de la tierra:	Origen tectónico y erosivo (84,93%), Sedimentación aluvial (15,07%)
SUELO	
Orden del suelo:	Inceptisol (51,70%), Mollisol (5,87%), Ultisol (42,42%)
IMPACTO HUMANO	
Estado:	Seminatural
Influencia actual:	Intervenido, a veces Muy Intervenido
Uso actual de la tierra:	Desconocido

Punto de muestreo en la localidad de San Cristóbal (9º 25' N - 83º 59' O).

Punto de muestreo en la localidad de San Cristóbal (9º 25' N - 83º 59' O).

Composición florística observada

Árboles

Albizia carbonaria (FAB/MIM), Annona muricata (ANN), Bactris gasipaes (ARE), Bellucia pentamera (MLS), Brosimum alicastrum (MOR), Brosimum utile (MOR), Bunchosia cornifolia (MLP), Bursera standleyana (BRS), Byrsonima crassifolia (MLP), Calophyllum brasiliense (CLU), Carapa guianensis (MEL), Cassia grandis (FAB/CAE), Cecropia obtusifolia (CEC), Cecropia peltata (CEC), Cedrela odorata (MEL), Cespedesia macrophylla (OCH), Cestrum racemosum (SOL), Chimarrhis parviflora (RUB), Citrus sinensis (RUT), Croton schiedeanus (EUP), Dendropanax arboreus (ARL), Ficus citrifolia (MOR), Ficus costaricana (MOR), Ficus crassivenosa (MOR), Genipa americana (RUB), Guazuma ulmifolia (STR), Heliocarpus appendiculatus (TIL), Hyeronima alchorneoides (EUP), Inga oerstediana (FAB/MIM), Inga ruiziana (FAB/MIM), Inga spectabilis (FAB/MIM), Lagerstroemia speciosa (LYT), Luehea seemannii (TIL), Miconia affinis (MLS), Nectandra purpurea (LAU), Ochroma pyramidale (BOM), Ocotea insularis (LAU), Persea americana (LAU), Psidium guajava (MRT), Sapium glandulosum (EUP), Schizolobium parahyba (FAB/CAE), Spathodea campanulata (BIG), Sterculia recordiana (STR), Syzygium jambos (MRT), Syzygium malaccense (MRT), Tabebuia rosea (BIG), Trema micrantha (ULM), Turpinia occidentalis (STP), Virola koschnyi (MYS), Vismia baccifera (CLU), Vitex cooperi (VRB), Warszewiczia coccinea (RUB), Yucca guatemalensis (AGA).

Arbustos

Acalypha diversifolia (EUP), Acalypha macrostachya (EUP), Averrhoa carambola (OXL), Baccharis trinervis (AST), Bambusa vulgaris (POA), Bocconia frutescens (PAP), Callicarpa acuminata (VRB), Clidemia dentata (MLS), Codiaeum variegatum (EUP), Cordia spinescens (BOR), Isertia haenkeana (RUB), Piper auritum (PIP), Senna papillosa (FAB/CAE), Siparuna gesnerioides (MNM), Solanum torvum (SOL), Verbesina gigantea (AST), Vernonia brachiata (AST), Vernonia patens (AST).

Bejucos

Allamanda cathartica (APO), Davilla rugosa (DLL), Disciphania calocarpa (MNS), Gouania lupuloides (RHM), Mikania micrantha (AST), Passiflora lobata (PAS), Prestonia portobellensis (APO).

Hierbas

Begonia corredorana (BEG), Calathea lutea (MRN), Carludovica drudei (CYC), Centropogon granulosus (CAM), Chaptalia nutans (AST), Delilia biflora (AST), Desmodium adscendens (FAB/PAP), Elephantopus mollis (AST), Hyptis obtusiflora (LAM), Hyptis suaveolens (LAM), Lindernia diffusa (SCR), Mimosa pudica (FAB/MIM), Phyllanthus urinaria (EUP), Pityrogramma calomelanos (PTR), Sida rhombifolia (MLV), Sinclairia polyantha (AST), Spermacoce exilis (RUB), Teliostachya alopecuroidea (ACA)

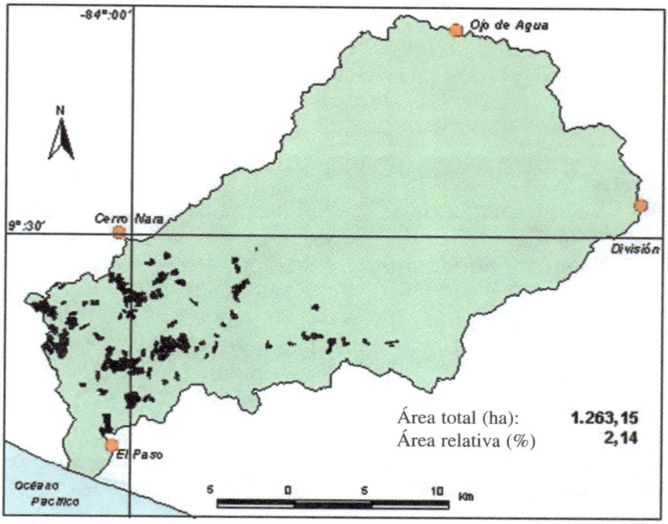

Distribución espacial del matorral tropical denso siempreverde latifoliado basal bien drenado.

Perfil lateral esquematizado de la vegetación del matorral tropical denso siempreverde latifoliado basal bien drenado.

12. Matorral tropical ralo siempreverde latifoliado basal bien drenado

VEGETACIÓN	
Fisionomía:	Matorral ralo
Fenología foliar del estrato dominante:	Siempreverde
Tipo foliar del estrato dominante:	Latifoliado
Estratificación:	Estratos definidos
Periodicidad:	Perenne
Espinosidad:	No espinoso
Altura:	1-5 m
DISTRIBUCIÓN ALTITUDINAL	
Piso altitudinal:	Basal
CLIMA	
Provincia térmica:	Subtropical (1,88%), Tropical (97,87%)
Provincia de humedad:	Muy húmeda
Duración de la estación seca:	3-4 meses secos
HIDROLOGÍA	
Régimen hidrológico:	Bien drenado
Inundabilidad:	No inundado
GEOMORFOLOGÍA	
Forma de la tierra:	Origen tectónico y erosivo (98,07%), Sedimentación aluvial (1,93%)
SUELO	
Orden del suelo:	Inceptisol (45,25%), Ultisol (54,75%)
IMPACTO HUMANO	
Estado:	Seminatural
Influencia actual:	Intervenido
Uso actual de la tierra:	Silvopastoril, a veces Desconocido

Punto de muestreo a 2.5 km al oeste de la localidad de Savegre Abajo (9º 26' N - 83º 52' O).

Punto de muestreo a 2 km al norte de la localidad de San Marcos (9º 26' N - 83º 53' O).

Composición florística observada

Árboles

Albizia carbonaria (FAB/MIM), Alchornea costaricensis (EUP), Apeiba tibourbou (TIL), Bellucia pentamera (MLS), Byrsonima crassifolia (MLP), Cecropia obtusifolia (CEC), Cecropia peltata (CEC), Cestrum racemosum (SOL), Enterolobium cyclocarpum (FAB/MIM), Ficus insipida (MOR), Ficus maxima (MOR), Gliricidia sepium (FAB/PAP), Inga oerstediana (FAB/MIM), Inga spectabilis (FAB/MIM), Lacistema aggregatum (FLC), Mangifera indica (ANA), Miconia argentea (MLS), Ochroma pyramidale (BOM), Phyllanthus acuminatus (EUP), Psidium guajava (MRT), Spathodea campanulata (BIG), Spondias mombin (ANA), Tectona grandis (VRB), Trema micrantha (ULM), Trichilia americana (MEL), Trophis racemosa (MOR), Xylopia frutescens (ANN).

Arbustos

Acalypha diversifolia (EUP), Acalypha macrostachya (EUP), Baccharis trinervis (AST), Casearia arguta (FLC), Conostegia subcrustulata (MLS), Cordia spinescens (BOR), Hamelia patens (RUB), Isertia haenkeana (RUB), Myriocarpa longipes (URT), Piper auritum (PIP), Pleuropetalum pleiogynum (AMA), Senna papillosa (FAB/CAE), Solanum torvum (SOL), Verbesina gigantea (AST), Vernonia brachiata (AST), Vernonia tortuosa (AST), Zexmenia virgulta (AST).

Bejucos

Cissampelos pareira (MNS), Cissus biformifolia (VIT), Davilla nitida (DLL), Davilla rugosa (DLL), Disciphania calocarpa (MNS), Doliocarpus dentatus (DLL), Doliocarpus multiflorus (DLL), Gouania lupuloides (RHM), Mandevilla subsagittata (APO), Mikania micrantha (AST), Pachyrhizus erosus (FAB/PAP), Passiflora coriacea (PAS), Passiflora vitifolia (PAS), Vitis tiliifolia (VIT).

Hierbas

Acalypha alopecuroidea (EUP), Amaranthus spinosus (AMA), Bidens pilosa (AST), Calathea lutea (MRN), Caperonia palustris (EUP), Carludovica drudei (CYC), Centropogon granulosus (CAM), Chamaesyce densiflora (EUP), Chamaesyce dioica (EUP), Chamaesyce hypericifolia (EUP), Chaptalia nutans (AST), Chrysothemis friedrichsthaliana (GSN), Cuphea carthagenensis (LYT), Desmodium adscendens (FAB/PAP), Desmodium triflorum (FAB/PAP), Drymaria cordata (CRY), Emilia fosbergii (AST), Erechtites valerianifolia (AST), Heliconia wagneriana (HLC), Heterocondylus vitalbae (AST), Homolepis aturensis (POA), Hyptis verticillata (LAM), Iresine calea (AMA), Iresine diffusa (AMA), Lantana camara (VRB), Lantana trifolia (VRB), Ludwigia octovalvis (ONA), Melanthera aspera (AST), Mimosa pudica (FAB/MIM), Phyllanthus urinaria (EUP), Sida rhombifolia (MLV), Spermacoce assurgens (RUB), Spermacoce latifolia (RUB), Spigelia anthelmia (LOG), Stellaria ovata (CRY), Xiphidium coeruleum (HAE)

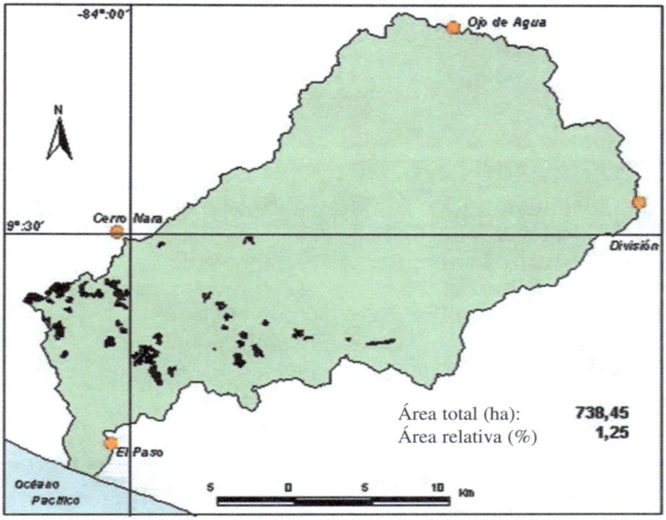

Distribución espacial del matorral tropical ralo siempreverde latifoliado basal bien drenado.

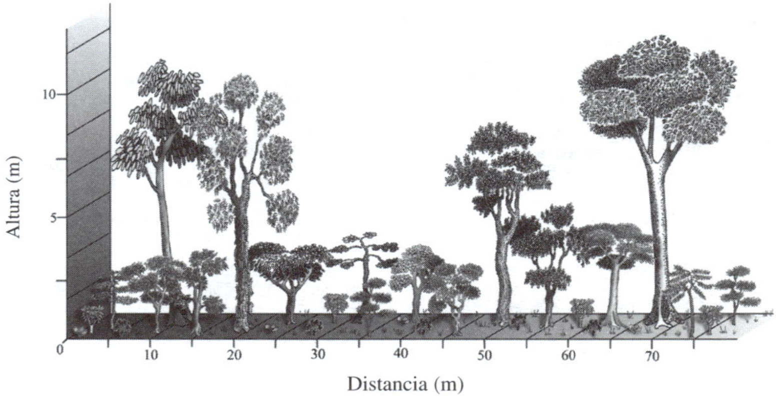

Perfil lateral esquematizado de la vegetación del matorral tropical ralo siempreverde latifoliado basal bien drenado.

13. Herbazal tropical arbustivo siempreverde basal bien drenado dominado por gramíneas

VEGETACIÓN	
Fisionomía:	Herbazal arbustivo
Fenología foliar del estrato dominante:	Siempreverde
Tipo foliar del estrato dominante:	Graminoide
Estratificación:	Estratos definidos
Periodicidad:	Perenne
Espinosidad:	No espinoso
Altura:	1-5 m
DISTRIBUCIÓN ALTITUDINAL	
Piso altitudinal:	Basal
CLIMA	
Provincia térmica:	Subtropical (2,13%), Tropical (95,94%)
Provincia de humedad:	Muy húmeda
Duración de la estación seca:	3-4 meses secos
HIDROLOGÍA	
Régimen hidrológico:	Bien drenado
Inundabilidad:	No inundado
GEOMORFOLOGÍA	
Forma de la tierra:	Origen tectónico y erosivo (92,49%), Sedimentación aluvial (7,51%)
SUELO	
Orden del suelo:	Inceptisol (49,57%), Ultisol (50,43%)
IMPACTO HUMANO	
Estado:	Cultural (sembrado)
Influencia actual:	Muy intervenido
Uso actual de la tierra:	Pastoril (ganadero)

Punto de muestreo a 4 km norte de Finca Marítima (9º 24' N - 84º 2' O)

Punto de muestreo a 4 km norte de Finca Marítima (9º 24' N - 84º 2' O)

Composición florística observada

Árboles

Bravaisia integerrima (ACA), Cecropia peltata (CEC), Cordia alliodora (BOR), Gliricidia sepium (FAB/PAP), Guazuma ulmifolia (STR), Jacaranda copaia (BIG), Luehea candida (TIL), Luehea seemannii (TIL), Muntingia calabura (TIL), Nectandra reticulata (LAU), Ochroma pyramidale (BOM), Pseudosamanea guachapele (FAB/MIM), Samanea saman (FAB/MIM), Schizolobium parahyba (FAB/CAE), Spondias mombin (ANA), Talisia allenii (SAP), Xylopia frutescens (ANN).

Arbustos

Bambusa vulgaris (POA), Carica papaya (CRC), Leucaena leucocephala (FAB/MIM), Piper marginatum (PIP), Vernonia patens (AST).

Bejucos

Cissampelos tropaeolifolia (MNS), Cissus verticillata (VIT), Pouzolzia obliqua (URT), Solanum lanceifolium (SOL).

Hierbas

Amaranthus spinosus (AMA), Blechum pyramidatum (ACA), Croton hirtus (EUP), Iresine diffusa (AMA), Lantana trifolia (VRB), Musa acuminata (MUS), Scoparia dulcis (SCR), Sida rhombifolia (MLV).

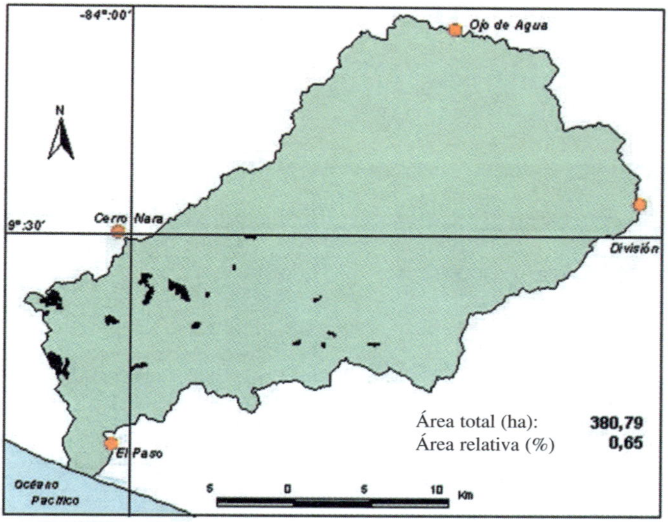

Distribución espacial del herbazal tropical arbustivo siempreverde basal bien drenado dominado por gramíneas.

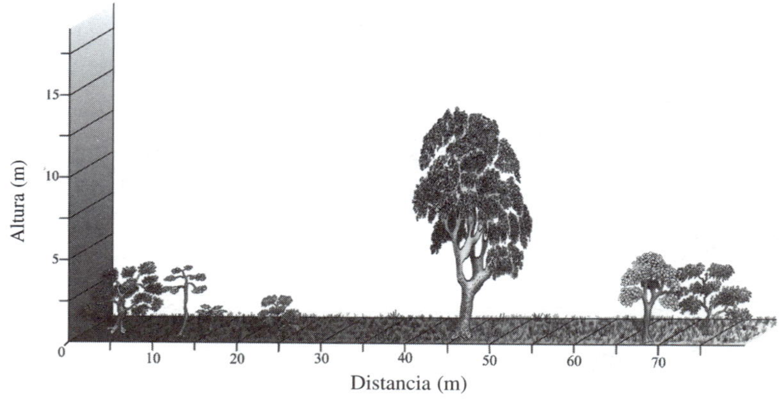

Perfil lateral esquematizado de la vegetación del herbazal tropical arbustivo siempreverde basal bien drenado dominado por gramíneas.

14. Bosque tropical ralo siempreverde latifoliado premontano bien drenado

VEGETACIÓN

Fisionomía:	Bosque ralo
Fenología foliar del estrato dominante:	Siempreverde
Tipo foliar del estrato dominante:	Latifoliado
Estratificación:	Estratos difusos, a veces definidos
Periodicidad:	Perenne
Espinosidad:	No espinoso
Altura:	5-25 m, a veces mayor a 25 m

DISTRIBUCIÓN ALTITUDINAL

Piso altitudinal:	Premontano

CLIMA

Provincia térmica:	Subtropical (86,89%), Tropical (13,11%)
Provincia de humedad:	Muy húmeda
Duración de la estación seca:	3-4 meses secos

HIDROLOGÍA

Régimen hidrológico:	Bien drenado
Inundabilidad:	No inundado

GEOMORFOLOGÍA

Forma de la tierra:	Origen tectónico y erosivo

SUELO

Orden del suelo:	Inceptisol

IMPACTO HUMANO

Estado:	Seminatural, a veces Natural
Influencia actual:	Intervenido
Uso actual de la tierra:	Desconocido

Punto de muestreo a 2 km noreste de la localidad de Río Blanco (9º 28' N - 83º 58' O).

Punto de muestreo a 3 km al suroeste de la localidad de Savegre Abajo (9º 26' N - 83º 52' O).

Composición florística observada

Árboles

Acacia allenii (FAB/MIM), Alchornea latifolia (EUP), Ampelocera macrocarpa (ULM), Apeiba membranacea (TIL), Billia hippocastanum (HIP), Brosimum costaricanum (MOR), Brosimum guianense (MOR), Brosimum utile (MOR), Calatola costaricensis (ICC), Caryodaphnopsis burgeri (LAU), Casearia tacanensis (FLC), Cecropia insignis (CEC), Cecropia obtusifolia (CEC), Ceiba pentandra (BOM), Chiangiodendron mexicanum (FLC), Clarisia biflora (MOR), Clarisia racemosa (MOR), Coccoloba standleyana (PLG), Cojoba costaricensis (FAB/MIM), Compsoneura sprucei (MYS), Cordia lucidula (BOR), Coussapoa villosa (CEC), Coussarea hondensis (RUB), Croton draco (EUP), Croton skutchii (EUP), Cupania macrophylla (SAP), Daphnopsis americana (THY), Drypetes brownii (EUP), Duguetia confusa (ANN), Dystovomita paniculata (CLU), Eugenia teresae (MRT), Euonymus costaricensis (CEL), Ficus brevibracteata (MOR), Garcinia intermedia (CLU), Goethalsia meiantha (TIL), Guettarda macrosperma (RUB), Hernandia stenura (HRN), Hirtella triandra (CHB), Inga oerstediana (FAB/MIM), Macrohasseltia macroterantha (FLC), Maquira costaricana (MOR), Matisia tinamastiana (BOM), Miconia gracilis (MLS), Miconia trinervia (MLS), Minquartia guianensis (OLC), Nectandra purpurea (LAU), Ocotea atirrensis (LAU), Ocotea cernua (LAU), Ocotea nicaraguensis (LAU), Otoba novogranatensis (MYS), Parathesis acostensis (MRS), Persea americana (LAU), Pleurothyrium golfodulcensis (LAU), Poulsenia armata (MOR), Pourouma bicolor (CEC), Pouteria macrocarpa (SPT), Protium panamense (BRS), Pseudolmedia oxyphyllaria (MOR), Pseudolmedia spuria (MOR), Quararibea obliquifolia (BOM), Quercus insignis (FAG), Quercus seemannii (FAG), Quiina schippii (QII), Sapium glandulosum (EUP), Sideroxylon portoricense (SPT), Simarouba amara (SMR), Sorocea pubivena (MOR), Sorocea trophoides (MOR), Stephanopodium costaricense (DCH), Symphonia globulifera (CLU), Symplocos limoncillo (SYM), Tapirira mexicana (ANA), Tetrathylacium macrophyllum (FLC), Trema integerrima (ULM), Trichospermum galeottii (TIL), Trophis mexicana (MOR), Turpinia occidentalis (STP), Virola guatemalensis (MYS), Virola koschnyi (MYS), Virola sebifera (MYS), Vismia baccifera (CLU).

Arbustos

Acalypha macrostachya (EUP), Aphelandra leonardii (ACA), Aphelandra lingua-bovis (ACA), Aphelandra scabra (ACA), Ardisia pittieri (MRS), Ardisia standleyana (MRS), Asterogyne martiana (ARE), Baccharis trinervis (AST), Bactris glandulosa (ARE), Bactris hondurensis (ARE), Blakea litoralis (MLS), Bocconia frutescens (PAP), Callicarpa acuminata (VRB), Chamaedorea macrospadix (ARE), Chamaedorea tepejilote (ARE), Cordia spinescens (BOR), Coussarea psychotrioides (RUB), Hamelia patens (RUB), Hyperbaena leptobotryosa (MNS), Jacaratia dolichaula (CRC), Manihot esculenta (EUP), Meliosma donnellsmithii (SAB), Miconia paleacea (MLS), Monnina deppei (PGL), Myriocarpa longipes (URT), Naucleopsis ulei (MOR), Neonicholsonia watsonii (ARE), Neurolaena lobata (AST), Odontonema tubaeforme (ACA), Otopappus verbesinoides (AST), Piper aduncum (PIP), Piper dotanum (PIP), Piper lacunosum (PIP), Piper peltatum (PIP), Pisonia sylvatica (NYC), Psychotria elata (RUB), Reinhardtia gracilis (ARE), Rudgea reducticalyx (RUB), Solanum circinatum (SOL), Solanum torvum (SOL), Talisia nervosa (SAP), Urera eggersii (URT), Verbesina turbacensis (AST), Vernonia brachiata (AST), Vernonia canescens (AST), Vernonia patens (AST), Xylosma chlorantha (FLC), Zexmenia virgulta (AST).

Punto de muestreo a 2 km al noreste de la localidad de Río Blanco (9º 28' N - 83°,58' O).

Bejucos

Abuta panamensis (MNS), Acacia tenuifolia (FAB/MIM), Adelobotrys adscendens (MLS), Begonia glabra (BEG), Celtis iguanaea (ULM), Cissampelos tropaeolifolia (MNS), Clematis acapulcensis (RAN), Doliocarpus dentatus (DLL), Entada gigas (FAB/MIM), Gouania lupuloides (RHM), Gurania makoyana (CUC), Moutabea aculeata (PGL), Passiflora biflora (PAS), Passiflora guatemalensis (PAS), Pouzolzia obliqua (URT), Sechium pittieri (CUC).

Hierbas

Acalypha alopecuroidea (EUP), Adiantum tetraphyllum (PTR), Ageratina pichinchensis (AST), Anthurium acutifolium (ARA), Arthrostemma ciliatum (MLS), Begonia multinervia (BEG), Bidens pilosa (AST), Carludovica drudei (CYC), Drymaria cordata (CRY), Elephantopus mollis (AST), Heterocondylus vitalbae (AST), Homalomena erythropus (ARA), Homolepis aturensis (POA), Iresine diffusa (AMA), Philodendron purpureoviride (ARA), Pseudelephantopus spicatus (AST), Sida rhombifolia (MLV), Stellaria ovata (CRY), Tectaria mexicana (TEC), Vigna speciosa (FAB/PAP), Xiphidium coeruleum (HAE), Zamia fairchildiana (ZAM).

aPunto de muestreo a 3 km al suroeste de la localidad de Savegre Abajo (9º 26' N - 83º 51' O).

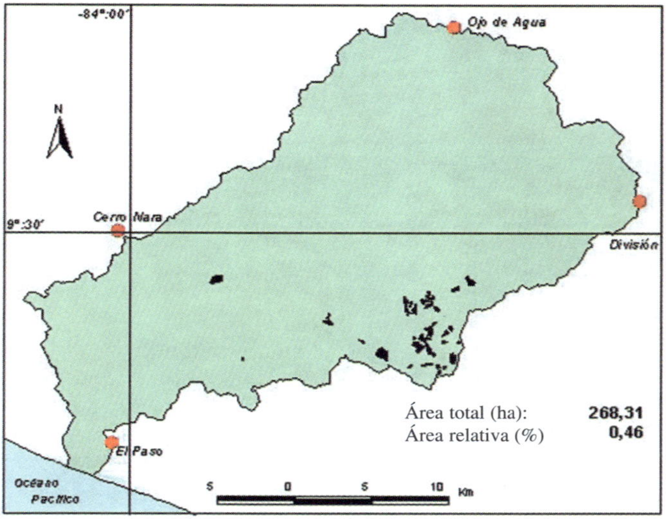

Distribución espacial del bosque tropical ralo siempreverde latifoliado premontano bien drenado.

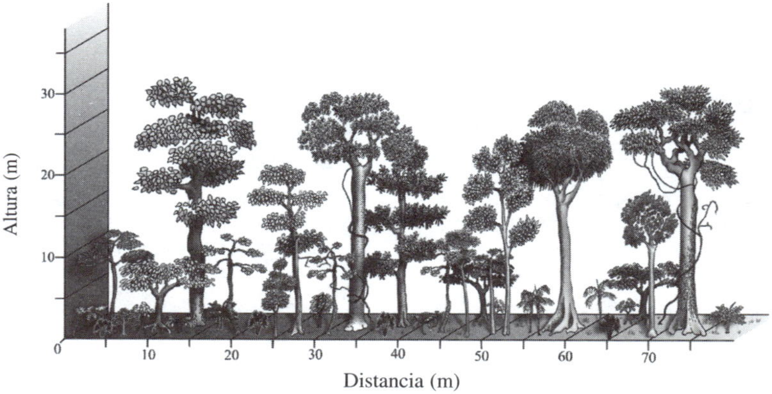

Perfil lateral esquematizado de la vegetación del bosque tropical ralo siempreverde latifoliado premontano bien drenado.

15. Matorral tropical denso arbolado siempreverde latifoliado premontano bien drenado

VEGETACIÓN

Fisionomía:	Matorral denso arbolado
Fenología foliar del estrato dominante:	Siempreverde
Tipo foliar del estrato dominante:	Latifoliado
Estratificación:	Estratos definidos
Periodicidad:	Perenne
Espinosidad:	No espinoso
Altura:	5-25 m

DISTRIBUCIÓN ALTITUDINAL

Piso altitudinal:	Premontano

CLIMA

Provincia térmica:	Subtropical (74,17%), Templada (0,96%), Tropical (24,87%)
Provincia de humedad:	Muy húmeda
Duración de la estación seca:	1-2 (0,87%), 3-4 (99,13%) meses secos

HIDROLOGÍA

Régimen hidrológico:	Bien drenado
Inundabilidad:	No inundado

GEOMORFOLOGÍA

Forma de la tierra:	Origen tectónico y erosivo

SUELO

Orden del suelo:	Inceptisol (98,74%), Ultisol (1,26%)

IMPACTO HUMANO

Estado:	Seminatural
Influencia actual:	Muy intervenido
Uso actual de la tierra:	Desconocido

Punto de muestreo a 1 km al suroeste de la localidad de Savegre Abajo (9º 26' N - 83º 51' O).

Punto de muestreo a 1 km al suroeste de la localidad de Savegre Abajo (9º 26' N - 83º 51' O).

Composición florística observada

Árboles

Alchornea latifolia (EUP), Allophylus psilospermus (SAP), Cecropia obtusifolia (CEC), Erythrina berteroana (FAB/PAP), Hampea platanifolia (MLV), Hernandia stenura (HRN), Ochroma pyramidale (BOM), Trichilia havanensis (MEL), Vitex cooperi (VRB).

Arbustos

Chamaedorea tepejilote (ARE), Cordia spinescens (BOR), Dracaena fragrans (DRC), Miconia longifolia (MLS), Myriocarpa longipes (URT), Piper aduncum (PIP), Piper peltatum (PIP), Solanum torvum (SOL), Vernonia brachiata (AST), Vernonia patens (AST), Zexmenia virgulta (AST).

Bejucos

Chamissoa altissima (AMA), Cissampelos tropaeolifolia (MNS), Gouania lupuloides (RHM), Gouania polygama (RHM), Melothria pendula (CUC).

Hierbas

Blechum pyramidatum (ACA), Carludovica drudei (CYC), Chaptalia nutans (AST), Codonanthe crassifolia (GSN), Cyathula prostrata (AMA), Drymaria cordata (CRY), Elephantopus spicatus (AST), Heterocondylus vitalbae (AST), Hyptis capitata (LAM), Iresine calea (AMA), Iresine diffusa (AMA), Lantana camara (VRB), Melanthera aspera (AST), Mimosa pudica (FAB/MIM), Oplismenus burmannii (POA), Salvia occidentalis (LAM), Sida rhombifolia (MLV).

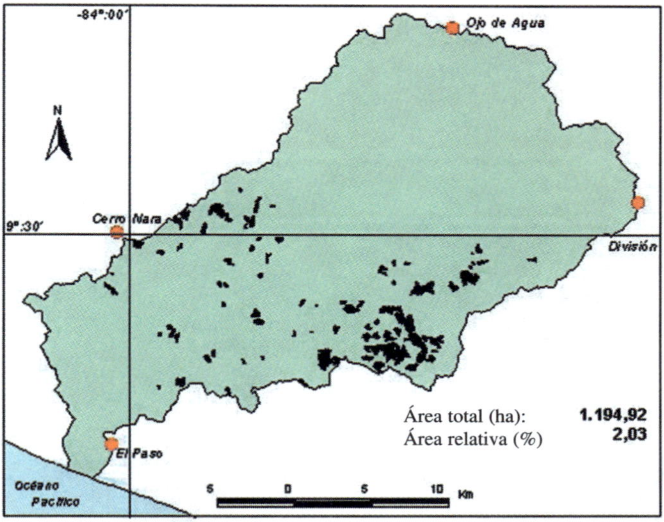

Distribución espacial del matorral tropical denso arbolado siempreverde latifoliado premontano bien drenado.

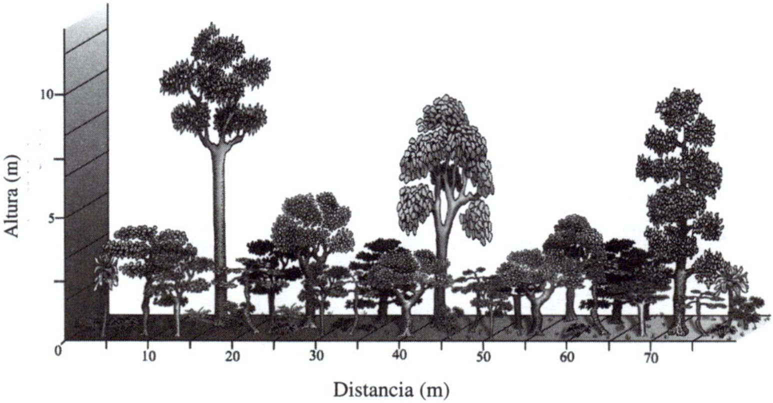

Perfil lateral esquematizado de la vegetación del matorral tropical denso arbolado siempreverde latifoliado premontano bien drenado.

16. Herbazal tropical arbustivo siempreverde premontano bien drenado dominado por gramíneas

VEGETACIÓN	
Fisionomía:	Herbazal arbustivo
Fenología foliar del estrato dominante:	Siempreverde
Tipo foliar del estrato dominante:	Graminoide
Estratificación:	Estratos definidos
Periodicidad:	Perenne
Espinosidad:	Espinoso
Altura:	Menor a 1 m
DISTRIBUCIÓN ALTITUDINAL	
Piso altitudinal:	Premontano
CLIMA	
Provincia térmica:	Subtropical (70,78%), Tropical (29,22%)
Provincia de humedad:	Muy húmeda
Duración de la estación seca:	3-4 meses secos
HIDROLOGÍA	
Régimen hidrológico:	Bien drenado
Inundabilidad:	No inundado
GEOMORFOLOGÍA	
Forma de la tierra:	Origen tectónico y erosivo
SUELO	
Orden del suelo:	Inceptisol
IMPACTO HUMANO	
Estado:	Cultural (sembrado)
Influencia actual:	Muy intervenido
Uso actual de la tierra:	Desconocido, a veces Pastoril (ganadero)

Punto de muestreo a 4 km al Norte de la localidad de Finca Marítima (9º 25’ N - 84º 3’ O).

Punto de muestreo a 4 km al Norte de la localidad de Finca Marítima (9º 25’ N - 84º 3’ O).

Composición florística observada

Árboles

Bactris gasipaes (ARE), Cecropia obtusifolia (CEC), Citrus aurantium (RUT), Inga oerstediana (FAB/MIM), Miconia trinervia (MLS), Psidium guajava (MRT), Syzygium jambos (MRT), Vismia baccifera (CLU),

Arbustos

Baccharis trinervis (AST), Piper aduncum (PIP), Tibouchina longifolia (MLS), Vernonia patens (AST).

Hierbas

Ageratina pichinchensis (AST), Arthrostemma ciliatum (MLS), Blechum pyramidatum (ACA), Chaptalia nutans (AST), Cuphea carthagenensis (LYT), Heterocondylus vitalbae (AST), Hyptis capitata (LAM), Ludwigia octovalvis (ONA), Phyllanthus urinaria (EUP), Pseudelephantopus spicatus (AST), Scoparia dulcis (SCR), Spermacoce assurgens (RUB), Xanthosoma violaceum (ARA)

Punto de muestreo a 2 km al noroeste de la localidad de Savegre Abajo (9° 27' N - 83°,51' O).

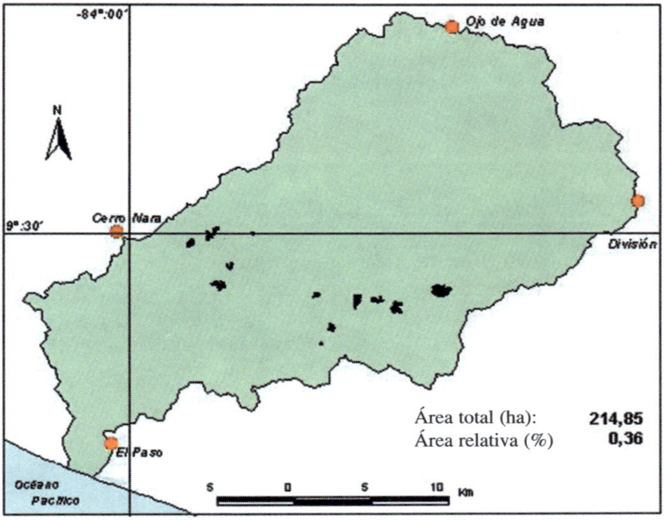

Distribución espacial del herbazal tropical arbustivo siempreverde premontano bien drenado dominado por gramíneas.

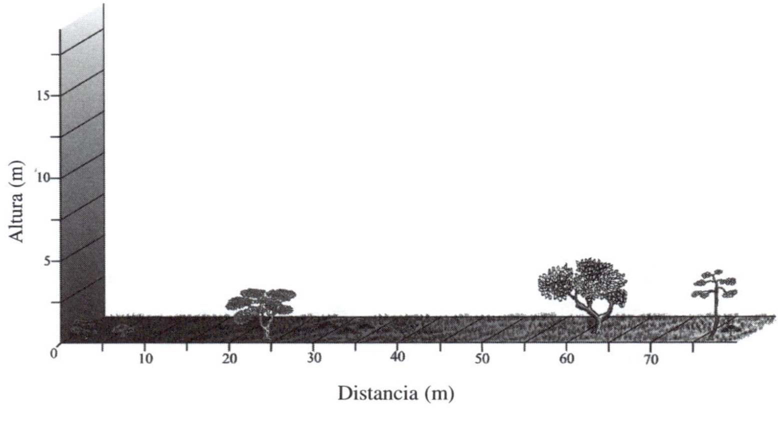

Perfil lateral esquematizado de la vegetación del herbazal tropical arbustivo siempreverde premontano bien drenado dominado por gramíneas.

17. Bosque tropical ralo siempreverde latifoliado montano bajo bien drenado

VEGETACIÓN	
Fisionomía:	Bosque ralo
Fenología foliar del estrato dominante:	Siempreverde
Tipo foliar del estrato dominante:	Latifoliado
Estratificación:	Estratos definidos
Periodicidad:	Perenne
Espinosidad:	No espinoso
Altura:	5-25 m
DISTRIBUCIÓN ALTITUDINAL	
Piso altitudinal:	Montano Bajo
CLIMA	
Provincia térmica:	Subtropical (9,90%), Templada (82,46%), Templada fría (7,65%),
Provincia de humedad:	Muy húmeda (75,62%), Pluvial (24,38%)
Duración de la estación seca:	0 (24,38%), 3-4 (75,62%) meses secos
HIDROLOGÍA	
Régimen hidrológico:	Bien drenado
Inundabilidad:	No inundado
GEOMORFOLOGÍA	
Forma de la tierra:	Origen tectónico y erosivo
SUELO	
Orden del suelo:	Inceptisol
IMPACTO HUMANO	
Estado:	Seminatural
Influencia actual:	Intervenido
Uso actual de la tierra:	Forestal

Punto de muestreo a 2 km al noroeste de la localidad de Providencia (9º 34' N - 83°,52' O).

Punto de muestreo a 2 km al noroeste de la localidad de Providencia (9º 34' N - 83°,52' O).

Composición florística observada

Árboles

Alfaroa williamsii (JUG), Billia hippocastanum (HIP), Citharexylum caudatum (VRB), Cornus disciflora (COR), Freziera candicans (TEA), Ilex costaricensis (AQF), Ilex maxima (AQF), Ladenbergia brenesii (RUB), Magnolia sororum (MAG), Miconia theizans (MLS), Myrsine coriacea (MRS), Oreopanax xalapensis (ARL), Panopsis mucronata (PRT), Quercus costaricensis (FAG), Saurauia montana (ACT), Talauma gloriensis (MAG), Viburnum costaricanum (CPR), Zanthoxylum melanostictum (RUT).

Arbustos

Baccharis trinervis (AST), Fuchsia paniculata (ONA), Gaultheria erecta (ERI), Monochaetum amabile (MLS), Palicourea angustifolia (RUB), Rubus glaucus (ROS), Rubus irasuensis (ROS), Satyria warszewiczii (ERI), Solanum rovirosanum (SOL), Vaccinium consanguineum (ERI), Verbesina oerstediana (AST), Verbesina turbacensis (AST).

Bejucos

Bidens reptans (AST), Cayaponia granatensis (CUC), Mikania banisteriae (AST), Mikania holwayana (AST).

Hierbas

Ageratina ligustrina (AST), Aulonemia viscosa (POA), Chusquea longifolia (POA), Gnaphalium domingense (AST), Oligactis volubilis (AST).

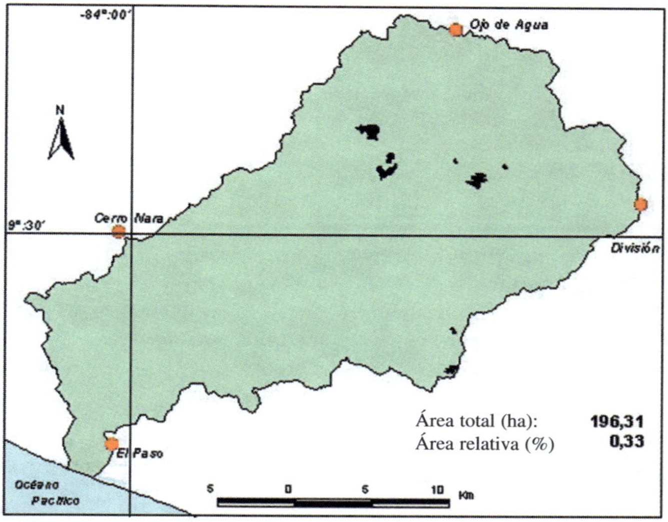

Distribución espacial del bosque tropical ralo siempreverde latifoliado montano bajo bien drenado.

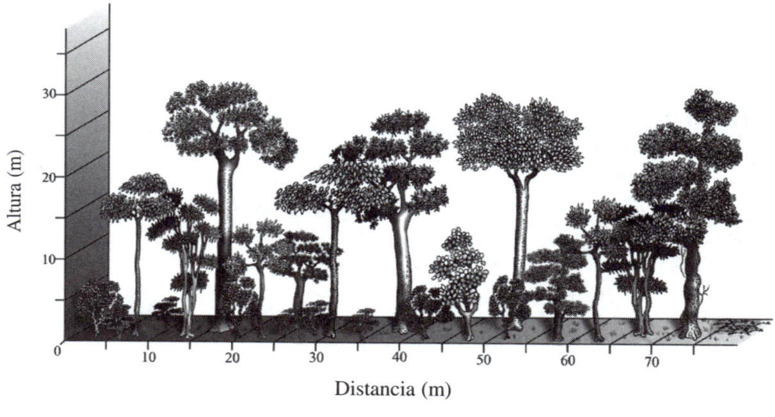

Perfil lateral esquematizado de la vegetación del bosque tropical ralo siempreverde latifoliado montano bajo bien drenado.

18. Matorral tropical denso arbolado siempreverde latifoliado montano bajo bien drenado

VEGETACIÓN	
Fisionomía:	Matorral denso arbolado
Fenología foliar del estrato dominante:	Siempreverde
Tipo foliar del estrato dominante:	Latifoliado
Estratificación:	Estratos definidos
Periodicidad:	Perenne
Espinosidad:	No espinoso
Altura:	1-5 m
DISTRIBUCIÓN ALTITUDINAL	
Piso altitudinal:	Montano Bajo
CLIMA	
Provincia térmica:	Subtropical (12,61%), Templada (87,12%), Templada fría (0,27%),
Provincia de humedad:	Muy húmeda (75,89%), Pluvial (24,11%)
Duración de la estación seca:	0 (24,11%), 3-4 (75,89%) meses secos
HIDROLOGÍA	
Régimen hidrológico:	Bien drenado
Inundabilidad:	No inundado
GEOMORFOLOGÍA	
Forma de la tierra:	Origen tectónico y erosivo
SUELO	
Orden del suelo:	Inceptisol
IMPACTO HUMANO	
Estado:	Seminatural
Influencia actual:	Intervenido, a veces Muy Intervenido
Uso actual de la tierra:	Forestal, a veces Pastoril (ganadero)

Punto de muestreo en la localidad de Providencia (9º 32’ N - 83º 52’ O).

Punto de muestreo en la localidad de Providencia (9º 32’ N - 83º 52’ O).

Composición florística observada

Árboles

Brunellia comocladifolia (BNL), Brunellia costaricensis (BNL), Cedrela tonduzii (MEL), Clethra mexicana (CLE), Cornus disciflora (COR), Cornus peruviana (COR), Croton draco (EUP), Erythrina costaricensis (FAB/PAP), Freziera candicans (TEA), Guettarda crispiflora (RUB), Heliocarpus appendiculatus (TIL), Hyeronima oblonga (EUP), Miconia theizans (MLS), Myrsine coriacea (MRS), Ocotea brenesii (LAU), Oreopanax xalapensis (ARL), Quercus costaricensis (FAG), Quercus seemannii (FAG), Saurauia montana (ACT), Styrax glabrescens (STY), Viburnum costaricanum (CPR), Vismia baccifera (CLU).

Arbustos

Baccharis pedunculata (AST), Baccharis trinervis (AST), Cavendishia confertiflora (ERI), Hemichaena fruticosa (SCR), Leandra subseriata (MLS), Monochaetum floribundum (MLS), Morella pubescens (MRI), Phoradendron undulatum (VIS), Piper lanceifolium (PIP), Psychotria berteriana (RUB), Rondeletia amoena (RUB), Rubus glaucus (ROS), Rubus irasuensis (ROS), Satyria warszewiczii (ERI), Struthanthus quercicola (LOR), Vernonia canescens (AST), Wigandia urens (HYD).

Bejucos

Passiflora lancearia (PAS), Smilax subpubescens (SML).

Hierbas

Adiantum andicola (PTR), Ageratina anisochroma (AST), Ageratina ligustrina (AST), Archibaccharis schiedeana (AST), Blechnum glandulosum (BLE), Boehmeria aspera (URT), Chenopodium ambrosioides (CHE), Cirsium mexicanum (AST), Elephantopus mollis (AST), Galium hypocarpium (RUB), Lycopodiella cernua (LYC), Lycopodium clavatum (LYC), Lycopodium thyoides (LYC), Melinis minutiflora (POA), Odontosoria gymnogrammoides (DST), Oligactis volubilis (AST), Pennisetum bambusiforme (POA), Peperomia palmana (PIP), Peperomia rhexiifolia (PIP), Polypogon elongatus (POA), Pteridium arachnoideum (DST), Sporobolus indicus (POA), Viola stipularis (VIO)

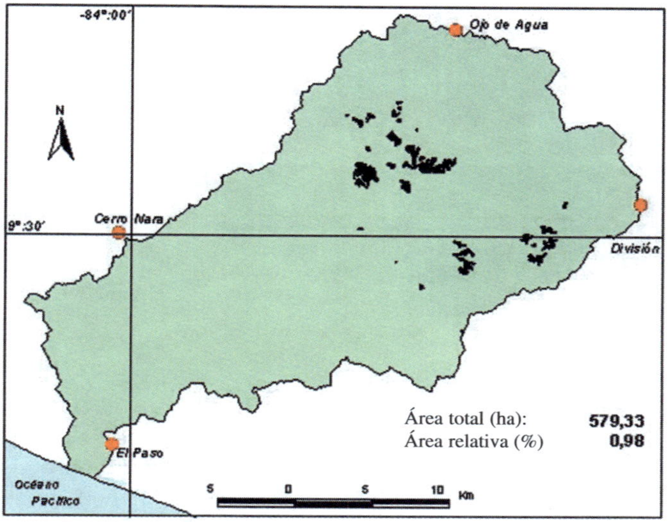

Distribución espacial del matorral tropical denso arbolado siempreverde latifoliado montano bajo bien drenado.

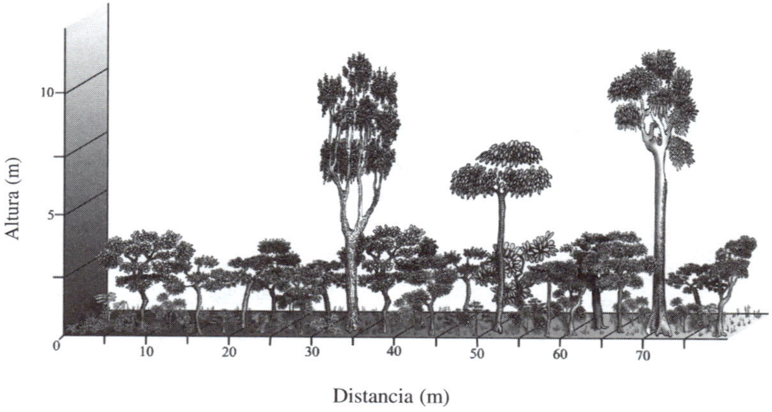

Perfil lateral esquematizado de la vegetación del matorral tropical denso arbolado siempreverde latifoliado montano bajo bien drenado.

19. Matorral tropical ralo siempreverde latifoliado montano bajo bien drenado

VEGETACIÓN

Fisionomía:	Matorral ralo
Fenología foliar del estrato dominante:	Siempreverde
Tipo foliar del estrato dominante:	Latifoliado
Estratificación:	Estratos definidos
Periodicidad:	Perenne
Espinosidad:	No espinoso
Altura:	1-5 m

DISTRIBUCIÓN ALTITUDINAL

Piso altitudinal:	Montano Bajo

CLIMA

Provincia térmica:	Subtropical (17,46%), Templada (82,19%), Templada fría (0,34%),
Provincia de humedad:	Muy húmeda (98,86%), Pluvial (1,14%)
Duración de la estación seca:	0 (1,14%), 3-4 (98,86%) meses secos

HIDROLOGÍA

Régimen hidrológico:	Bien drenado
Inundabilidad:	No inundado

GEOMORFOLOGÍA

Forma de la tierra:	Origen tectónico y erosivo

SUELO

Orden del suelo:	Inceptisol

IMPACTO HUMANO

Estado:	Seminatural
Influencia actual:	Intervenido
Uso actual de la tierra:	Desconocido

Punto de muestreo a 4 km al suroeste de la localidad de Providencia (9° 32' N - 83° 51' O).

Punto de muestreo a 4 km al suroeste de la localidad de Providencia (9° 32' N - 83° 51' O).

Composición florística observada

Árboles

Alnus acuminata (BET), Cedrela tonduzii (MEL), Citharexylum caudatum (VRB), Clethra mexicana (CLE), Croton draco (EUP), Dendropanax arboreus (ARL), Erythrina costaricensis (FAB/PAP), Lippia myriocephala (VRB), Myrsine coriacea (MRS), Persea americana (LAU), Quercus seemannii (FAG), Saurauia montana (ACT), Sommera donnell-smithii (RUB), Ulmus mexicana (ULM), Vismia baccifera (CLU).

Arbustos

Acalypha macrostachya (EUP), Baccharis trinervis (AST), Brugmansia candida (SOL), Chamaedorea costaricana (ARE), Gonzalagunia rosea (RUB), Leandra subseriata (MLS), Miconia dodecandra (MLS), Monochaetum amabile (MLS), Piper aduncum (PIP), Piper crassinervium (PIP), Piper hispidum (PIP), Triumfetta lappula (TIL), Verbesina oerstediana (AST), Verbesina turbacensis (AST), Vernonia canescens (AST).

Bejucos

Sarcorhachis naranjoana (PIP).

Hierbas

Cuphea carthagenensis (LYT), Dahlia imperialis (AST), Elephantopus mollis (AST), Hyptis pectinata (LAM), Melanthera aspera (AST), Odontosoria gymnogrammoides (DST), Pennisetum bambusiforme (POA), Pteridium arachnoideum (DST), Sida haenkeana (MLV), Valeriana scandens (VAL)

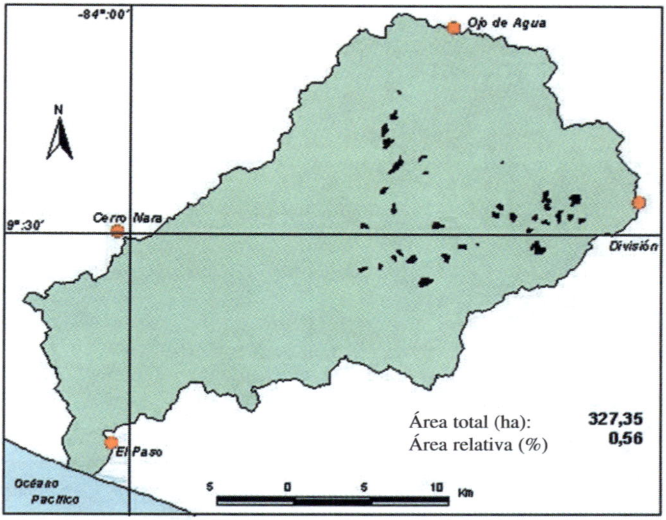

Distribución espacial del matorral tropical ralo siempreverde latifoliado montano bajo bien drenado.

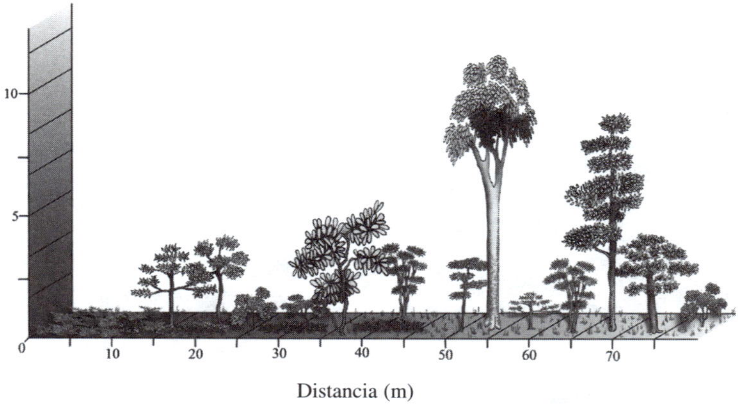

Perfil lateral esquematizado de la vegetación del matorral tropical ralo siempreverde latifoliado montano bajo bien drenado.

20. Bosque tropical ralo siempreverde latifoliado montano alto bien drenado

VEGETACIÓN	
Fisionomía:	Bosque ralo
Fenología foliar del estrato dominante:	Siempreverde
Tipo foliar del estrato dominante:	Latifoliado
Estratificación:	Estratos definidos
Periodicidad:	Perenne
Espinosidad:	No espinoso
Altura:	5-25 m
DISTRIBUCIÓN ALTITUDINAL	
Piso altitudinal:	Montano alto
CLIMA	
Provincia térmica:	Boreal1 (13,70%), Templada (22,04%), Templada fría (64,26%),
Provincia de humedad:	Húmeda (10,54%), Muy húmeda (89,46%)
Duración de la estación seca:	0 (0,45%), 1-2 (16,10%), 3-4 (83,46%) meses secos
HIDROLOGÍA	
Régimen hidrológico:	Bien drenado
Inundabilidad:	No inundado
GEOMORFOLOGÍA	
Forma de la tierra:	Origen tectónico y erosivo
SUELO	
Orden del suelo:	Inceptisol
IMPACTO HUMANO	
Estado:	Seminatural
Influencia actual:	Intervenido
Uso actual de la tierra:	Desconocido

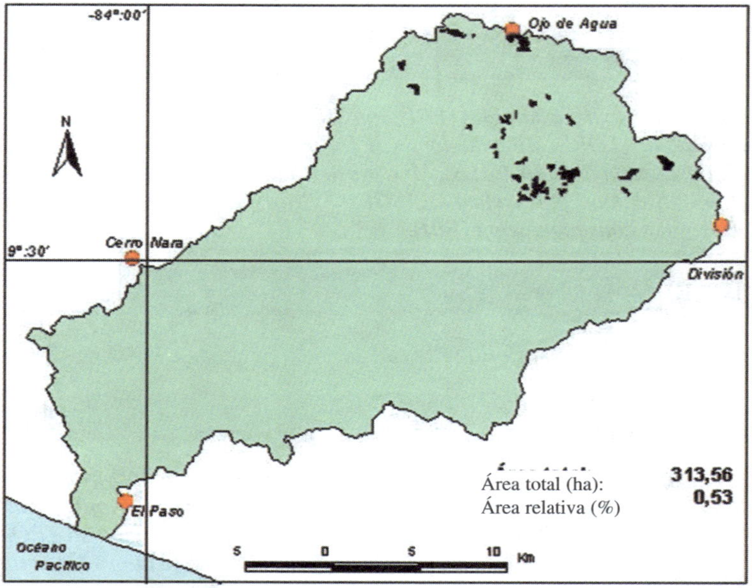

Distribución espacial del bosque tropical ralo siempreverde latifoliado montano alto bien drenado.

Composición florística observada

Árboles

Drimys granadensis (WIN), Escallonia myrtilloides (GRO), Miconia schnellii (MLS), Quercus costaricensis (FAG), Rhamnus oreodendron (RHM), Viburnum costaricanum (CPR), Weinmannia pinnata (CUN).

Arbustos

Comarostaphylis arbutoides (ERI), Fuchsia splendens (ONA), Gaiadendron punctatum (LOR), Miconia tonduzii (MLS), Monnina xalapensis (PGL), Monochaetum amabile (MLS), Myrsine dependens (MRS), Rubus irasuensis (ROS), Solanum pulverulentum (SOL), Sphyrospermum buxifolium (ERI), Vaccinium consanguineum (ERI).

Bejucos

Muehlenbeckia tamnifolia (PLG).

Hierbas

Alchemilla pectinata (ROS), Alchemilla standleyi (ROS), Arenaria lanuginosa (CRY), Castilleja irasuensis (SCR), Chusquea longiligulata (POA), Chusquea talamancensis (POA), Chusquea tomentosa (POA), Cirsium subcoriaceum (AST), Cortaderia bifida (POA), Geranium guatemalense (GER), Halenia rhyacophila (GEN), Hieracium irasuense (AST), Hypochoeris radicata (AST), Luzula denticulata (JUN), Lycopodium thyoides (LYC), Nertera granadensis (RUB), Odontosoria gymnogrammoides (DST), Plantago australis (PLA), Senecio oerstedianus (AST), Stellaria ovata (CRY), Telipogon costaricensis (ORC), Viola nannei (VIO).

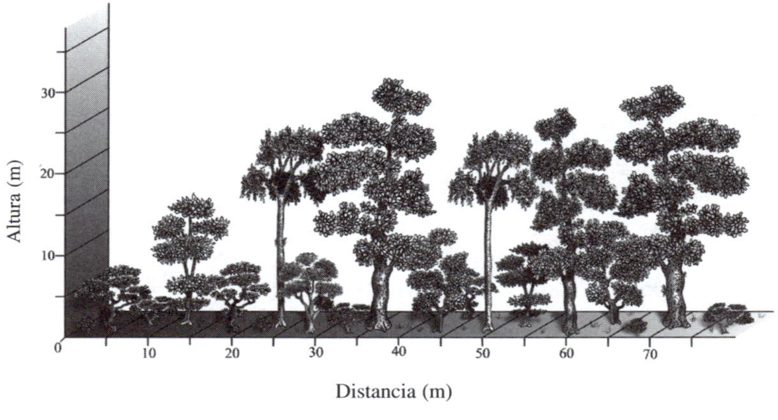

Perfil lateral esquematizado de la vegetación del bosque tropical ralo siempreverde latifoliado montano alto bien drenado.

21. Matorral tropical denso siempreverde latifoliado montano alto bien drenado

VEGETACIÓN		
	Fisionomía:	Matorral denso
	Fenología foliar del estrato dominante:	Siempreverde
	Tipo foliar del estrato dominante:	Latifoliado
	Estratificación:	Estratos difusos
	Periodicidad:	Perenne
	Espinosidad:	Espinoso
	Altura:	1-5 m
DISTRIBUCIÓN ALTITUDINAL		
	Piso altitudinal:	Montano alto
CLIMA		
	Provincia térmica:	Boreal1 (3,78%), Templada (21,39%), Templada fría (74,79%),
	Provincia de humedad:	Húmeda (9,17%), Muy húmeda (90,83%)
	Duración de la estación seca:	1-2 (9,47%), 3-4 (90,53%) meses secos
HIDROLOGÍA		
	Régimen hidrológico:	Bien drenado
	Inundabilidad:	No inundado
GEOMORFOLOGÍA		
	Forma de la tierra:	Origen tectónico y erosivo
SUELO		
	Orden del suelo:	Histosol (0,51%), Inceptisol (99,49%)
IMPACTO HUMANO		
	Estado:	Seminatural
	Influencia actual:	Muy intervenido
	Uso actual de la tierra:	Desconocido

Punto de muestreo a 3 km al norte y u km este de la localidad de La Lira, Los Ángeles de Páramo (9º 32' N - 83º 51' O).

Punto de muestreo a 3 km al norte y u km este de la localidad de La Lira, Los Ángeles de Páramo (9º 32' N - 83º 51' O).

Composición florística observada

Árboles

Brunellia costaricensis (BNL), Cornus disciflora (COR), Drimys granadensis (WIN), Ladenbergia brenesii (RUB), Lippia myriocephala (VRB), Magnolia poasana (MAG), Prunus fortunensis (ROS), Styrax argenteus (STY), Styrax glabrescens (STY).

Arbustos

Baccharis trinervis (AST), Cavendishia bracteata (ERI), Fuchsia paniculata (ONA), Hedyosmum goudotianum (CLR), Rubus glaucus (ROS), Senecio arborescens (AST), Solanum pulverulentum (SOL), Wigandia urens (HYD).

Bejucos

Cissus trianae (VIT).

Hierbas

Begonia udisilvestris (BEG), Pteridium arachnoideum (DST), Sinclairia polyantha (AST).

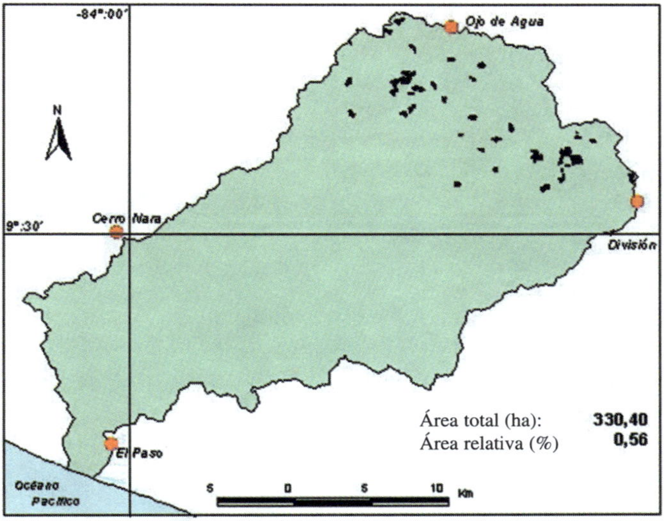

Distribución espacial del matorral tropical denso siempreverde latifoliado montano alto bien drenado.

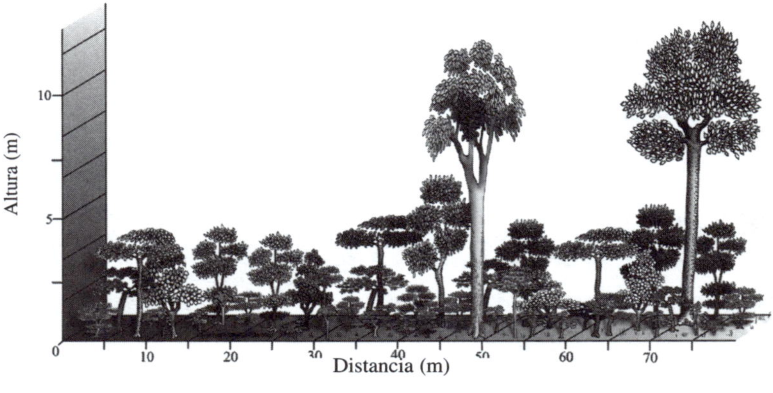

Perfil lateral esquematizado de la vegetación del matorral tropical denso siempreverde latifoliado montano alto bien drenado.

22. Matorral tropical denso arbolado siempreverde latifoliado montano alto bien drenado

VEGETACIÓN	
Fisionomía:	Matorral denso arbolado
Fenología foliar del estrato dominante:	Siempreverde
Tipo foliar del estrato dominante:	Latifoliado
Estratificación:	Estratos definidos
Periodicidad:	Perenne
Espinosidad:	No espinoso
Altura:	5-25 m
DISTRIBUCIÓN ALTITUDINAL	
Piso altitudinal:	Montano alto
CLIMA	
Provincia térmica:	Boreal1 (6,87%), Templada (16,93%), Templada fría (76,17%),
Provincia de humedad:	Húmeda (3,76%), Muy húmeda (94,80%), Pluvial (1,44%)
Duración de la estación seca:	0 (5,70%), 1-2 (27,50%), 3-4 (66,79%) meses secos
HIDROLOGÍA	
Régimen hidrológico:	Bien drenado
Inundabilidad:	No inundado
GEOMORFOLOGÍA	
Forma de la tierra:	Origen tectónico y erosivo
SUELO	
Orden del suelo:	Histosol (13,64%), Inceptisol (86,36%)
IMPACTO HUMANO	
Estado:	Seminatural
Influencia actual:	Intervenido
Uso actual de la tierra:	Forestal

Punto de muestreo en Cerro Jaboncillo, Carretera Interamericana Sur (9º 36' N - 83º 47' O).

Punto de muestreo en Cerro Jaboncillo, Carretera Interamericana Sur (9º 36' N - 83º 47' O).

Composición florística observada

Árboles

Cleyera theioides (TEA), Cornus disciflora (COR), Drimys granadensis (WIN), Escallonia myrtilloides (GRO), Quercus costaricensis (FAG), Symplocos serrulata (SYM), Viburnum costaricanum (CPR), Weinmannia pinnata (CUN).

Arbustos

Hesperomeles heterophylla (ROS), Miconia tonduzii (MLS), Monnina xalapensis (PGL), Morella pubescens (MRI), Palicourea adusta (RUB), Rubus glaucus (ROS), Senecio multivenius (AST), Sphyrospermum buxifolium (ERI).

Bejucos

Bomarea acutifolia (ALS), Mikania castroi (AST), Muehlenbeckia tamnifolia (PLG).

Hierbas

Acaena elongata (ROS), Alchemilla pectinata (ROS), Alchemilla standleyi (ROS), Begonia udisilvestris (BEG), Blechnum buchtienii (BLE), Calceolaria irazuensis (SCR), Centropogon valerii (CAM), Chusquea subtessellata (POA), Cirsium subcoriaceum (AST), Conyza bonariensis (AST), Cortaderia bifida (POA), Didymaea alsinoides (RUB), Dryopteris wallichiana (DRY), Galium hypocarpium (RUB), Gamochaeta americana (AST), Geranium guatemalense (GER), Halenia rhyacophila (GEN), Hydrocotyle ribifolia (API), Hypochoeris radicata (AST), Neomirandea araliifolia (AST), Nertera granadensis (RUB), Orthrosanthus chimboracensis (IRI), Peperomia saligna (PIP), Plantago australis (PLA), Prunella vulgaris (LAM), Ranunculus peruvianus (RAN), Rorippa nasturtium-aquaticu (BRA), Sagina procumbens (CRY), Salvia carnea (LAM), Senecio oerstedianus (AST), Sisyrinchium chiricanum (IRI), Stellaria ovata (CRY), Vriesea ororiensis (BML)

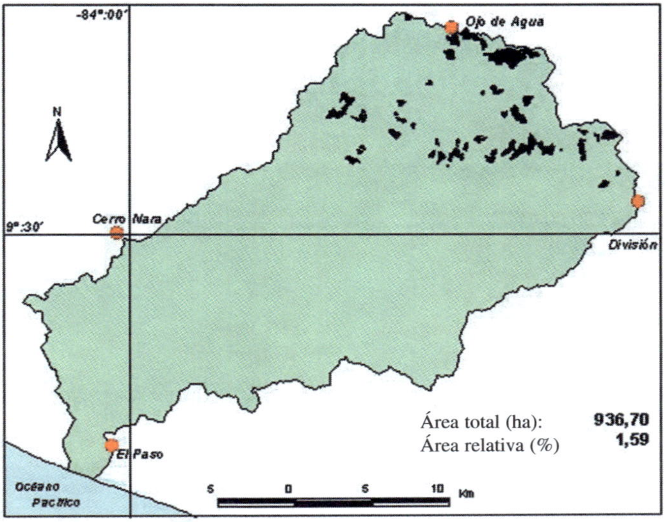

Distribución espacial del matorral tropical denso arbolado siempreverde latifoliado montano alto bien drenado.

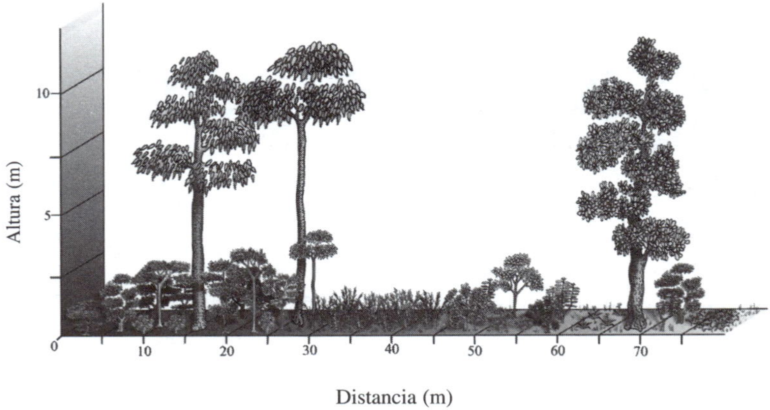

Perfil lateral esquematizado de la vegetación del matorral tropical denso arbolado siempreverde latifoliado montano alto bien drenado.

23. Matorral tropical ralo siempreverde latifoliado montano alto bien drenado

VEGETACIÓN	
Fisionomía:	Matorral ralo
Fenología foliar del estrato dominante:	Siempreverde
Tipo foliar del estrato dominante:	Latifoliado
Estratificación:	Estratos definidos
Periodicidad:	Perenne
Espinosidad:	No espinoso
Altura:	1-5 m
DISTRIBUCIÓN ALTITUDINAL	
Piso altitudinal:	Montano alto
CLIMA	
Provincia térmica:	Boreal1 Templada (6,80%), Templada fría (93,19%)
Provincia de humedad:	Muy húmeda
Duración de la estación seca:	0 1-2 (2,18%), 3-4 (97,82%) meses secos
HIDROLOGÍA	
Régimen hidrológico:	Bien drenado
Inundabilidad:	No inundado
GEOMORFOLOGÍA	
Forma de la tierra:	Origen tectónico y erosivo
SUELO	
Orden del suelo:	Histosol (3,37%), Inceptisol (96,63%)
IMPACTO HUMANO	
Estado:	Seminatural
Influencia actual:	Muy intervenido
Uso actual de la tierra:	Desconocido

Punto de muestreo camino a la localidad de Copey de Dota (9º 35' N - 83º 53' O).

Punto de muestreo camino a la localidad de Copey de Dota (9º 35' N - 83º 53' O).

Composición florística observada

Árboles

Cleyera theioides (TEA), Cornus disciflora (COR), Drimys granadensis (WIN), Myrcianthes fragrans (MRT), Nectandra cufodontisii (LAU), Ocotea austinii (LAU), Quercus costaricensis (FAG), Styrax argenteus (STY), Viburnum costaricanum (CPR), Weinmannia fagaroides (CUN).

Arbustos

Buddleja americana (LOG), Buddleja nitida (LOG), Cavendishia bracteata (ERI), Comarostaphylis arbutoides (ERI), Fuchsia microphylla (ONA), Macleania rupestris (ERI), Monnina xalapensis (PGL), Monochaetum amabile (MLS), Pernettya prostrata (ERI), Satyria warszewiczii (ERI), Vaccinium consanguineum (ERI), Vernonia canescens (AST).

Bejucos

Bomarea acutifolia (ALS).

Hierbas

Acaena elongata (ROS), Aegopogon cenchroides (POA), Ageratina ligustrina (AST), Alchemilla pectinata (ROS), Alchemilla standleyi (ROS), Archibaccharis irazuensis (AST), Gamochaeta americana (AST), Heterotoma lobelioides (CAM), Hypochoeris radicata (AST), Lycopodium thyoides (LYC), Oligactis volubilis (AST), Orthrosanthus chimboracensis (IRI), Pennisetum clandestinum (POA), Plantago australis (PLA), Prunella vulgaris (LAM), Pteridium arachnoideum (DST), Rumex obtusifolius (PLG), Trifolium repens (FAB/PAP), Vulpia bromoides (POA).

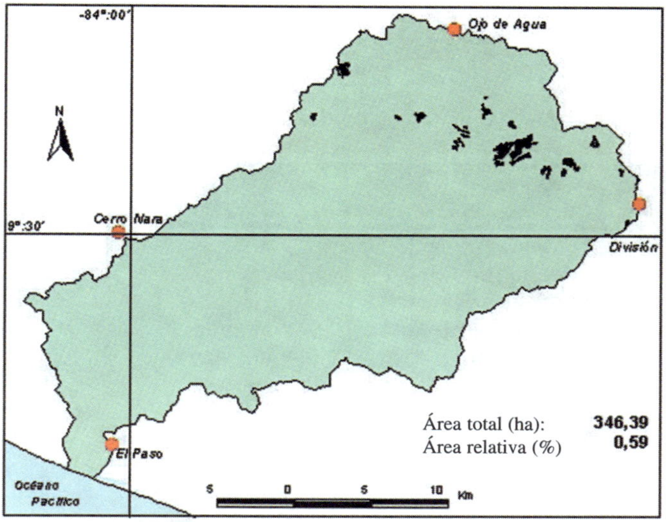

Distribución espacial del matorral tropical ralo siempreverde latifoliado montano alto bien drenado.

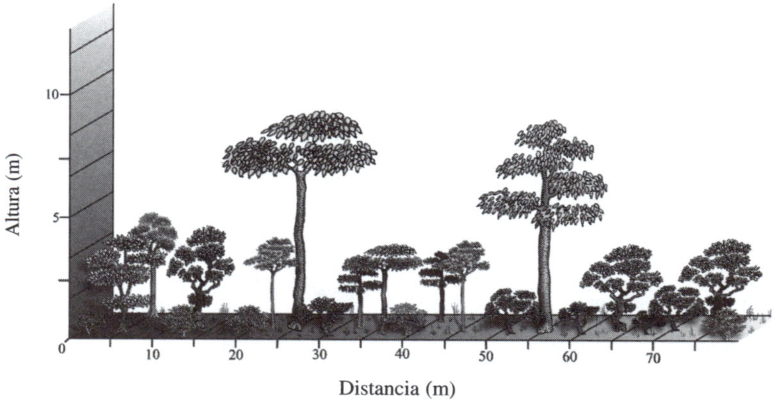

Perfil lateral esquematizado de la vegetación del matorral tropical ralo siempreverde latifoliado montano alto bien drenado.

24. Herbazal tropical arbustivo siempreverde montano alto bien drenado dominado por gramíneas

VEGETACIÓN		
	Fisionomía:	Herbazal arbustivo
	Fenología foliar del estrato dominante:	Siempreverde
	Tipo foliar del estrato dominante:	Graminoide
	Estratificación:	Estratos definidos
	Periodicidad:	Perenne
	Espinosidad:	No espinoso
	Altura:	Menor a 1 m
DISTRIBUCIÓN ALTITUDINAL		
	Piso altitudinal:	Montano alto
CLIMA		
	Provincia térmica:	Boreal1 (5,62%), Templada (21,50%), Templada fría (72,88%),
	Provincia de humedad:	Húmeda (1,76%), Muy húmeda (98,24%)
	Duración de la estación seca:	0 (0,91%), 1-2 (9,05%), 3-4 (90,04%) meses secos
HIDROLOGÍA		
	Régimen hidrológico:	Bien drenado
	Inundabilidad:	No inundado
GEOMORFOLOGÍA		
	Forma de la tierra:	Origen tectónico y erosivo
SUELO		
	Orden del suelo:	Histosol (2,71%), Inceptisol (97,29%)
IMPACTO HUMANO		
	Estado:	Cultural (sembrado)
	Influencia actual:	Muy intervenido
	Uso actual de la tierra:	Silvopastoril, a veces Desconocido

Punto de muestreo en la localidad de San Gerardo de Dota (9º 33' N - 83º 49' O).

Composición florística observada

Árboles

Alnus acuminata (BET), Cleyera theioides (TEA), Croton jimenezii (EUP), Cupressus lusitanica (CUP), Maytenus woodsonii (CEL), Myrsine coriacea (MRS), Nectandra cufodontisii (LAU), Oreopanax xalapensis (ARL), Rondeletia buddleioides (RUB).

Arbustos

Baccharis trinervis (AST), Fuchsia microphylla (ONA), Hemichaena fruticosa (SCR), Leandra subseriata (MLS), Miconia dolichopoda (MLS), Monochaetum amabile (MLS), Pyrus malus (ROS), Rubus glaucus (ROS), Rubus irasuensis (ROS), Senecio multivenius (AST), Vaccinium consanguineum (ERI).

Bejucos

Bomarea acutifolia (ALS), Cyclanthera langaei (CUC), Muehlenbeckia tamnifolia (PLG), Passiflora edulis (PAS).

Hierbas

Ageratina anisochroma (AST), Alchemilla pectinata (ROS), Alchemilla polylepis (ROS), Archibaccharis schiedeana (AST), Arenaria lanuginosa (CRY), Bidens pilosa (AST), Bromus carinatus (POA), Cardamine bonariensis (BRA), Conyza bonariensis (AST), Conyza canadensis (AST), Gamochaeta americana (AST), Gnaphalium attenuatum (AST), Holcus lanatus (POA), Hydrocotyle bowlesioides (API), Hypericum pratense (CLU), Hypochoeris radicata (AST), Lepidium virginicum (BRA), Melinis minutiflora (POA), Nertera granadensis (RUB), Pennisetum clandestinum (POA), Phytolacca rugosa (PHT), Plantago australis (PLA), Prunella vulgaris (LAM), Pteridium arachnoideum (DST), Rumex obtusifolius (PLG), Solanum americanum (SOL), Sonchus oleraceus (AST), Spermacoce assurgens (RUB), Trifolium repens (FAB/PAP)

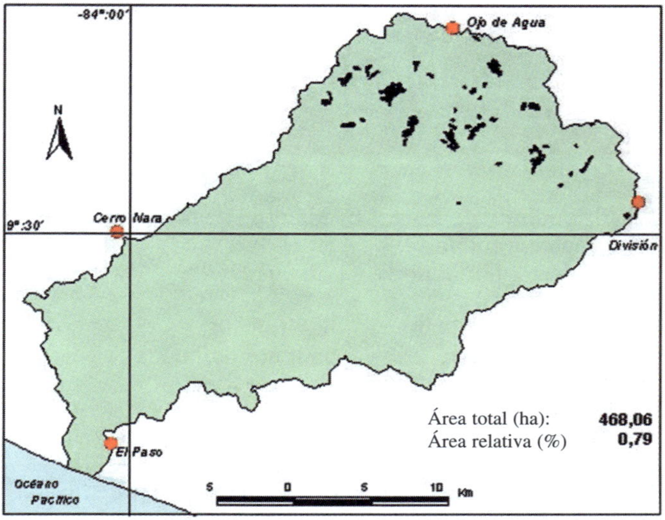

Distribución espacial del herbazal tropical arbustivo siempreverde montano alto bien drenado dominado por gramíneas.

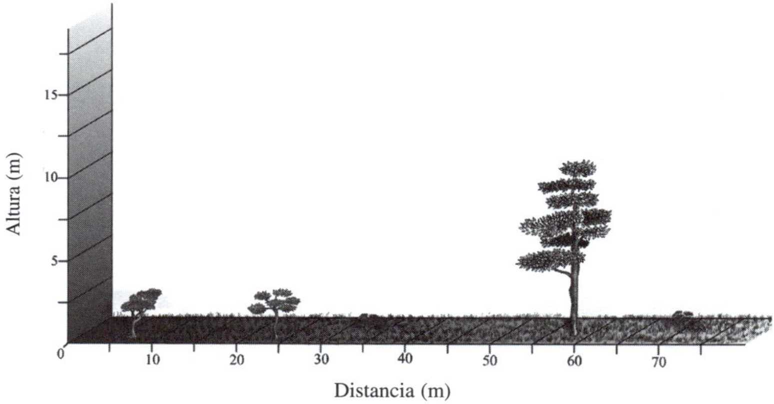

Perfil lateral esquematizado de la vegetación del herbazal tropical arbustivo siempreverde montano alto bien drenado dominado por gramíneas.

25. Matorral tropical denso siempreverde latifoliado subalpino bien drenado

VEGETACIÓN	
Fisionomía:	Matorral denso
Fenología foliar del estrato dominante:	Siempreverde
Tipo foliar del estrato dominante:	Latifoliado
Estratificación:	Estratos definidos
Periodicidad:	Perenne
Espinosidad:	No espinoso
Altura:	1-5 m
DISTRIBUCIÓN ALTITUDINAL	
Piso altitudinal:	Sub Alpino
CLIMA	
Provincia térmica:	Boreal1 (62,78%), Boreal2 (4,61%), Templada fría (32,61%)
Provincia de humedad:	Muy húmeda
Duración de la estación seca:	0 (1,67%), 1-2 (25,66%), 3-4 (72,67%) meses secos
HIDROLOGÍA	
Régimen hidrológico:	Bien drenado
Inundabilidad:	No inundado
GEOMORFOLOGÍA	
Forma de la tierra:	Origen tectónico y erosivo
SUELO	
Orden del suelo:	Histosol (95,61%), Inceptisol (4,39%)
IMPACTO HUMANO	
Estado:	Seminatural
Influencia actual:	No intervenido
Uso actual de la tierra:	Forestal

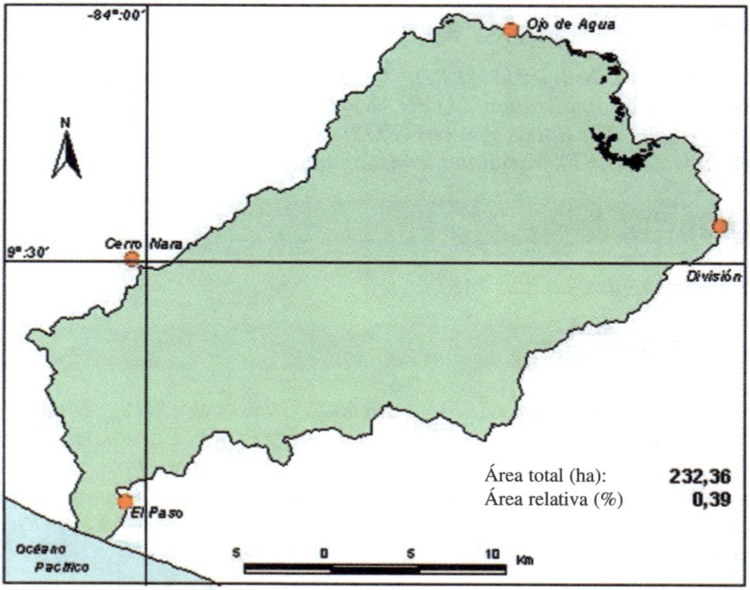

Distribución espacial del matorral tropical denso siempreverde latifoliado subalpino bien drenado .

Composición florística observada

Árboles

Escallonia myrtilloides (GRO), Miconia schlimii (MLS), Rhamnus oreodendron (RHM), Weinmannia pinnata (CUN).

Arbustos

Cavendishia bracteata (ERI), Comarostaphylis arbutoides (ERI), Gaiadendron punctatum (LOR), Morella cerifera (MRI), Pernettya prostrata (ERI), Rubus glaucus (ROS), Senecio firmipes (AST), Senecio multivenius (AST), Vaccinium consanguineum (ERI).

Bejucos

Senecio angustiradiatus (AST).

Hierbas

Ageratina ixiocladon (AST), Alchemilla standleyi (ROS), Blechnum buchtienii (BLE), Chusquea subtessellata (POA), Cortaderia bifida (POA), Gamochaeta americana (AST), Gnaphalium brachyphyllum (AST), Halenia aquilegiella (GEN), Hypericum caracasanum (CLU), Hypericum strictum (CLU), Lycopodium clavatum (LYC), Puya dasylirioides (BML), Valeriana prionophylla (VAL)

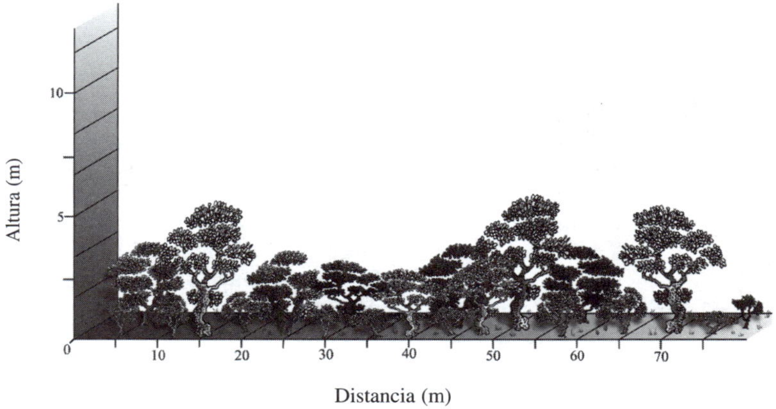

Perfil lateral esquematizado de la vegetación del matorral tropical denso siempreverde latifoliado subalpino bien drenado.

26. Herbazal tropical arbustivo siempreverde subalpino bien drenado dominado por gramíneas

VEGETACIÓN

Fisionomía:	Herbazal arbustivo
Fenología foliar del estrato dominante:	Siempreverde
Tipo foliar del estrato dominante:	Graminoide
Estratificación:	Estratos definidos
Periodicidad:	Perenne
Espinosidad:	No espinoso
Altura:	Menor a 1 m

DISTRIBUCIÓN ALTITUDINAL

Piso altitudinal:	Sub Alpino

CLIMA

Provincia térmica:	Boreal1 (49,86%), Boreal2 (11,21%), Templada fría (38,93%)
Provincia de humedad:	Muy húmeda
Duración de la estación seca:	0 1-2 (28,41%), 3-4 (71,59%) meses secos

HIDROLOGÍA

Régimen hidrológico:	Bien drenado
Inundabilidad:	No inundado

GEOMORFOLOGÍA

Forma de la tierra:	Origen tectónico y erosivo

SUELO

Orden del suelo:	Histosol (89,92%), Inceptisol (10,08%)

IMPACTO HUMANO

Estado:	Cultural (sembrado)
Influencia actual:	Intervenido
Uso actual de la tierra:	Pastoril (ganadero)

Punto de muestreo en el Cerro Jaboncillo, carretera Interamericana Sur (9º 36' N - 83º 47' O).

Composición florística observada

Árboles

Escallonia myrtilloides (GRO), Miconia schnellii (MLS), Quercus costaricensis (FAG), Rhamnus oreodendron (RHM), Schefflera rodriguesiana (ARL), Weinmannia pinnata (CUN).

Arbustos

Arcytophyllum lavarum (RUB), Arcytophyllum muticum (RUB), Comarostaphylis arbutoides (ERI), Gaiadendron punctatum (LOR), Gaultheria erecta (ERI), Macleania rupestris (ERI), Monochaetum amabile (MLS), Myrsine dependens (MRS), Pernettya prostrata (ERI), Senecio firmipes (AST), Senecio multivenius (AST), Ugni myricoides (MRT), Vaccinium consanguineum (ERI).

Bejucos

Bomarea acutifolia (ALS).

Hierbas

Alchemilla standleyi (ROS), Blechnum buchtienii (BLE), Chusquea subtessellata (POA), Cortaderia bifida (POA), Hypericum caracasanum (CLU), Hypericum irazuense (CLU), Hypericum strictum (CLU), Lycopodium clavatum (LYC), Puya dasylirioides (BML), Senecio oerstedianus (AST), Vriesea ororiensis (BML).

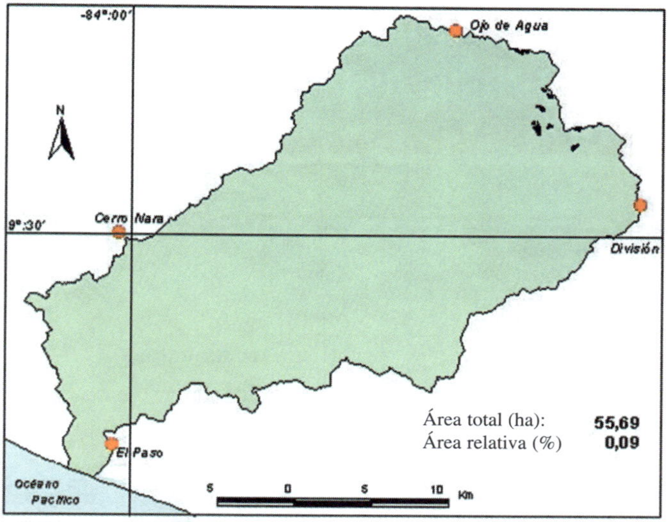

Distribución espacial del herbazal tropical arbustivo siempreverde subalpino bien drenado dominado por gramíneas.

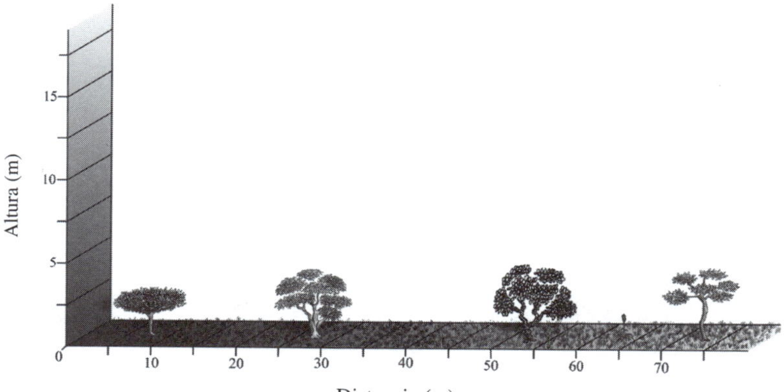

Perfil lateral esquematizado de la vegetación del herbazal tropical arbustivo siempreverde subalpino bien drenado dominado por gramíneas.

27. Matorral tropical denso siempreverde latifoliado alpino bien drenado

VEGETACIÓN	
Fisionomía:	Matorral denso
Fenología foliar del estrato dominante:	Siempreverde
Tipo foliar del estrato dominante:	Latifoliado
Estratificación:	Estratos definidos
Periodicidad:	Perenne
Espinosidad:	No espinoso
Altura:	1-5 m
DISTRIBUCIÓN ALTITUDINAL	
Piso altitudinal:	Alpino
CLIMA	
Provincia térmica:	Boreal1 (93,14%), Boreal2 (6,86%),
Provincia de humedad:	Muy húmeda (100,00%)
Duración de la estación seca:	1-2 (46,59%), 3-4 (53,41%) meses secos
HIDROLOGÍA	
Régimen hidrológico:	Bien drenado
Inundabilidad:	No inundado
GEOMORFOLOGÍA	
Forma de la tierra:	Origen tectónico y erosivo (100,00%)
SUELO	
Orden del suelo:	Histosol (100,00%)
IMPACTO HUMANO	
Estado:	Natural
Influencia actual:	No intervenido
Uso actual de la tierra:	Forestal

Punto de muestreo en el Cerro Sakira, carretera Interamericana Sur (9º 36' N - 83º 47' O).

Punto de muestreo en el Cerro Sakira, carretera Interamericana Sur (9º 36' N - 83º 47' O).

Composición florística observada

Árboles

Escallonia myrtilloides (GRO), Maytenus woodsonii (CEL).

Arbustos

Arcytophyllum lavarum (RUB), Chaetolepis cufodontisii (MLS), Comarostaphylis arbutoides (ERI), Pernettya prostrata (ERI), Rubus glaucus (ROS), Vaccinium consanguineum (ERI).

Bejucos

Muehlenbeckia tamnifolia (PLG).

Hierbas

Ageratina ixiocladon (AST), Alchemilla standleyi (ROS), Castilleja talamancensis (SCR), Chionolaena lavandulifolia (AST), Chusquea subtessellata (POA), Cirsium subcoriaceum (AST), Cortaderia hapalotricha (POA), Gamochaeta americana (AST), Huperzia crassa (LYC), Huperzia talamancana (LYC), Hypericum irazuense (CLU), Hypericum strictum (CLU), Jamesonia alstonii (PTR), Lobelia irazuensis (CAM), Lycopodium clavatum (LYC), Lycopodium thyoides (LYC), Pennisetum clandestinum (POA), Senecio oerstedianus (AST), Valeriana prionophylla (VAL), Westoniella triunguifolia (AST).

Punto de muestreo en Cerro Sakira, carretera Interamericana Sur (9° 36' N - 83° 47' O).

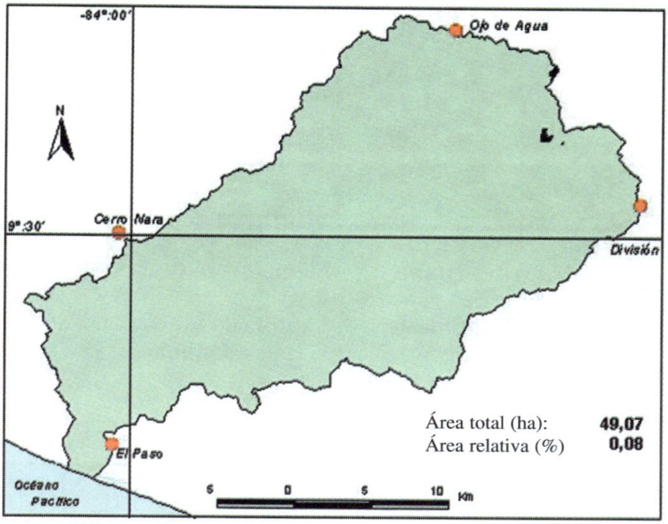

Distribución espacial del matorral tropical denso siempreverde latifoliado alpino bien drenado.

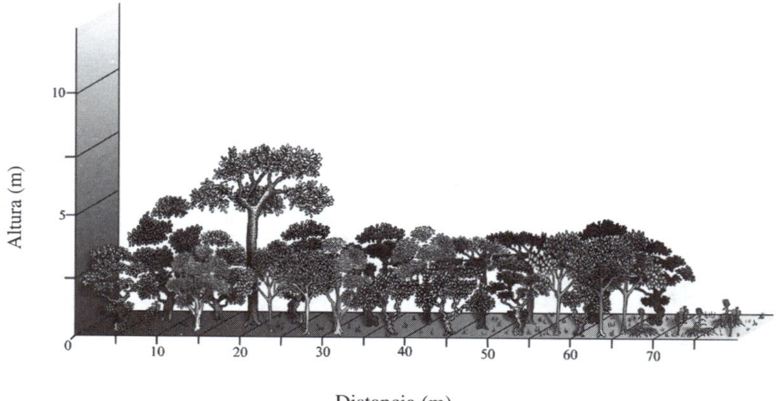

Perfil lateral esquematizado de la vegetación del matorral tropical denso siempreverde latifoliado alpino bien drenado.

28. Matorral tropical denso arbolado siempreverde latifoliado alpino bien drenado

VEGETACIÓN	
Fisionomía:	Matorral denso arbolado
Fenología foliar del estrato dominante:	Siempreverde
Tipo foliar del estrato dominante:	Latifoliado
Estratificación:	Estratos definidos
Periodicidad:	Perenne
Espinosidad:	No espinoso
Altura:	1-5 m
DISTRIBUCIÓN ALTITUDINAL	
Piso altitudinal:	Alpino
CLIMA	
Provincia térmica:	Boreal1 (98,10%), Boreal2 (1,90%),
Provincia de humedad:	Muy húmeda (100,00%)
Duración de la estación seca:	1-2 (1,90%), 3-4 (98,10%) meses secos
HIDROLOGÍA	
Régimen hidrológico:	Bien drenado
Inundabilidad:	No inundado
GEOMORFOLOGÍA	
Forma de la tierra:	Origen tectónico y erosivo (100,00%)
SUELO	
Orden del suelo:	Histosol (100,00%)
IMPACTO HUMANO	
Estado:	Natural
Influencia actual:	No intervenido
Uso actual de la tierra:	Desconocido

Punto de muestreo en el km 91, carretera Interamericana Sur (9º 35' N - 83º 46' O).

Punto de muestreo en el km 91, carretera Interamericana Sur (9º 35' N - 83º 46' O).

Composición florística observada

Árboles

Escallonia myrtilloides (GRO), Miconia schnellii (MLS), Viburnum costaricanum (CPR).

Arbustos

Buddleja nitida (LOG), Garrya laurifolia (GAR), Pernettya prostrata (ERI), Rubus glaucus (ROS), Senecio multivenius (AST), Vaccinium consanguineum (ERI).

Bejucos

Muehlenbeckia tamnifolia (PLG).

Hierbas

Acaena elongata (ROS), Alchemilla pectinata (ROS), Anthoxanthum odoratum (POA), Bromus carinatus (POA), Cirsium subcoriaceum (AST), Cortaderia bifida (POA), Geranium guatemalense (GER), Hypochoeris radicata (AST), Luzula denticulata (JUN), Rumex acetosella (PLG), Senecio oerstedianus (AST), Trifolium repens (FAB/PAP), Valeriana prionophylla (VAL)

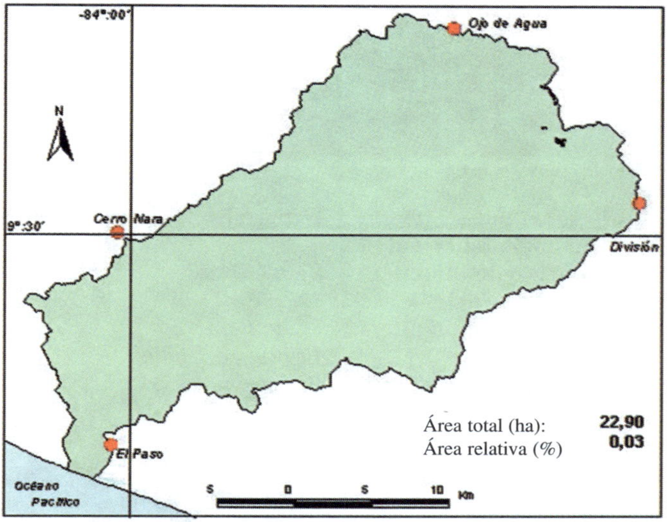

Distribución espacial del matorral tropical denso arbolado siempreverde latifoliado alpino bien drenado.

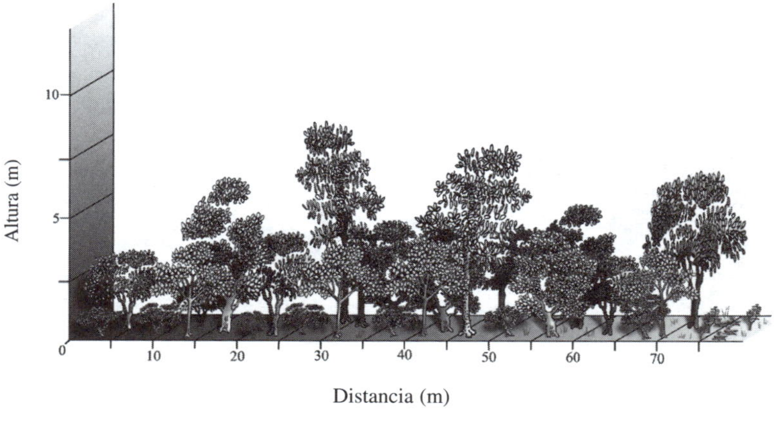

Perfil lateral esquematizado de la vegetación del matorral tropical denso arbolado siempreverde latifoliado alpino bien drenado.

29. Herbazal tropical arbustivo siempreverde alpino bien drenado dominado por gramíneas

VEGETACIÓN	
Fisionomía:	Herbazal arbustivo
Fenología foliar del estrato dominante:	Siempreverde
Tipo foliar del estrato dominante:	Graminoide
Estratificación:	Estratos definidos
Periodicidad:	Perenne
Espinosidad:	No espinoso
Altura:	Menor a 1 m
DISTRIBUCIÓN ALTITUDINAL	
Piso altitudinal:	Alpino
CLIMA	
Provincia térmica:	Boreal1 (100,00%),
Provincia de humedad:	Muy húmeda (100,00%)
Duración de la estación seca:	1-2 (49,50%), 3-4 (50,50%) meses secos
HIDROLOGÍA	
Régimen hidrológico:	Bien drenado
Inundabilidad:	No inundado
GEOMORFOLOGÍA	
Forma de la tierra:	Origen tectónico y erosivo (100,00%)
SUELO	
Orden del suelo:	Histosol (100,00%)
IMPACTO HUMANO	
Estado:	Seminatural
Influencia actual:	No intervenido
Uso actual de la tierra:	Desconocido

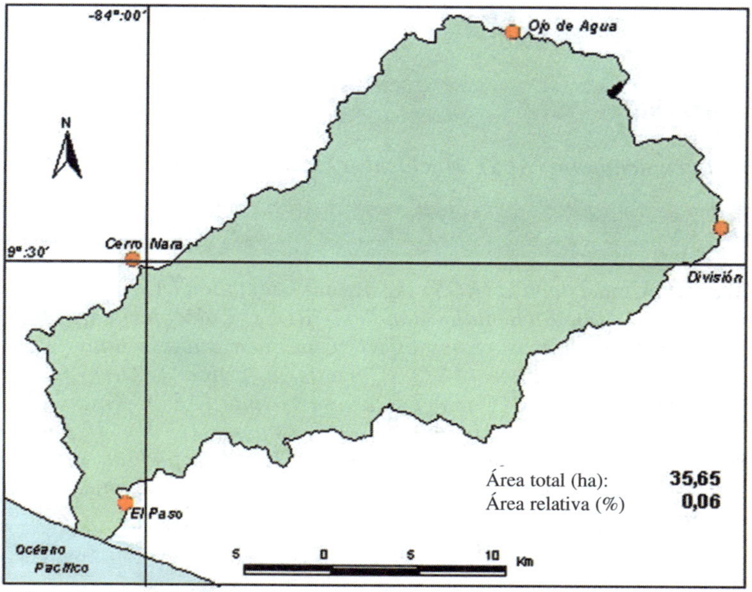

Distribución espacial del herbazal tropical arbustivo siempreverde alpino bien drenado dominado por gramíneas.

Composición florística observada

Árboles

Escallonia myrtilloides (GRO), Buddleja nitida (LOG), Comarostaphylis arbutoides (ERI), Pernettya prostrata (ERI), Rubus glaucus (ROS), Senecio andicola (AST), Senecio firmipes (AST), Senecio multivenius (AST), Solanum pulverulentum (SOL), Vaccinium consanguineum (ERI).

Bejucos

Bomarea acutifolia (ALS), Muehlenbeckia tamnifolia (PLG).

Hierbas

Acaena cylindristachya (ROS), Ageratina ixiocladon (AST), Alchemilla pectinata (ROS), Alchemilla standleyi (ROS), Calceolaria irazuensis (SCR), Castilleja irasuensis (SCR), Chusquea subtessellata (POA), Cirsium subcoriaceum (AST), Cortaderia bifida (POA), Galium hypocarpium (RUB), Gamochaeta americana (AST), Gnaphalium brachyphyllum (AST), Hypericum caracasanum (CLU), Hypericum irazuense (CLU), Luzula denticulata (JUN), Lycopodium clavatum (LYC), Phytolacca rugosa (PHT), Senecio oerstedianus (AST), Valeriana prionophylla (VAL).

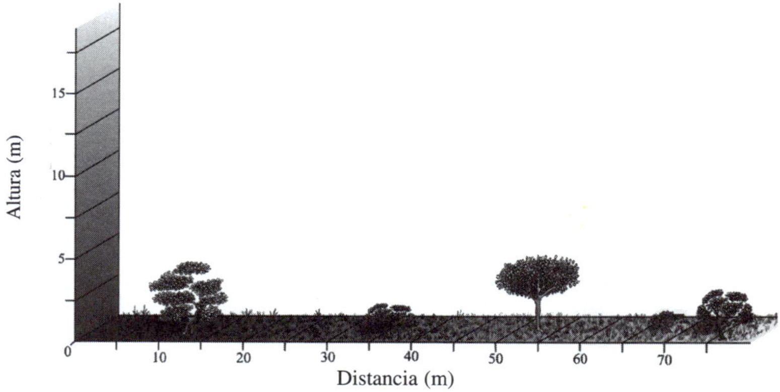

Perfil lateral esquematizado de la vegetación del herbazal tropical arbustivo siempreverde alpino bien drenado dominado por gramíneas.

Ecosistemas culturales

30. Herbazal tropical denso siempreverde basal bien drenado dominado por gramíneas

VEGETACIÓN		
	Fisionomía:	Herbazal denso
	Fenología foliar del estrato dominante:	Siempreverde
	Tipo foliar del estrato dominante:	Graminoide
	Estratificación:	Estratos definidos
	Periodicidad:	Perenne
	Espinosidad:	No espinoso
	Altura:	Menor a 1 m
DISTRIBUCIÓN ALTITUDINAL		
	Piso altitudinal:	Basal
CLIMA		
	Provincia térmica:	Subtropical (4,06%), Tropical (95,94%)
	Provincia de humedad:	Muy húmeda
	Duración de la estación seca:	3-4 meses secos
HIDROLOGÍA		
	Régimen hidrológico:	Bien drenado
	Inundabilidad:	No inundado
GEOMORFOLOGÍA		
	Forma de la tierra:	Origen tectónico y erosivo (84,08%) Sedimentación aluvial (15,92%)
SUELO		
	Orden del suelo:	Inceptisol (59,74%), Mollisol (5,61%) Ultisol (34,66%)
IMPACTO HUMANO		
	Estado:	Cultural (sembrado)
	Influencia actual:	Muy intervenido
	Uso actual de la tierra:	Pastoril (ganadero)

Punto de muestreo en la localidad de Bijagual (9º 27' N - 83º 3' O).

Punto de muestreo en la localidad del Brujo (9º 29' N - 83º 57' O).

Composición florística observada

Árboles

Anacardium occidentale (ANA), Annona muricata (ANN), Cassia grandis (FAB/CAE), Cecropia obtusifolia (CEC), Cecropia peltata (CEC), Cedrela odorata (MEL), Citrus aurantium (RUT), Clusia minor (CLU), Cordia alliodora (BOR), Cornutia pyramidata (VRB), Coussapoa villosa (CEC), Crescentia cujete (BIG), Croton schiedeanus (EUP), Erythrina berteroana (FAB/PAP), Erythrina costaricensis (FAB/PAP), Ficus brevibracteata (MOR), Ficus caldasiana (MOR), Ficus colubrinae (MOR), Ficus costaricana (MOR), Ficus crassivenosa (MOR), Ficus morazaniana (MOR), Ficus nymphaeifolia (MOR), Ficus tonduzii (MOR), Gliricidia sepium (FAB/PAP), Guazuma ulmifolia (STR), Hampea platanifolia (MLV), Inga oerstediana (FAB/MIM), Inga spectabilis (FAB/MIM), Lacistema aggregatum (FLC), Licania platypus (CHB), Mangifera indica (ANA), Miconia affinis (MLS), Miconia impetiolaris (MLS), Nectandra membranacea (LAU), Nectandra reticulata (LAU), Psidium guajava (MRT), Sapium glandulosum (EUP), Senna spectabilis (FAB/CAE), Socratea exorrhiza (ARE), Spondias mombin (ANA), Tabebuia rosea (BIG), Virola koschnyi (MYS), Zygia longifolia (FAB/MIM).

Arbustos

Aphelandra leonardii (ACA), Carica papaya (CRC), Clidemia dentata (MLS), Conostegia subcrustulata (MLS), Justicia peninsularis (ACA), Miconia lacera (MLS), Myriocarpa longipes (URT), Neurolaena lobata (AST), Piper auritum (PIP), Piper hispidum (PIP), Piper marginatum (PIP), Piper peltatum (PIP), Piper scleromyelum (PIP), Piper umbellatum (PIP), Senna reticulata (FAB/CAE), Solanum torvum (SOL), Tibouchina longifolia (MLS), Topobea maurofernandeziana (MLS), Urera caracasana (URT), Urera elata (URT), Vernonia brachiata (AST), Vernonia patens (AST), Zexmenia virgulta (AST).

Bejucos

Adelobotrys adscendens (MLS), Adenopodia patens (FAB/MIM), Banisteriopsis elegans (MLP), Chamissoa altissima (AMA), Cissampelos grandifolia (MNS), Cissampelos pareira (MNS), Cissampelos tropaeolifolia (MNS), Entada gigas (FAB/MIM), Gouania lupuloides (RHM), Merremia umbellata (CNV), Mesechites trifida (APO), Mikania micrantha (AST), Passiflora coriacea (PAS), Passiflora vitifolia (PAS), Polyclathra cucumerina (CUC), Pueraria phaseoloides (FAB/PAP), Sabicea panamensis (RUB), Sechium pittieri (CUC), Solanum lanceifolium (SOL), Stigmaphyllon ellipticum (MLP), Stigmaphyllon lindenianum (MLP), Tetracera portobellensis (DLL), Tetracera volubilis (DLL), Thunbergia grandiflora (ACA).

Hierbas

Acalypha alopecuroidea (EUP), Acalypha arvensis (EUP), Begonia cardiocarpa (BEG), Begonia corredorana (BEG), Begonia tonduzii (BEG), Besleria macropoda (GSN), Blechum pyramidatum (ACA), Boehmeria ramiflora (URT), Boehmeria ulmifolia (URT), Calathea lutea (MRN), Carludovica drudei (CYC), Centradenia paradoxa (MLS), Centropogon granulosus (CAM), Chamaesyce densiflora (EUP), Chamaesyce hypericifolia (EUP), Chaptalia nutans (AST), Chrysothemis friedrichsthaliana (GSN), Cyathula prostrata (AMA), Cyclanthus bipartitus (CYC), Desmodium incanum (FAB/PAP), Dichanthium annulatum (POA), Drymaria cordata (CRY), Elephantopus mollis (AST), Elephantopus spicatus (AST), Epidendrum ramosum (ORC), Episcia lilacina (GSN), Eryngium foetidum (API), Fleischmannia pycnocephala (AST), Guzmania monostachia (BML), Hedychium coronarium (ZIN), Heteranthera reniformis (PON), Hippobroma longiflora (CAM), Hyptis capitata (LAM), Hyptis obtusiflora (LAM), Hyptis verticillata (LAM), Hyptis vilis (LAM), Iresine diffusa (AMA), Ischaemum rugosum (POA), Ischaemum timorense (POA), Justicia comata (ACA), Lantana camara (VRB), Lindernia diffusa (SCR), Ludwigia octovalvis (ONA), Mazus japonicus (SCR), Melanthera nivea (AST), Mimosa pudica (FAB/MIM), Monstera adansonii (ARA), Panicum maximum (POA), Paradrymonia bullata (GSN), Paspalum conjugatum (POA), Pennisetum purpureum (POA), Peperomia saintpauliella (PIP),

Phyllanthus urinaria (EUP), Pseudelephantopus spicatus (AST), Russelia sarmentosa (SCR), Sarcoglottis hunteriana (ORC), Scleria melaleuca (CYP), Sida rhombifolia (MLV), Teliostachya alopecuroidea (ACA), Torulinuim oduratum (CYP), Vriesea gladioliflora (BML), Xanthosoma violaceum (ARA), Xiphidium coeruleum (HAE).

Punto de muestreo en la localidad del Brujo (9° 29' N - 83° 57' O).

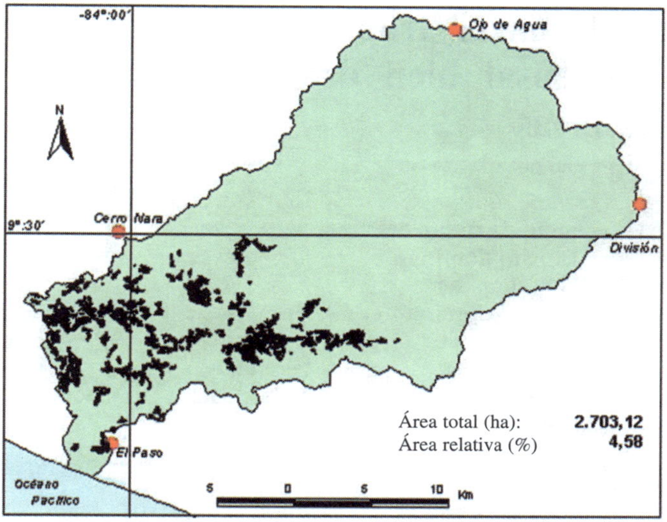

Distribución espacial del herbazal tropical denso siempreverde basal bien drenado dominado por gramíneas.

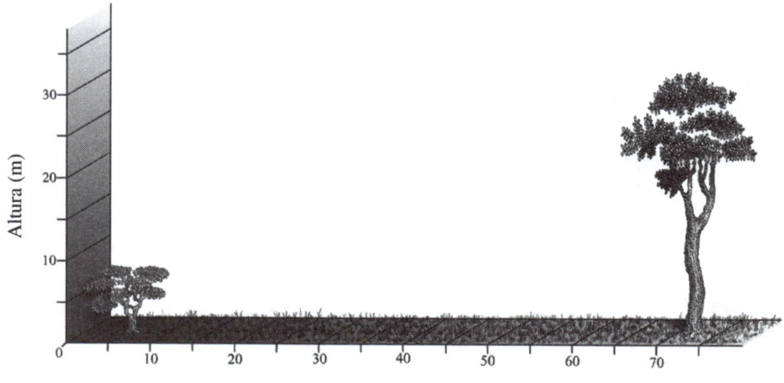

Perfil lateral esquematizado de la vegetación del herbazal tropical denso siempreverde basal bien drenado dominado por gramíneas.

31. Herbazal tropical arbolado siempreverde basal bien drenado dominado por gramíneas

VEGETACIÓN	
Fisionomía:	Herbazal arbolado
Fenología foliar del estrato dominante:	Siempreverde
Tipo foliar del estrato dominante:	Graminoide
Estratificación:	Estratos definidos
Periodicidad:	Perenne
Espinosidad:	No espinoso
Altura:	Menor a 1 m
DISTRIBUCIÓN ALTITUDINAL	
Piso altitudinal:	Basal
CLIMA	
Provincia térmica:	Subtropical (3,34%), Tropical (96,66%)
Provincia de humedad:	Muy húmeda
Duración de la estación seca:	3-4 meses secos
HIDROLOGÍA	
Régimen hidrológico:	Bien drenado
Inundabilidad:	No inundado
GEOMORFOLOGÍA	
Forma de la tierra:	Origen tectónico y erosivo (59,33%), Sedimentación aluvial (40,67%)
SUELO	
Orden del suelo:	Inceptisol (33,32%), Mollisol (53,47%), Ultisol (13,21%)
IMPACTO HUMANO	
Estado:	Cultural (sembrado)
Influencia actual:	Muy intervenido
Uso actual de la tierra:	Silvopastoril

Punto de muestreo a 1,5 km al noreste de la localidad de Río Blanco (9º 28' N - 83º 51' O).

Punto de muestreo a 1,5 km al noreste de la localidad de Río Blanco (9º 28' N - 83º 51' O).

Composición florística observada

Árboles

Acacia allenii (FAB/MIM), Albizia carbonaria (FAB/MIM), Alchornea costaricensis (EUP), Bellucia pentamera (MLS), Cecropia obtusifolia (CEC), Cedrela odorata (MEL), Cordia alliodora (BOR), Croton schiedeanus (EUP), Diphysa americana (FAB/PAP), Duranta erecta (VRB), Erythrina costaricensis (FAB/PAP), Hernandia stenura (HRN), Inga oerstediana (FAB/MIM), Inga spectabilis (FAB/MIM), Minquartia guianensis (OLC), Persea americana (LAU), Pouteria reticulata (SPT), Psidium guajava (MRT), Schizolobium parahyba (FAB/CAE), Spathodea campanulata (BIG), Tabebuia rosea (BIG), Trema micrantha (ULM), Trichospermum grewiifolium (TIL), Turpinia occidentalis (STP), Vismia baccifera (CLU).

Arbustos

Baccharis trinervis (AST), Clidemia dentata (MLS), Conostegia subcrustulata (MLS), Cordia linnaei (BOR), Dracaena fragrans (DRC), Miconia calvescens (MLS), Oryctanthus occidentalis (LOR), Piper aduncum (PIP), Piper auritum (PIP), Piper hispidum (PIP), Piper peltatum (PIP), Senna papillosa (FAB/CAE), Solanum torvum (SOL), Struthanthus leptostachyus (LOR), Vernonia patens (AST).

Bejucos

Cissampelos tropaeolifolia (MNS), Disciphania calocarpa (MNS), Gouania lupuloides (RHM), Liabum bourgeaui (AST), Manettia reclinata (RUB), Mikania micrantha (AST), Passiflora pseudooerstedii (PAS), Sabicea panamensis (RUB).

Hierbas

Aciotis levyana (MLS), Ageratum conyzoides (AST), Axonopus micay (POA), Blechum pyramidatum (ACA), Calathea lutea (MRN), Centropogon granulosus (CAM), Codonanthe crassifolia (GSN), Cuphea carthagenensis (LYT), Cyathula prostrata (AMA), Desmodium incanum (FAB/PAP), Drymaria cordata (CRY), Drymonia mortoniana (GSN), Elephantopus mollis (AST), Elephantopus spicatus (AST), Fimbristylis dichotoma (CYP), Hyptis capitata (LAM), Hyptis obtusiflora (LAM), Iresine diffusa (AMA), Lantana camara (VRB), Ludwigia octovalvis (ONA), Macroclinium generalense (ORC), Maxillaria brunnea (ORC), Maxillaria meridensis (ORC), Maxillaria pseudoneglecta (ORC), Melanthera aspera (AST), Oldelandia corymbosa (RUB), Oplismenus burmannii (POA), Pennisetum purpureum (POA), Peperomia elata (PIP), Phthirusa pyrifolia (LOR), Phyllanthus urinaria (EUP), Pleurothallis rhodoglossa (ORC), Pleurothallis verecunda (ORC), Psygmorchis pusilla (ORC), Scaphyglottis bifida (ORC), Schlegelia parviflora (SCR), Scleria melaleuca (CYP), Sida rhombifolia (MLV), Spermacoce assurgens (RUB), Teliostachya alopecuroidea (ACA), Trizeuxis falcata (ORC), Xylobium foveatum (ORC).

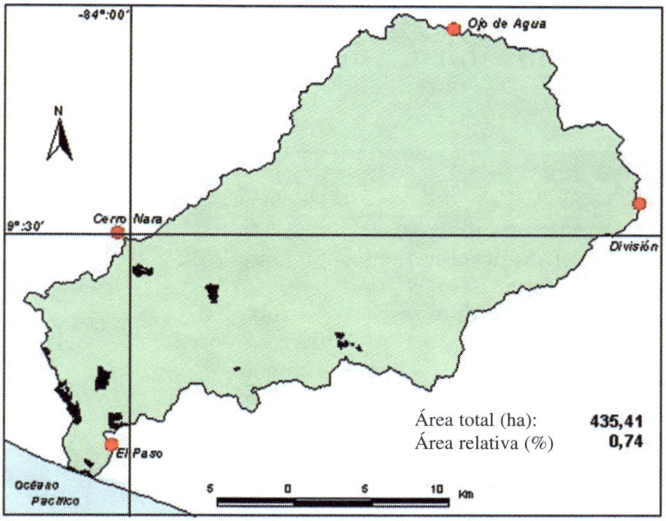

Distribución espacial del herbazal tropical arbolado siempreverde basal bien drenado dominado por gramíneas.

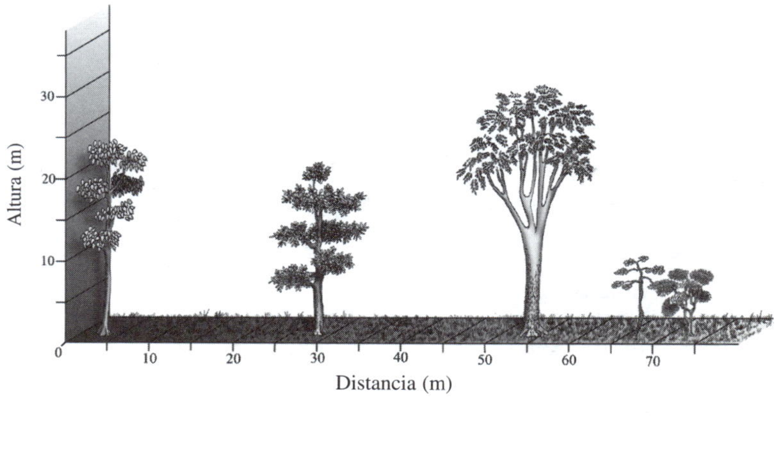

Perfil lateral esquematizado de la vegetación del herbazal tropical arbolado siempreverde basal bien drenado dominado por gramíneas.

32. Herbazal tropical denso siempreverde premontano bien drenado dominado por gramíneas

VEGETACIÓN	
Fisionomía:	Herbazal denso
Fenología foliar del estrato dominante:	Siempreverde
Tipo foliar del estrato dominante:	Graminoide
Estratificación:	Estratos definidos
Periodicidad:	Perenne
Espinosidad:	No espinoso
Altura:	Menor a 1 m
DISTRIBUCIÓN ALTITUDINAL	
Piso altitudinal:	Premontano
CLIMA	
Provincia térmica:	Subtropical (70,22%), Templada (1,48%), Tropical (28,30%)
Provincia de humedad:	Muy húmeda
Duración de la estación seca:	3-4 meses secos
HIDROLOGÍA	
Régimen hidrológico:	Bien drenado
Inundabilidad:	No inundado
GEOMORFOLOGÍA	
Forma de la tierra:	Origen tectónico y erosivo
SUELO	
Orden del suelo:	Inceptisol
IMPACTO HUMANO	
Estado:	Cultural (sembrado)
Influencia actual:	Muy intervenido
Uso actual de la tierra	Pastoril (ganadero)

Punto de muestreo al noroeste de la localidad de Zaragoza (9º 28' N - 83º 51' O).

Punto de muestreo al noroeste de la localidad de Zaragoza (9º 28' N - 83º 51' O).

Composición florística observada

Árboles

Alchornea latifolia (EUP), Allophylus psilospermus (SAP), Bellucia pentamera (MLS), Billia colombiana (HIP), Brosimum utile (MOR), Calatola costaricensis (ICC), Cecropia obtusifolia (CEC), Ceiba pentandra (BOM), Chione sylvicola (RUB), Cinnamomum hammelianum (LAU), Citharexylum costaricensis (VRB), Citrus aurantium (RUT), Clusia valerii (CLU), Conostegia bigibbosa (MLS), Cordia cymosa (BOR), Coussapoa villosa (CEC), Croton draco (EUP), Cupania macrophylla (SAP), Drypetes brownii (EUP), Ficus costaricana (MOR), Ficus davidsoniae (MOR), Ficus macbridei (MOR), Ficus maxima (MOR), Ficus pertusa (MOR), Ficus tonduzii (MOR), Garcinia intermedia (CLU), Gordonia fruticosa (TEA), Heliocarpus appendiculatus (TIL), Hernandia stenura (HRN), Inga nobilis (FAB/MIM), Inga skutchii (FAB/MIM), Lunania mexicana (FLC), Miconia affinis (MLS), Miconia astroplocama (MLS), Miconia trinervia (MLS), Mollinedia costaricensis (MNM), Mollinedia pinchotiana (MNM), Mortoniodendron anisophyllum (TIL), Nectandra reticulata (LAU), Ocotea endresiana (LAU), Pachira aquatica (BOM), Phyllanthus skutchii (EUP), Pleuranthodendron lindenii (FLC), Pouteria laevigata (SPT), Pseudolmedia mollis (MOR), Psidium guajava (MRT), Sideroxylon portoricense (SPT), Sommera donnell-smithii (RUB), Sorocea pubivena (MOR), Spathodea campanulata (BIG), Symphonia globulifera (CLU), Virola sebifera (MYS), Vismia baccifera (CLU).

Arbustos

Aphelandra lingua-bovis (ACA), Asterogyne martiana (ARE), Baccharis trinervis (AST), Bactris glandulosa (ARE), Banara guianensis (FLC), Blakea litoralis (MLS), Bunchosia macrophylla (MLP), Decachaeta thieleana (AST), Euphorbia elata (EUP), Fusispermum laxiflorum (VIO), Geonoma congesta (ARE), Gonzalagunia bracteosa (RUB), Malvaviscus arboreus (MLV), Meliosma donnellsmithii (SAB), Myriocarpa longipes (URT), Oryctanthus spicatus (LOR), Pentagonia tinajita (RUB),

Phyllanthus mocinianus (EUP), Piper aduncum (PIP), Piper cenocladum (PIP), Piper imperiale (PIP), Piper peltatum (PIP), Psychotria stockwellii (RUB), Rubus glaucus (ROS), Rubus roseifolius (ROS), Solanum torvum (SOL), Struthanthus leptostachyus (LOR), Tibouchina longifolia (MLS), Triumfetta lappula (TIL), Urera baccifera (URT), Urera elata (URT), Vernonia patens (AST), Zapoteca tetragona (FAB/MIM).

Bejucos

Clematis acapulcensis (RAN), Disciphania calocarpa (MNS), Mikania micrantha (AST), Passiflora lobata (PAS), Passiflora menispermifolia (PAS), Prestonia portobellensis (APO), Smilax kunthii (SML), Spathiphyllum montanum (ARA), Tetracera volubilis (DLL).

Hierbas

Aechmea pubescens (BML), Ageratum conyzoides (AST), Anthurium oerstedianum (ARA), Anthurium ramonense (ARA), Araeococcus pectinatus (BML), Arthrostemma ciliatum (MLS), Asclepias curassavica (ASC), Calathea guzmanioides (MRN), Castilleja arvensis (SCR), Cochliostema odoratissimum (CMM), Cuphea carthagenensis (LYT), Cyathula prostrata (AMA), Cynodon nlemfuensis (POA), Diastatea micrantha (CAM), Dichorisandra hexandra (CMM), Dicliptera skutchii (ACA), Drymaria cordata (CRY), Elephantopus mollis (AST), Elephantopus spirales (AST), Epidendrum pseudepidendrum (ORC), Epidendrum ramonianum (ORC), Epidendrum storkii (ORC), Guzmania monostachia (BML), Heterocondylus vitalbae (AST), Hyptis capitata (LAM), Hyptis obtusiflora (LAM), Ludwigia octovalvis (ONA), Maxillaria brunnea (ORC), Melanthera aspera (AST), Musa acuminata (MUS), Niphidium crassifolium (PLP), Niphidium nidulare (PLP), Oncidium dichromaticum (ORC), Peperomia cordulata (PIP), Peperomia serpens (PIP), Philodendron dodsonii (ARA), Philodendron verrucosum (ARA), Phyllanthus urinaria (EUP), Polygonum hydropiperoides (PLG), Polygonum punctatum (PLG),

Potamogeton illinoensis (POT), *Sauvagesia erecta* (OCH), *Spermacoce assurgens* (RUB), *Teliostachya alopecuroidea* (ACA), *Thelypteris interrupta* (THL), *Witheringia solanacea* (SOL)

Punto de muestreo al noroeste de la localidad de Zaragoza (9° 28' N - 83° 51' O).

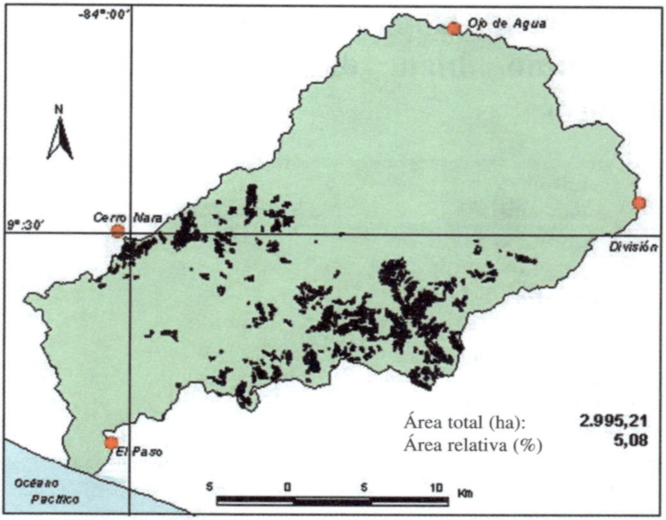

Distribución espacial del herbazal tropical denso siempreverde premontano bien drenado dominado por gramíneas.

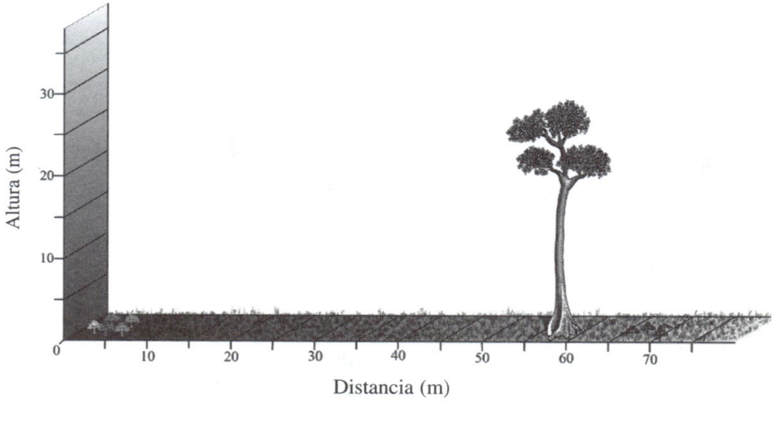

Perfil lateral esquematizado de la vegetación del herbazal tropical denso siempreverde premontano bien drenado dominado por gramíneas.

33. Herbazal tropical arbolado siempreverde premontano bien drenado dominado por gramíneas

VEGETACIÓN

Fisionomía:	Herbazal arbolado
Fenología foliar del estrato dominante:	Siempreverde
Tipo foliar del estrato dominante:	Graminoide
Estratificación:	Estratos definidos
Periodicidad:	Perenne
Espinosidad:	No espinoso
Altura:	Menor a 1 m

DISTRIBUCIÓN ALTITUDINAL

Piso altitudinal:	Premontano

CLIMA

Provincia térmica:	Subtropical (87,72%), Tropical (12,28%)
Provincia de humedad:	Muy húmeda
Duración de la estación seca:	3-4 meses secos

HIDROLOGÍA

Régimen hidrológico:	Bien drenado
Inundabilidad:	No inundado

GEOMORFOLOGÍA

Forma de la tierra:	Origen tectónico y erosivo

SUELO

Orden del suelo:	Inceptisol

IMPACTO HUMANO

Estado:	Cultural (sembrado)
Influencia actual:	Muy intervenido
Uso actual de la tierra:	Pastoril (ganadero)

Punto de muestreo a 2 km al noroeste de la localidad de Savegre Abajo (9º 27' N - 83º 51' O

Punto de muestreo a 2 km al noroeste de la localidad de Savegre Abajo (9º 27' N - 83º 51' O

Composición florística observada

Árboles

Apeiba tibourbou (TIL), Bactris gasipaes (ARE), Bellucia pentamera (MLS), Cecropia obtusifolia (CEC), Cecropia peltata (CEC), Cordia bicolor (BOR), Croton draco (EUP), Ficus insipida (MOR), Ficus nymphaeifolia (MOR), Gmelina arborea (VRB), Hyeronima alchorneoides (EUP), Inga spectabilis (FAB/MIM), Miconia affinis (MLS), Psidium guajava (MRT), Spondias mombin (ANA), Syzygium jambos (MRT), Terminalia amazonia (CMB), Virola koschnyi (MYS), Vismia baccifera (CLU), Vitex cooperi (VRB).

Arbustos

Clidemia dentata (MLS), Conostegia subcrustulata (MLS), Dracaena fragrans (DRC), Miconia lacera (MLS), Piper hispidum (PIP), Solanum torvum (SOL), Vernonia patens (AST).

Bejucos

Mikania micrantha (AST), Sabicea panamensis (RUB).

Hierbas

Aciotis levyana (MLS), Arthrostemma ciliatum (MLS), Cuphea carthagenensis (LYT), Hyptis capitata (LAM), Hyptis obtusiflora (LAM), Lantana camara (VRB), Melochia melissifolia (STR), Mimosa pudica (FAB/MIM), Pityrogramma calomelanos (PTR), Pseudelephantopus spicatus (AST), Sida rhombifolia (MLV), Spermacoce exilis (RUB), Spermacoce latifolia (RUB), Teliostachya alopecuroidea (ACA).

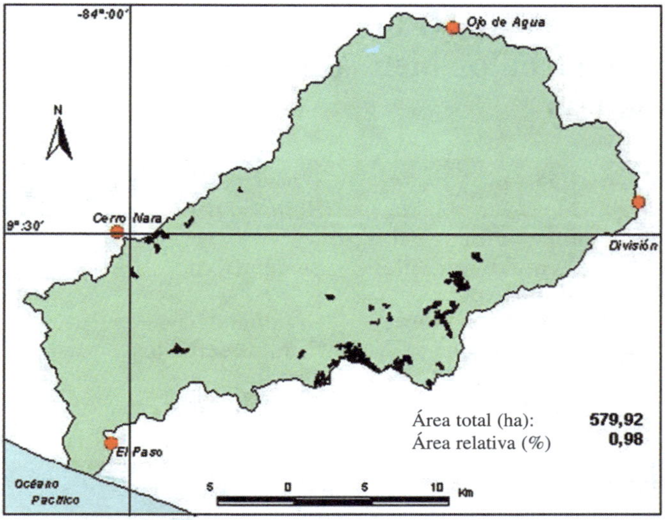

Distribución espacial del herbazal tropical arbolado siempreverde premontano bien drenado dominado por gramíneas.

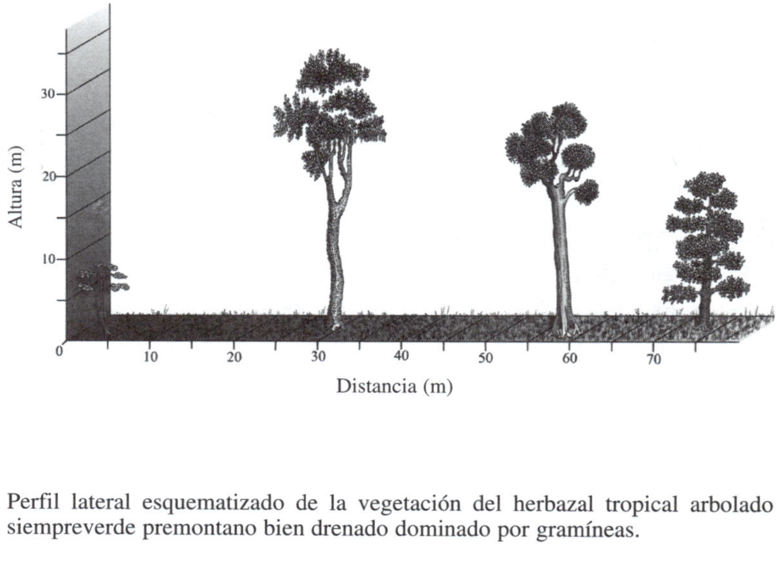

Perfil lateral esquematizado de la vegetación del herbazal tropical arbolado siempreverde premontano bien drenado dominado por gramíneas.

34. Herbazal tropical denso siempreverde montano bajo bien drenado dominado por gramíneas

VEGETACIÓN

Fisionomía:	Herbazal denso
Fenología foliar del estrato dominante:	Siempreverde
Tipo foliar del estrato dominante:	Graminoide
Estratificación:	Estratos definidos
Periodicidad:	Perenne
Espinosidad:	No espinoso
Altura:	Menor a 1 m

DISTRIBUCIÓN ALTITUDINAL

Piso altitudinal:	Montano Bajo

CLIMA

Provincia térmica:	Subtropical (20,61%), Templada (77,87%), Templada fría (1,51%)
Provincia de humedad:	Muy húmeda (91,88%), Pluvial (8,12%)
Duración de la estación seca:	0 (8,12%), 3-4 (91,88%)

HIDROLOGÍA

Régimen hidrológico:	Bien drenado
Inundabilidad:	No inundado

GEOMORFOLOGIA

Forma de la tierra:	Origen tectónico y erosivo

SUELO

Orden del suelo:	Inceptisol

IMPACTO HUMANO

Estado:	Cultural (sembrado)
Influencia actual:	Muy intervenido
Uso actual de la tierra:	Pastoril (ganadero)

Punto de muestreo a 1 km al noroeste del centro de acopio del cultivo de mora, localidad Providencia (9º 34' N - 83º 52' O).

Punto de muestreo a 2 km al norte de la localidad de Santa Eduviges (9º 25' N - 83º 59' O).

Composición florística observada

Árboles

Alchornea latifolia (EUP), *Brunellia costaricensis* (BNL), *Cecropia polyphlebia* (CEC), *Cedrela tonduzii* (MEL), *Cestrum racemosum* (SOL), *Citrus sinensis* (RUT), *Croton draco* (EUP), *Cupressus lusitanica* (CUP), *Elaeagia auriculata* (RUB), *Erythrina berteroana* (FAB/PAP), *Erythrina poeppigiana* (FAB/PAP), *Ficus brevibracteata* (MOR), *Ficus caldasiana* (MOR), *Ficus costaricana* (MOR), *Ficus pertusa* (MOR), *Heliocarpus appendiculatus* (TIL), *Lippia myriocephala* (VRB), *Mangifera indica* (ANA), *Myrsine coriacea* (MRS), *Nectandra reticulata* (LAU), *Ocotea endresiana* (LAU), *Sapium rigidifolium* (EUP), *Saurauia montana* (ACT), *Spathodea campanulata* (BIG), *Ulmus mexicana* (ULM), *Vismia baccifera* (CLU).

Arbustos

Acnistus arborescens (SOL), *Baccharis pedunculata* (AST), *Leandra subseriata* (MLS), *Monochaetum amabile* (MLS), *Monochaetum floribundum* (MLS), *Phoradendron tonduzii* (VIS), *Piper aduncum* (PIP), *Piper auritum* (PIP), *Rubus glaucus* (ROS), *Rubus irasuensis* (ROS), *Rubus roseifolius* (ROS), *Tibouchina longifolia* (MLS), *Triumfetta bogotensis* (TIL), *Triumfetta lappula* (TIL), *Verbesina tapantiana* (AST), *Verbesina turbacensis* (AST), *Vernonia canescens* (AST), *Zapoteca tetragona* (FAB/MIM).

Bejucos

Liabum bourgeaui (AST), *Stigmaphyllon bogotense* (MLP).

Hierbas

Ageratina ligustrina (AST), *Ageratina pichinchensis* (AST), *Ageratum conyzoides* (AST), *Amaranthus spinosus* (AMA), *Archibaccharis schiedeana* (AST), *Asclepias curassavica* (ASC), *Brassica juncea* (BRA), *Castilleja arvensis* (SCR), *Cirsium mexicanum* (AST), *Conyza bonariensis* (AST), *Cuphea carthagenensis* (LYT), *Cynodon nlemfuensis* (POA), *Digitaria abyssinica* (POA), *Elephantopus mollis* (AST), *Elephantopus spirales* (AST), *Epidendrum radicans* (ORC), *Erechtites valerianifolia* (AST), *Fleischmannia pycnocephala* (AST), *Galinsoga quadriradiata* (AST), *Gamochaeta americana* (AST), *Gleichenia bifida* (GLE), *Hypericum pratense* (CLU), *Hypochoeris radicata* (AST), *Hyptis capitata* (LAM), *Hyptis obtusiflora* (LAM), *Hyptis pectinata* (LAM), *Iresine diffusa* (AMA), *Jaegeria hirta* (AST), *Kohleria spicata* (GSN), *Lantana camara* (VRB), *Melanthera aspera* (AST), *Melinis minutiflora* (POA), *Pennisetum clandestinum* (POA), *Phytolacca rugosa* (PHT), *Pteridium arachnoideum* (DST), *Rumex obtusifolius* (PLG), *Sida haenkeana* (MLV), *Solanum nigrescens* (SOL), *Solanum quitoense* (SOL), *Sonchus oleraceus* (AST), *Spermacoce assurgens* (RUB), *Tagetes filifolia* (AST), *Valeriana candolleana* (VAL), *Verbena litoralis* (VRB)

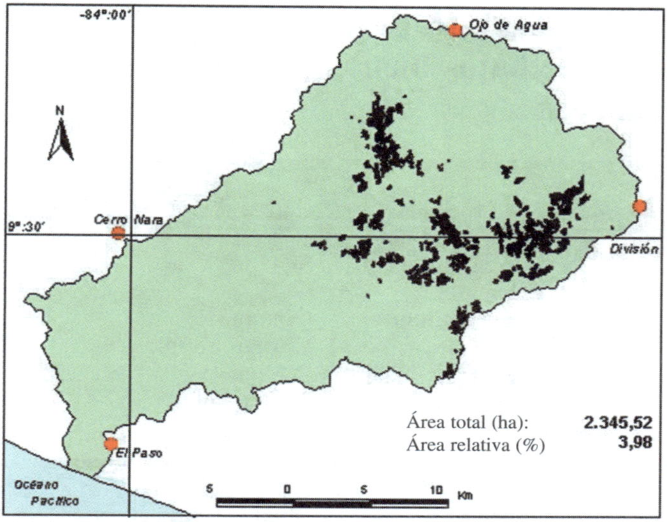

Distribución espacial del herbazal tropical denso siempreverde montano bajo bien drenado dominado por gramíneas.

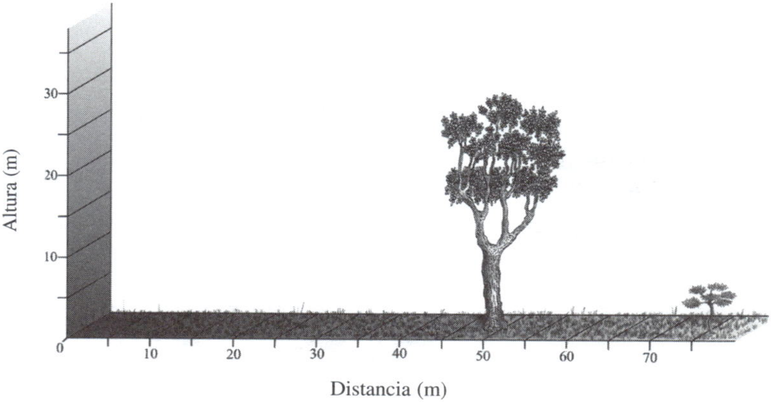

Perfil lateral esquematizado de la vegetación del herbazal tropical denso siempreverde montano bajo bien drenado dominado por gramíneas.

35. Herbazal tropical arbolado siempreverde montano bajo bien drenado dominado por gramíneas

VEGETACIÓN		
	Fisionomía:	Herbazal arbolado
	Fenología foliar del estrato dominante:	Siempreverde
	Tipo foliar del estrato dominante:	Graminoide
	Estratificación:	Estratos definidos
	Periodicidad:	Perenne
	Espinosidad:	No espinoso
	Altura:	Menor a 1 m
DISTRIBUCIÓN ALTITUDINAL		
	Piso altitudinal:	Montano Bajo
CLIMA		
	Provincia térmica:	Subtropical (24,47%), Templada (72,32%), Templada fría (3,21%)
	Provincia de humedad:	Muy húmeda (99,27%), Pluvial (0,73%)
	Duración de la estación seca:	0 (0,73%), 3-4 (99,27%) meses secos
HIDROLOGÍA		
	Régimen hidrológico:	Bien drenado
	Inundabilidad:	No inundado
GEOMORFOLOGÍA		
	Forma de la tierra:	Origen tectónico y erosivo
SUELO		
	Orden del suelo:	Inceptisol
IMPACTO HUMANO		
	Estado:	Cultural (sembrado)
	Influencia actual:	Muy intervenido
	Uso actual de la tierra:	Pastoril (ganadero)

Punto de muestreo al noroeste de la localidad de California (9º 28' N - 83º 49' O).

Punto de muestreo al noroeste de la localidad de California (9º 28' N - 83º 49' O).

Composición florística observada

Árboles

Croton skutchii (EUP), Erythrina berteroana (FAB/PAP), Eucalyptus saligna (MRT), Ficus brevibracteata (MOR), Ficus caldasiana (MOR), Ficus macbridei (MOR), Hasseltia floribunda (FLC), Lippia myriocephala (VRB), Psidium guajava (MRT), Sapium glandulosum (EUP), Spathodea campanulata (BIG), Ulmus mexicana (ULM).

Arbustos

Baccharis trinervis (AST), Cordia spinescens (BOR), Decachaeta thieleana (AST), Myriocarpa longipes (URT), Piper aduncum (PIP), Piper auritum (PIP), Piper friedrichsthalii (PIP), Tibouchina longifolia (MLS), Vernonia brachiata (AST), Vernonia patens (AST), Zexmenia virgulta (AST).

Bejucos

Liabum bourgeaui (AST), Mikania micrantha (AST), Passiflora biflora (PAS).

Hierbas

Ageratina pichinchensis (AST), Arthrostemma ciliatum (MLS), Begonia convallariodora (BEG), Brachiaria mollis (POA), Carludovica drudei (CYC), Cuphea carthagenensis (LYT), Cynodon nlemfuensis (POA), Heterocondylus vitalbae (AST), Hyptis obtusiflora (LAM), Iresine diffusa (AMA), Ludwigia octovalvis (ONA), Musa acuminata (MUS), Pennisetum purpureum (POA), Philodendron verrucosum (ARA), Plantago australis (PLA), Pseudelephantopus spicatus (AST), Renealmia cernua (ZIN), Sida haenkeana (MLV), Spermacoce assurgens (RUB)

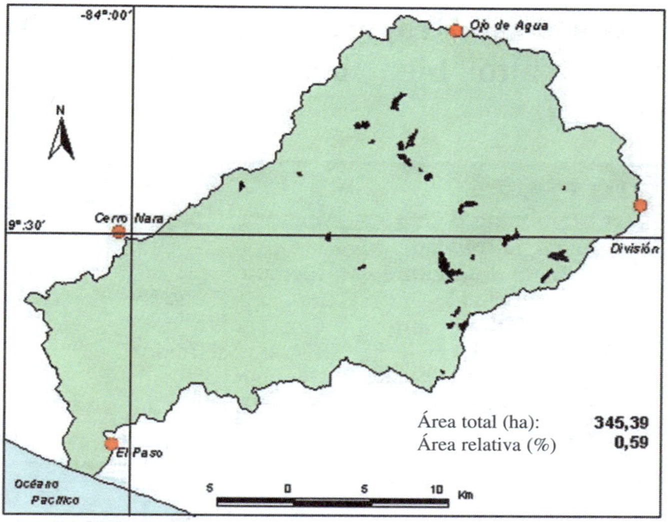

Distribución espacial del herbazal tropical arbolado siempreverde montano bajo bien drenado dominado por gramíneas.

Perfil lateral esquematizado de la vegetación del herbazal tropical arbolado siempreverde montano bajo bien drenado dominado por gramíneas.

36. Herbazal tropical denso siempreverde montano alto bien drenado dominado por gramíneas

VEGETACIÓN

Fisionomía:	Herbazal denso
Fenología foliar del estrato dominante:	Siempreverde
Tipo foliar del estrato dominante:	Graminoide
Estratificación:	Estratos definidos
Periodicidad:	Perenne
Espinosidad:	No espinoso
Altura:	Menor a 1 m

DISTRIBUCIÓN ALTITUDINAL

Piso altitudinal:	Montano alto

CLIMA

Provincia térmica:	Boreal1 (2,06%), Templada (28,84%), Templada fría (69,10%)
Provincia de humedad:	Húmeda (0,69%), Muy húmeda (99,14%), Pluvial (0,17%)
Duración de la estación seca:	0 (0,17%), 1-2 (9,77%), 3-4 (90,06%) meses secos

HIDROLOGÍA

Régimen hidrológico:	Bien drenado
Inundabilidad:	No inundado

GEOMORFOLOGÍA

Forma de la tierra:	Origen tectónico y erosivo

SUELO

Orden del suelo:	Inceptisol

IMPACTO HUMANO

Estado:	Cultural (sembrado)
Influencia actual:	Muy intervenido
Uso actual de la tierra:	Pastoril (ganadero)

Punto de muestreo al noroeste de la localidad de San Gerardo de Dota (9º 35' N - 83º 48' O).

Composición florística observada

Árboles

Billia hippocastanum (HIP), Cornus disciflora (COR), Lippia myriocephala (VRB), Lippia torresii (VRB), Myrsine pellucido-punctata (MRS), Nectandra cufodontisii (LAU), Ocotea austinii (LAU), Oreopanax xalapensis (ARL), Saurauia montana (ACT).

Arbustos

Bocconia frutescens (PAP), Buddleja nitida (LOG), Deppea grandiflora (RUB), Fuchsia paniculata (ONA), Hemichaena fruticosa (SCR), Hoffmannia longipetiolata (RUB), Leandra subseriata (MLS), Monnina xalapensis (PGL), Monochaetum amabile (MLS), Morella cerifera (MRI), Pernettya prostrata (ERI), Rubus irasuensis (ROS), Senecio cooperi (AST), Solanum chrysotrichum (SOL), Vernonia canescens (AST).

Bejucos

Bomarea acutifolia (ALS), Muehlenbeckia tamnifolia (PLG).

Hierbas

Ageratina ixiocladon (AST), Ageratina pichinchensis (AST), Alchemilla pascuorum (ROS), Alchemilla pectinata (ROS), Alchemilla standleyi (ROS), Bromus exaltatus (POA), Castilleja arvensis (SCR), Conyza bonariensis (AST), Conyza canadensis (AST), Daucus carota (API), Daucus montanus (API), Fleischmannia pycnocephala (AST), Gamochaeta americana (AST), Holcus lanatus (POA), Hypochoeris radicata (AST), Nasturtium officinale (BRA), Pennisetum clandestinum (POA), Plantago australis (PLA), Poa annua (POA), Polygonum punctatum (PLG), Pteridium arachnoideum (DST), Rumex acetosella (PLG), Rumex obtusifolius (PLG), Sporobolus indicus (POA), Tagetes microglossa (AST), Trifolium dubium (FAB/PAP), Verbena litoralis (VRB).

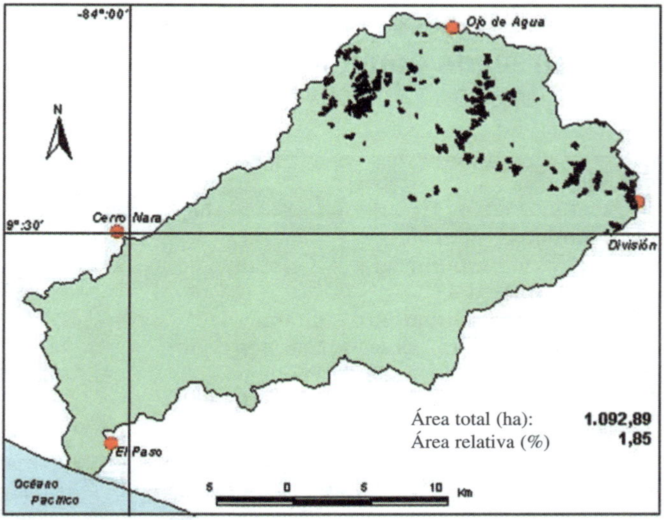

Distribución espacial del herbazal tropical denso siempreverde montano alto bien drenado dominado por gramíneas.

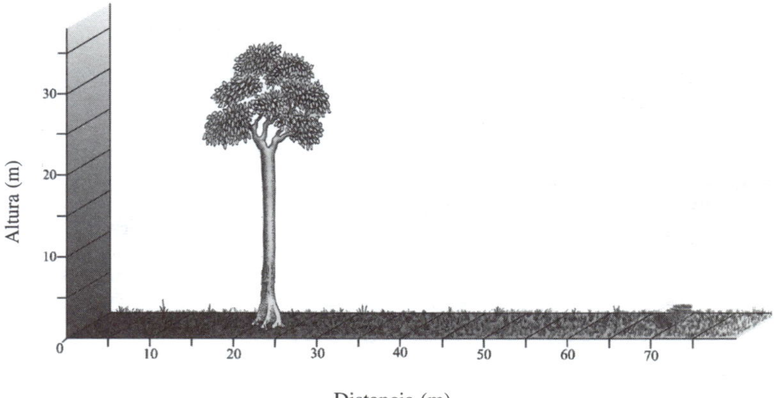

Perfil lateral esquematizado de la vegetación del herbazal tropical denso siempreverde montano alto bien drenado dominado por gramíneas.

37. Herbazal tropical ralo siempreverde montano alto bien drenado dominado por gramíneas

VEGETACIÓN	
Fisionomía:	Herbazal ralo
Fenología foliar del estrato dominante:	Siempreverde
Tipo foliar del estrato dominante:	Graminoide
Estratificación:	Estratos definidos
Periodicidad:	Perenne
Espinosidad:	No espinoso
Altura:	Menor a 1 m
DISTRIBUCIÓN ALTITUDINAL	
Piso altitudinal:	Montano alto
CLIMA	
Provincia térmica:	Templada (45,56%), Templada fría (54,43%)
Provincia de humedad:	Muy húmeda
Duración de la estación seca:	1-2 (6,09%), 3-4 (93,91%) meses secos
HIDROLOGÍA	
Régimen hidrológico:	Bien drenado
Inundabilidad:	No inundado
GEOMORFOLOGÍA	
Forma de la tierra:	Origen tectónico y erosivo
SUELO	
Orden del suelo:	Inceptisol
IMPACTO HUMANO	
Estado:	Cultural (sembrado)
Influencia actual:	Muy intervenido
Uso actual de la tierra:	Pastoril (ganadero)

Punto de muestreo en la localidad de Providencia (9º 35’ N - 83º 51’ O).

Punto de muestreo en la localidad de Providencia (9º 35’ N - 83º 51’ O).

Composición florística observada

Árboles

Alnus acuminata (BET), Cedrela tonduzii (MEL), Citronella costaricensis (ICC), Clusia multiflora (CLU), Cupressus lusitanica (CUP), Erythrina poeppigiana (FAB/PAP), Freziera candicans (TEA), Hampea platanifolia (MLV), Meliosma glabrata (SAB), Myrcianthes fragrans (MRT), Nectandra cufodontisii (LAU), Ocotea holdridgeiana (LAU), Ocotea laetevirens (LAU), Ocotea tonduzii (LAU), Ocotea valeriana (LAU), Oreopanax xalapensis (ARL), Prunus brachybotrya (ROS), Prunus fortunensis (ROS), Quercus costaricensis (FAG), Quercus rapurahuensis (FAG), Quercus seemannii (FAG), Sapium pachystachys (EUP), Saurauia montana (ACT), Ulmus mexicana (ULM), Viburnum costaricanum (CPR), Zinowiewia costaricensis (CEL).

Arbustos

Baccharis trinervis (AST), Bartlettina silvicola (AST), Brickellia argyrolepis (AST), Cestrum tomentosum (SOL), Cestrum warscewiczii (SOL), Chamaedorea pinnatifrons (ARE), Fuchsia paniculata (ONA), Gaultheria erecta (ERI), Hemichaena fruticosa (SCR), Leandra subseriata (MLS), Lozanella enantiophylla (ULM), Monochaetum amabile (MLS), Monochaetum floribundum (MLS), Morella pubescens (MRI), Piper lacunosum (PIP), Rondeletia amoena (RUB), Rubus glaucus (ROS), Rubus irasuensis (ROS), Solanum acerifolium (SOL), Struthanthus quercicola (LOR), Urera caracasana (URT), Urera corallina (URT), Verbesina turbacensis (AST), Vernonia canescens (AST), Wigandia urens (HYD).

Bejucos

Bidens reptans (AST), Bomarea costaricensis (ALS), Cissus trianae (VIT), Clematis acapulcensis (RAN), Passiflora hahnii (PAS), Passiflora sexflora (PAS).

Hierbas

Ageratina anisochroma (AST), Ageratina ligustrina (AST), Ageratina pichinchensis (AST), Alchemilla pascuorum (ROS), Aloe vera (LIL), Alonsoa meridionalis (SCR), Anthurium microspadix (ARA), Archibaccharis schiedeana (AST), Boehmeria aspera (URT), Castilleja arvensis (SCR), Chusquea patens (POA), Conyza bonariensis (AST), Dahlia imperialis (AST), Dicliptera iopus (ACA), Digitaria abyssinica (POA), Equisetum bogotense (EQU), Erechtites valerianifolia (AST), Fleischmannia pycnocephala (AST), Geranium guatemalense (GER), Gnaphalium attenuatum (AST), Holcus lanatus (POA), Hypericum pratense (CLU), Hypochoeris radicata (AST), Impatiens balsamina (BLS), Iresine diffusa (AMA), Lamourouxia lanceolata (SCR), Lobelia laxiflora (CAM), Melinis minutiflora (POA), Opuntia brasiliensis (CAC), Pennisetum bambusiforme (POA), Peperomia matlalucaensis (PIP), Peperomia rotundifolia (PIP), Plantago australis (PLA), Pteridium arachnoideum (DST), Rorippa nasturtium-aquaticu (BRA), Rosmarinus officinalis (LAM), Rumex crispus (PLG), Rumex obtusifolius (PLG), Ruta chalepensis (RUT), Sanicula liberta (API), Stellaria ovata (CRY), Vriesea pittieri (BML), Zantedeschia aethiopica (ARA).

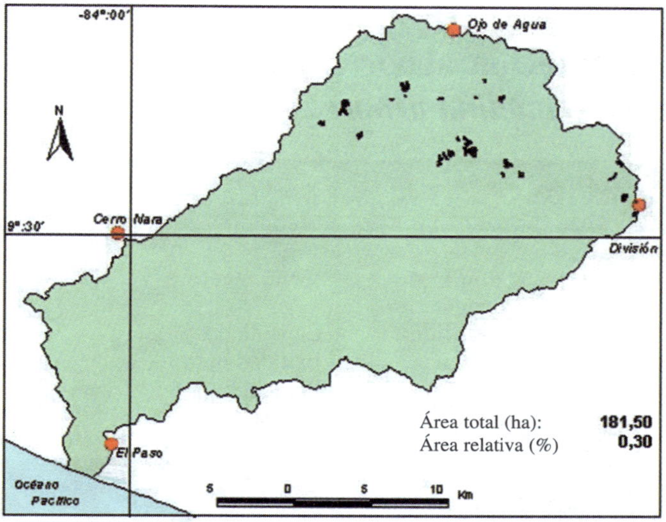

Distribución espacial del herbazal tropical ralo siempreverde montano alto bien drenado dominado por gramíneas.

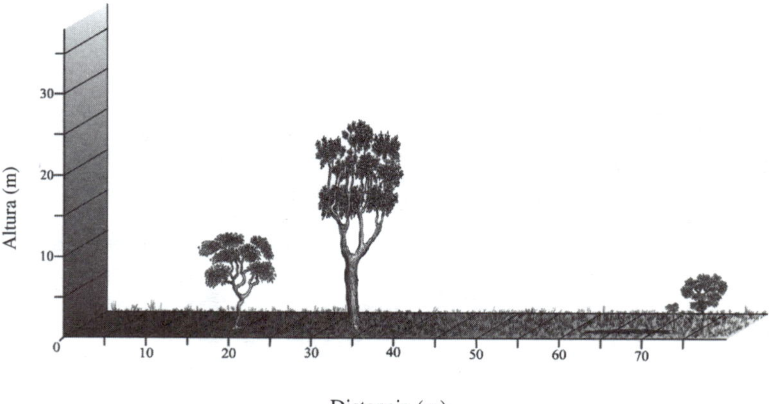

Perfil lateral esquematizado de la vegetación del herbazal tropical ralo siempreverde montano alto bien drenado dominado por gramíneas.

38. Plantación arbórea maderable tropical de melina (*Gmelina arborea*)

VEGETACIÓN

Fisionomía:	Melina
Fenología foliar del estrato dominante:	Siempreverde
Tipo foliar del estrato dominante:	Latifoliado
Estratificación:	Estratos definidos
Periodicidad:	Perenne
Espinosidad:	No espinoso
Altura:	5-25 m

DISTRIBUCIÓN ALTITUDINAL

Piso altitudinal:	Basal

CLIMA

Provincia térmica:	Tropical
Provincia de humedad:	Muy húmeda
Duración de la estación seca:	3-4 meses secos

HIDROLOGÍA

Régimen hidrológico:	Bien drenado
Inundabilidad:	No inundado

GEOMORFOLOGÍA

Forma de la tierra:	Origen tectónico y erosivo (72,66%), Sedimentación aluvial (27,34%)

SUELO

Orden del suelo:	Inceptisol (29,47%), Mollisol (6,41%), Ultisol (64,12%)

IMPACTO HUMANO

Estado:	Cultural (sembrado)
Influencia actual:	Muy intervenido
Uso actual de la tierra:	Forestal

Punto de muestreo a 1,5 km al suroeste de la localidad de San Cristóbal (9º 25' N - 84º 1' O).

Punto de muestreo a1,5 km al suroeste de la localidad de San Cristóbal (9º 25' N - 84º 1' O).

Composición florística observada

Árboles

Anacardium excelsum (ANA), Andira inermis (FAB/PAP), Byrsonima crassifolia (MLP), Cecropia peltata (CEC), Citrus aurantium (RUT), Cordia alliodora (BOR), Diphysa americana (FAB/PAP), Elaeis guianensis (ARE), Enterolobium cyclocarpum (FAB/MIM), Ficus maxima (MOR), Gmelina arborea (VRB), Lacistema aggregatum (FLC), Mangifera indica (ANA), Persea americana (LAU), Phyllanthus acuminatus (EUP), Psidium guajava (MRT).

Arbustos

Hamelia patens (RUB), Isertia haenkeana (RUB), Leucaena leucocephala (FAB/MIM), Neurolaena lobata (AST), Simaba cedron (SMR).

Bejucos

Centrosema pubescens (FAB/PAP), Dioscorea spiculiflora (DSC), Passiflora quadrangularis (PAS), Solanum lanceifolium (SOL), Tetracera volubilis (DLL).

Hierbas

Carludovica drudei (CYC), Chamaesyce densiflora (EUP), Chamaesyce dioica (EUP), Lygodium venustum (SCH), Mazus japonicus (SCR), Pityrogramma calomelanos (PTR), Scoparia dulcis (SCR), Xiphidium coeruleum (HAE).

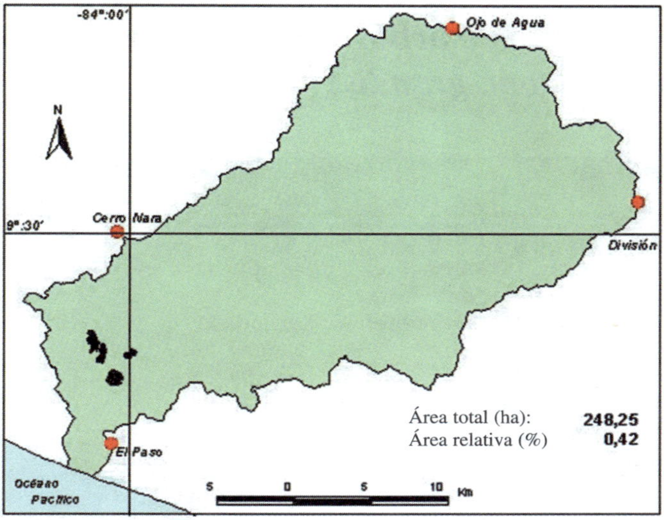

Distribución espacial del plantación arbórea maderable tropical de melina (*Gmelina arborea*).

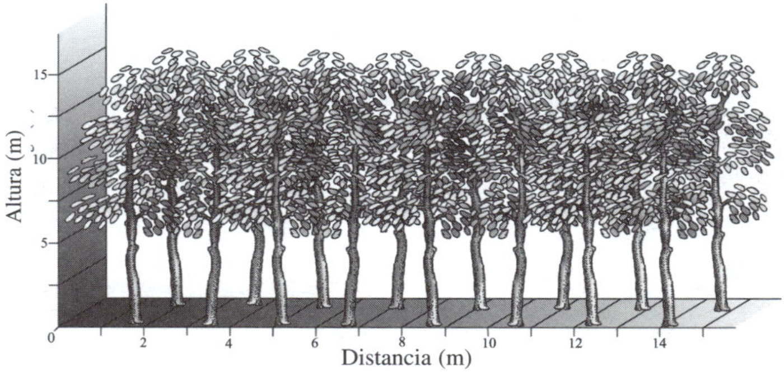

Perfil lateral esquematizado de la vegetación del plantación arbórea maderable tropical de melina (*Gmelina arborea*).

39. Plantación arbórea maderable tropical de teca (*Tectona grandis*)

VEGETACIÓN	
Fisionomía:	Teca
Fenología foliar del estrato dominante:	Siempreverde
Tipo foliar del estrato dominante:	Latifoliado
Estratificación:	Estratos definidos
Periodicidad:	Perenne
Espinosidad:	No espinoso
Altura:	5-25 m
DISTRIBUCIÓN ALTITUDINAL	
Piso altitudinal:	Basal
CLIMA	
Provincia térmica:	Tropical
Provincia de humedad:	Muy húmeda
Duración de la estación seca:	3-4 meses secos
HIDROLOGÍA	
Régimen hidrológico:	Bien drenado
Inundabilidad:	No inundado
GEOMORFOLOGÍA	
Forma de la tierra:	Origen tectónico y erosivo (40,42%), Sedimentación aluvial (59,58%)
SUELO	
Orden del suelo:	Inceptisol (40,42%), Mollisol (40,12%), Ultisol (19,46%)
IMPACTO HUMANO	
Estado:	Cultural (sembrado)
Influencia actual:	Muy intervenido
Uso actual de la tierra:	Forestal

Punto de muestreo a 2,4 km al noroeste de la localidad de Coopesilencio (9º 25' N - 84º 2' O).

Punto de muestreo a 1,5 km al norte de la localidad del Brujo (9º 26' N - 83º 57' O).

Composición florística observada

Árboles

Bursera standleyana (BRS), Cecropia obtusifolia (CEC), Enterolobium cyclocarpum (FAB/MIM), Erythrina costaricensis (FAB/PAP), Gliricidia sepium (FAB/PAP), Guazuma ulmifolia (STR), Lagerstroemia speciosa (LYT), Miconia trinervia (MLS), Mortoniodendron anisophyllum (TIL), Samanea saman (FAB/MIM), Schizolobium parahyba (FAB/CAE), Stryphnodendron microstachyum (FAB/MIM), Tabebuia rosea (BIG), Tectona grandis (VRB).

Arbustos

Baccharis trinervis (AST), Carica papaya (CRC), Conostegia subcrustulata (MLS), Malvaviscus arboreus (MLV), Piper auritum (PIP), Piper hispidum (PIP), Piper peltatum (PIP), Urera baccifera (URT), Urera elata (URT).

Bejucos

Adelobotrys adscendens (MLS), Melothria pendula (CUC), Mikania micrantha (AST), Sabicea panamensis (RUB).

Hierbas

Aciotis levyana (MLS), Blechum pyramidatum (ACA), Calyptocarpus wendlandii (AST), Cuphea carthagenensis (LYT), Cyathula prostrata (AMA), Desmodium incanum (FAB/PAP), Drymaria cordata (CRY), Elephantopus mollis (AST), Heterocondylus vitalbae (AST), Hyptis capitata (LAM), Hyptis obtusiflora (LAM), Hyptis suaveolens (LAM), Iresine diffusa (AMA), Ischaemum rugosum (POA), Ischaemum timorense (POA), Lantana camara (VRB), Mazus japonicus (SCR), Monstera adansonii (ARA), Oplismenus burmannii (POA), Pennisetum purpureum (POA), Philodendron pterotum (ARA), Phyllanthus urinaria (EUP), Pseudelephantopus spicatus (AST), Ruellia inundata (ACA), Salvia occidentalis (LAM), Stellaria ovata (CRY), Teliostachya alopecuroidea (ACA), Xiphidium coeruleum (HAE)

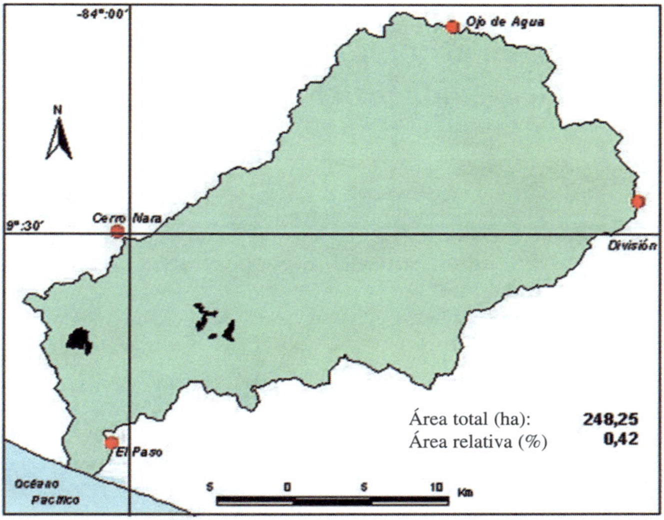

Distribución espacial del plantación arbórea maderable tropical de teca (*Tectona grandis*).

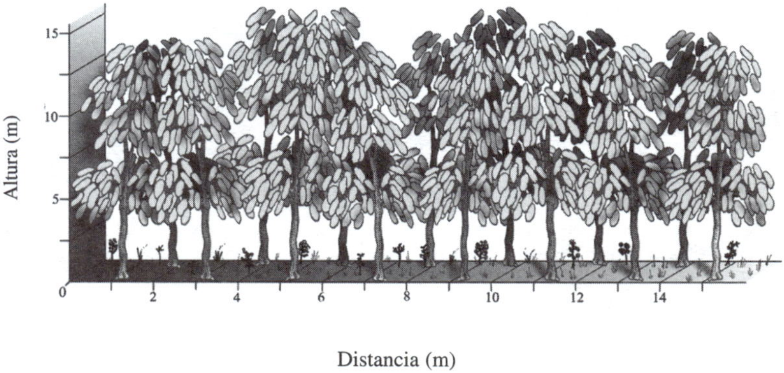

Perfil lateral esquematizado de la vegetación del plantación arbórea maderable tropical de teca (*Tectona grandis*).

40. Plantación arbórea frutal tropical de palma de aceite (*Elaeis guianensis*)

VEGETACIÓN	
Fisionomía:	Palma de aceite
Fenología foliar del estrato dominante:	Siempreverde
Tipo foliar del estrato dominante:	Latifoliado
Estratificación:	Estratos definidos
Periodicidad:	Perenne
Espinosidad:	No espinoso
Altura:	1-5 m, a veces de 5 a 25 m
DISTRIBUCIÓN ALTITUDINAL	
Piso altitudinal:	Basal
CLIMA	
Provincia térmica:	Tropical
Provincia de humedad:	Húmeda (7,36%), Muy húmeda (92,64%)
Duración de la estación seca:	3-4 meses secos
HIDROLOGÍA	
Régimen hidrológico:	Bien drenado
Inundabilidad:	No inundado
GEOMORFOLOGÍA	
Forma de la tierra:	Origen tectónico y erosivo (2,82%), Sedimentación aluvial (97,18%)
SUELO	
Orden del suelo:	Mollisol (94,07%), Ultisol (5,93%)
IMPACTO HUMANO	
Estado:	Cultural (sembrado)
Influencia actual:	Muy intervenido
Uso actual de la tierra:	Agrícola con cultivo perenne

Punto de muestreo a 1,5 km al suroeste de la localidad de Coopesilencio (9º 23' N - 84º 2' O).

Punto de muestreo a 1 km al Sur de la localidad de Coopesilencio (9º 24' N - 84º 2' O).

Composición florística observada

Árboles

Cecropia peltata (CEC), Cordia alliodora (BOR), Elaeis guianensis (ARE), Ficus maxima (MOR), Guazuma ulmifolia (STR), Luehea candida (TIL), Pseudosamanea guachapele (FAB/MIM), Psidium guajava (MRT),

Arbustos

Byttneria aculeata (STR), Isertia haenkeana (RUB), Myriocarpa longipes (URT), Piper aduncum (PIP).

Bejucos

Centrosema pubescens (FAB/PAP), Cucumis melo (CUC), Gouania lupuloides (RHM), Melothria pendula (CUC), Momordica charantia (CUC), Pouzolzia obliqua (URT).

Hierbas

Ageratum conyzoides (AST), Blechum pyramidatum (ACA), Calathea lutea (MRN), Calyptocarpus wendlandii (AST), Chamaesyce hirta (EUP), Chamaesyce hypericifolia (EUP), Croton hirtus (EUP), Desmodium incanum (FAB/PAP), Eleutheranthera ruderalis (AST), Emilia fosbergii (AST), Gynerium sagittatum (POA), Hyptis vilis (LAM), Iresine diffusa (AMA), Irlbachia alata (GEN), Lindernia diffusa (SCR), Ludwigia decurrens (ONA), Ludwigia octovalvis (ONA), Mazus japonicus (SCR), Melampodium divaricatum (AST), Mimosa pudica (FAB/MIM), Mitreola petiolata (LOG), Monstera adansonii (ARA), Nephrolepis biserrata (OLN), Paspalum conjugatum (POA), Pennisetum purpureum (POA), Peperomia pellucida (PIP), Phyllanthus stipulatus (EUP), Phyllanthus urinaria (EUP), Polygala paniculata (PGL), Polypodium attenuatum (PLP), Pseudelephantopus spicatus (AST), Ruellia inundata (ACA), Sida rhombifolia (MLV), Spermacoce assurgens (RUB), Spermacoce exilis (RUB), Spigelia anthelmia (LOG), Tridax procumbens (AST), Vittaria lineata (VTT).

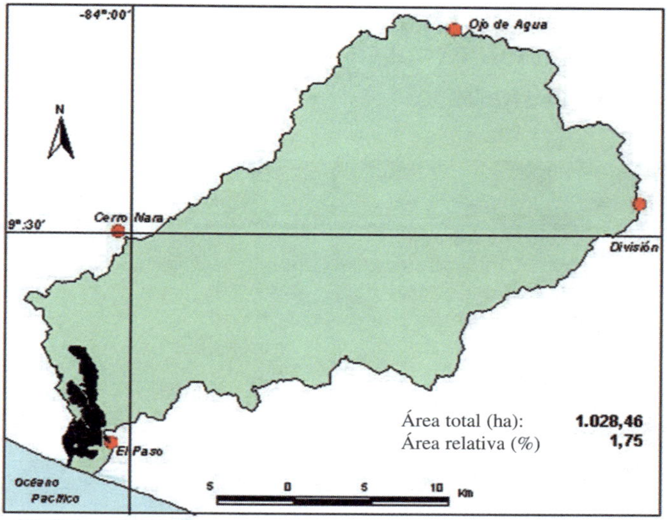

Distribución espacial del plantación arbórea frutal tropical de palma de aceite (*Elaeis guianensis*).

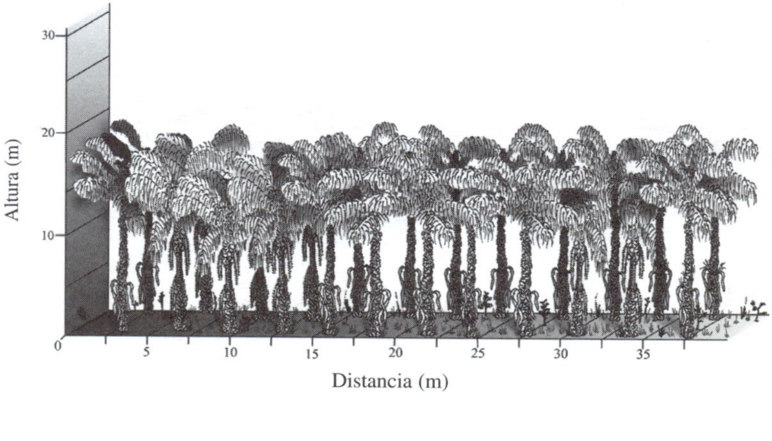

Perfil lateral esquematizado de la vegetación del plantación arbórea frutal tropical de palma de aceite (*Elaeis guianensis*).

41. Plantación arbórea frutal tropical de pejiballe (*Bactris gasipaes*)

VEGETACIÓN	
Fisionomía:	Plantacion de pejiballe
Fenología foliar del estrato dominante:	Siempreverde
Tipo foliar del estrato dominante:	Latifoliado
Estratificación:	Estratos definidos
Periodicidad:	Perenne
Espinosidad:	Espinoso
Altura:	1-5 m
DISTRIBUCIÓN ALTITUDINAL	
Piso altitudinal:	Premontano
CLIMA	
Provincia térmica:	Tropical
Provincia de humedad:	Muy húmeda
Duración de la estación seca:	3-4 meses secos
HIDROLOGÍA	
Régimen hidrológico:	Bien drenado
Inundabilidad:	No inundado
GEOMORFOLOGÍA	
Forma de la tierra:	Origen tectónico y erosivo
SUELO	
Orden del suelo:	Inceptisol
IMPACTO HUMANO	
Estado:	Cultural (sembrado)
Influencia actual:	Muy intervenido
Uso actual de la tierra:	Agrícola con cultivo perenne

Punto de muestreo a 4,5 km al oeste de la localidad de Savegre Abajo (9º 26' N - 83º 52' O).

Composición florística observada

Árboles

Bactris gasipaes (ARE), Bellucia pentamera (MLS), Cecropia obtusifolia (CEC), Croton schiedeanus (EUP), Erythrina berteroana (FAB/PAP), Miconia affinis (MLS), Psidium guajava (MRT), Saurauia montana (ACT), Tetrathylacium macrophyllum (FLC), Turpinia occidentalis (STP), Vismia baccifera (CLU).

Arbustos

Baccharis trinervis (AST), Conostegia subcrustulata (MLS), Leandra granatensis (MLS), Neurolaena lobata (AST), Piper hispidum (PIP), Tibouchina longifolia (MLS), Triumfetta speciosa (TIL), Vernonia patens (AST).

Bejucos

Cissampelos tropaeolifolia (MNS), Passiflora pseudooerstedii (PAS).

Hierbas

Aciotis levyana (MLS), Croton hirtus (EUP), Cuphea carthagenensis (LYT), Drymaria cordata (CRY), Eclipta prostrata (AST), Erechtites valerianifolia (AST), Fleischmannia pycnocephala (AST), Heterocondylus vitalbae (AST), Hyptis obtusiflora (LAM), Ludwigia octovalvis (ONA), Phyllanthus urinaria (EUP), Pteridium arachnoideum (DST), Scleria melaleuca (CYP), Scoparia dulcis (SCR), Spermacoce assurgens (RUB), Spermacoce exilis (RUB), Teliostachya alopecuroidea (ACA), Trizeuxis falcata (ORC).

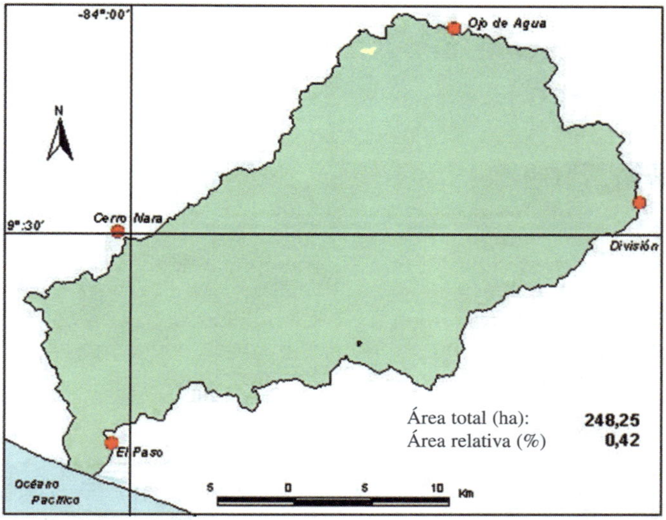

Distribución espacial del plantación arbórea frutal tropical de pejiballe (*Bactris gasipaes).*

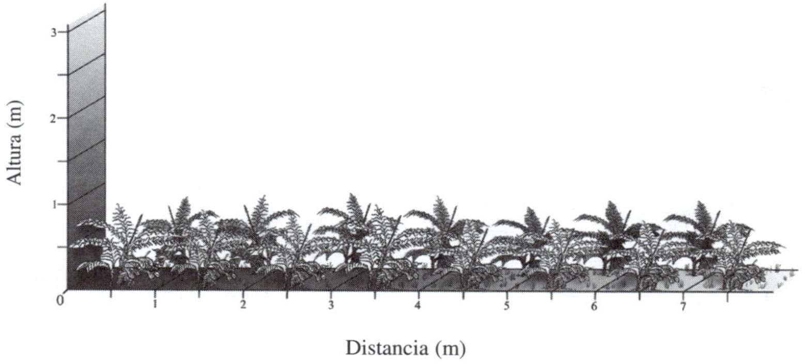

Perfil lateral esquematizado de la vegetación del plantación arbórea frutal tropical de pejiballe (*Bactris gasipaes).*

42. Plantación arbustiva frutal tropical de café (*Coffea* spp.)

VEGETACIÓN	
Fisionomía:	Café
Fenología foliar del estrato dominante:	Siempreverde
Tipo foliar del estrato dominante:	Latifoliado
Estratificación:	Estratos definidos
Periodicidad:	Perenne
Espinosidad:	No espinoso
Altura:	1-5 m
DISTRIBUCIÓN ALTITUDINAL	
Piso altitudinal:	Premontano (60.8%), Montano Bajo (34,1%), Montano alto (5,1%)
CLIMA	
Provincia térmica:	Subtropical (87.8%), Templada (7,3%), Templada fría (4,9%)
Provincia de humedad:	Muy húmeda (100,00%)
Duración de la estación seca:	3-4 meses secos
HIDROLOGÍA	
Régimen hidrológico:	Bien drenado
Inundabilidad:	No inundado
GEOMORFOLOGÍA	
Forma de la tierra:	Origen tectónico y erosivo
SUELO	
Orden del suelo:	Inceptisol
IMPACTO HUMANO	
Estado:	Cultural (sembrado)
Influencia actual:	Muy intervenido
Uso actual de la tierra:	Agrícola con cultivo perenne, a veces Agroforestal

Punto de muestreo en la localidad de Santa Lucía, los Ángeles de Páramo (9º 28' N - 83º 49' O).

Punto de muestreo al sur de la localidad de California (9º 28' N - 83º 48' O).

Composición florística observada

Árboles

Bactris gasipaes (ARE), Cecropia obtusifolia (CEC), Cecropia peltata (CEC), Citrus sinensis (RUT), Coccoloba tuerckheimii (PLG), Croton draco (EUP), Croton skutchii (EUP), Cupressus lusitanica (CUP), Diphysa americana (FAB/PAP), Erythrina berteroana (FAB/PAP), Erythrina costaricensis (FAB/PAP), Erythrina fusca (FAB/PAP), Erythrina poeppigiana (FAB/PAP), Eucalyptus saligna (MRT), Ficus pertusa (MOR), Gliricidia sepium (FAB/PAP), Heliocarpus appendiculatus (TIL), Inga oerstediana (FAB/MIM), Miconia argentea (MLS), Miconia schlimii (MLS), Myrsine coriacea (MRS), Ochroma pyramidale (BOM), Persea americana (LAU), Psidium guajava (MRT), Spathodea campanulata (BIG), Spondias mombin (ANA), Syzygium malaccense (MRT), Ulmus mexicana (ULM), Vismia baccifera (CLU), Yucca guatemalensis (AGA).

Arbustos

Acnistus arborescens (SOL), Baccharis trinervis (AST), Carica papaya (CRC), Coffea arabica (RUB), Conostegia subcrustulata (MLS), Dracaena fragrans (DRC), Hamelia patens (RUB), Manihot esculenta (EUP), Miconia prasina (MLS), Phyllanthus mocinianus (EUP), Piper aduncum (PIP), Psychotria stockwellii (RUB), Rubus roseifolius (ROS), Senna pendula (FAB/CAE), Solanum hazenii (SOL), Solanum torvum (SOL), Tibouchina longifolia (MLS), Triumfetta lappula (TIL), Verbesina turbacensis (AST), Vernonia canescens (AST), Vernonia patens (AST), Zapoteca tetragona (FAB/MIM).

Bejucos

Cissampelos pareira (MNS), Cissampelos tropaeolifolia (MNS), Cissus verticillata (VIT), Disciphania calocarpa (MNS), Gouania lupuloides (RHM), Mikania holwayana (AST).

Hierbas

Ageratum conyzoides (AST), Axonopus micay (POA), Chamaecrista nictitans (FAB/CAE), Chamaesyce hirta (EUP), Chaptalia nutans (AST), Conyza bonariensis (AST), Conyza canadensis (AST), Cuphea carthagenensis (LYT), Drymaria cordata (CRY), Elephantopus mollis (AST), Elephantopus spirales (AST), Eleusine indica (POA), Emilia fosbergii (AST), Eryngium foetidum (API), Gamochaeta americana (AST), Gleichenia bifida (GLE), Heterocondylus vitalbae (AST), Hyparrhenia rufa (POA), Hypericum pratense (CLU), Hyptis capitata (LAM), Hyptis pectinata (LAM), Lantana camara (VRB), Maxillaria aciantha (ORC), Melinis minutiflora (POA), Musa acuminata (MUS), Phyllanthus urinaria (EUP), Phytolacca icosandra (PHT), Pteridium arachnoideum (DST), Scaphyglottis prolifera (ORC), Scleria melaleuca (CYP), Sida rhombifolia (MLV), Spermacoce assurgens (RUB), Verbena litoralis (VRB), Xanthosoma violaceum (ARA)

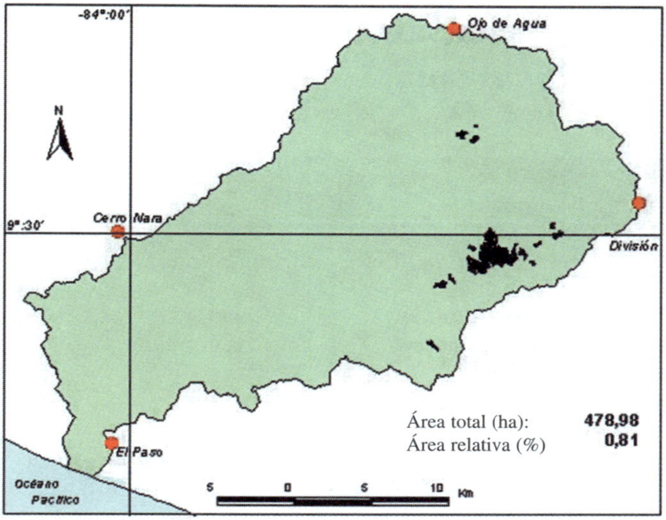

Distribución espacial de una plantación arbustiva frutal tropical de café (*Coffea* spp.).

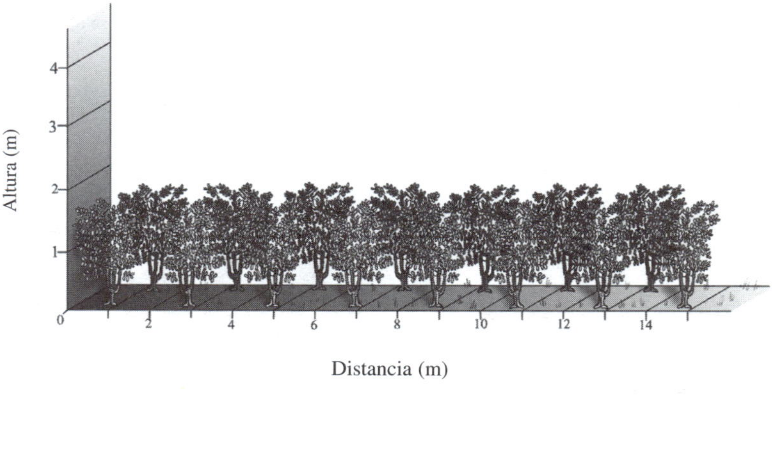

Perfil lateral esquematizado de la vegetación de una plantación arbustiva frutal tropical de café (*Coffea* spp.).

43. Plantación arbustiva frutal tropical de mora (*Rubus* spp.)

VEGETACIÓN		
	Fisionomía:	Cultivo de mora
	Fenología foliar del estrato dominante:	Siempreverde
	Tipo foliar del estrato dominante:	Latifoliado
	Estratificación:	Estratos definidos
	Periodicidad:	Perenne
	Espinosidad:	No espinoso
	Altura:	Menor a 1 m, a veces 1-5 m
DISTRIBUCIÓN ALTITUDINAL		
	Piso altitudinal:	Montano bajo (34,7%) y Montano alto (65,3%)
CLIMA		
	Provincia térmica:	Subtropical (30,7%), Templada (4%), Templada fría (65.3%)
	Provincia de humedad:	Muy húmeda
	Duración de la estación seca:	1-2 (34,7%), 3-4 (65,3%) meses secos
HIDROLOGÍA		
	Régimen hidrológico:	Bien drenado
	Inundabilidad:	No inundado
GEOMORFOLOGÍA		
	Forma de la tierra:	Origen tectónico y erosivo
SUELO		
	Orden del suelo:	Inceptisol
IMPACTO HUMANO		
	Estado:	Cultural (sembrado)
	Influencia actual:	Muy intervenido
	Uso actual de la tierra:	Agrícola con cultivo perenne

Punto de muestreo en la finca El Trabajador, San Gerardo de Dota (9º 35' N - 83º 48' O).

Punto de muestreo en la finca El Trabajador, San Gerardo de Dota (9º 35' N - 83º 48' O).

Composición florística observada

Árboles

Alnus acuminata (BET), Brunellia costaricensis (BNL), Cecropia polyphlebia (CEC), Cedrela tonduzii (MEL), Citrus aurantium (RUT), Cleyera theioides (TEA), Cornus disciflora (COR), Croton draco (EUP), Cupressus lusitanica (CUP), Erythrina costaricensis (FAB/PAP), Heliocarpus appendiculatus (TIL), Magnolia sororum (MAG), Mauria heterophylla (ANA), Myrsine coriacea (MRS), Myrsine pellucido-punctata (MRS), Oreopanax xalapensis (ARL), Prumnopitys standleyi (POD), Quercus costaricensis (FAG), Quercus seemannii (FAG), Sapium pachystachys (EUP), Saurauia montana (ACT), Styrax argenteus (STY).

Arbustos

Baccharis trinervis (AST), Brickellia argyrolepis (AST), Buddleja nitida (LOG), Cestrum tomentosum (SOL), Comarostaphylis arbutoides (ERI), Cordia spinescens (BOR), Decachaeta thieleana (AST), Dendrophthora squamigera (VIS), Fuchsia microphylla (ONA), Fuchsia paniculata (ONA), Garrya laurifolia (GAR), Gonzalagunia rosea (RUB), Miconia cremadena (MLS), Monnina xalapensis (PGL), Monochaetum amabile (MLS), Morella cerifera (MRI), Myriocarpa longipes (URT), Pernettya prostrata (ERI), Piper aduncum (PIP), Pyrus malus (ROS), Rubus irasuensis (ROS), Senecio multivenius (AST), Solanum rovirosanum (SOL), Triumfetta bogotensis (TIL), Vaccinium consanguineum (ERI), Verbesina turbacensis (AST), Vernonia canescens (AST).

Bejucos

Bidens reptans (AST), Bomarea acutifolia (ALS), Cayaponia granatensis (CUC), Clematis acapulcensis (RAN), Mucuna holtonii (FAB/PAP), Muehlenbeckia tamnifolia (PLG), Passiflora ligularis (PAS).

Hierbas

Acaena cylindristachya (ROS), Acaena elongata (ROS), Aegopogon cenchroides (POA), Ageratina ixiocladon (AST), Ageratina pichinchensis (AST), Ageratina subcordata (AST), Ageratum conyzoides (AST), Alchemilla pascuorum (ROS), Alchemilla pectinata (ROS), Alchemilla standleyi (ROS), Alonsoa meridionalis (SCR), Carex polystachya (CYP), Conyza bonariensis (AST), Gamochaeta americana (AST), Heliconia vaginalis (HLC), Hieracium irasuense (AST), Holcus lanatus (POA), Hypericum pratense (CLU), Hypochoeris radicata (AST), Iresine diffusa (AMA), Melanthera aspera (AST), Oligactis volubilis (AST), Pennisetum clandestinum (POA), Pitcairnia atrorubens (BML), Plantago australis (PLA), Polypogon elongatus (POA), Pteridium arachnoideum (DST), Rumex acetosella (PLG), Salvia polystachya (LAM), Sanicula liberta (API), Sida haenkeana (MLV), Thelypteris rudis (THL), Trifolium dubium (FAB/PAP), Vulpia bromoides (POA), Zeugites americana (POA).

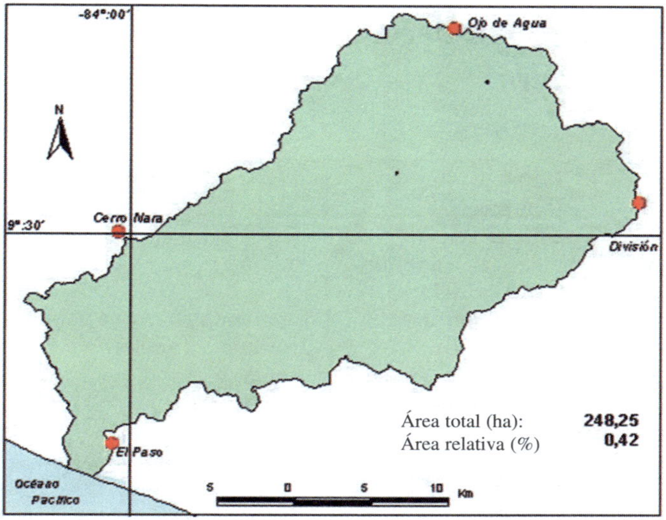

Distribución espacial de la plantación arbustiva frutal tropical de mora (*Rubus* spp.).

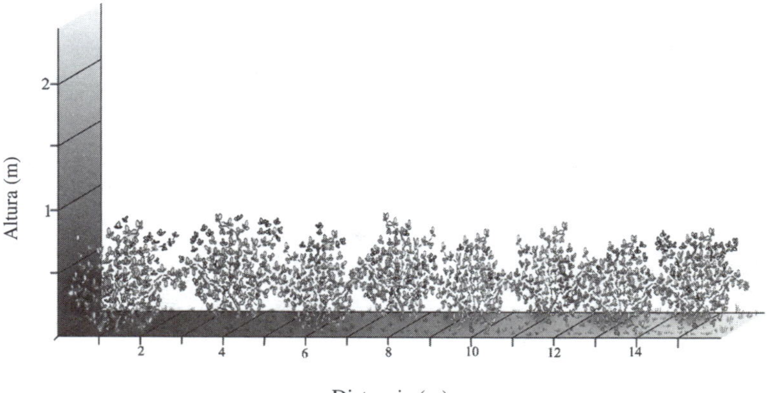

Perfil lateral esquematizado de la vegetación de la plantación arbustiva frutal tropical de mora (*Rubus* spp.).

44. Plantación herbácea frutal tropical de arroz (*Oryza sativa*)

VEGETACIÓN		
	Fisionomía:	Cultivo de arroz
	Fenología foliar del estrato dominante:	Siempreverde
	Tipo foliar del estrato dominante:	Graminoide
	Estratificación:	Estratos definidos
	Periodicidad:	Anual
	Espinosidad:	No espinoso
	Altura:	Menor a 1 m
DISTRIBUCIÓN ALTITUDINAL		
	Piso altitudinal:	Basal
CLIMA		
	Provincia térmica:	Tropical
	Provincia de humedad:	Húmeda (22,67%), Muy húmeda (77,33%)
	Duración de la estación seca:	3-4 meses secos
HIDROLOGÍA		
	Régimen hidrológico:	Bien drenado
	Inundabilidad:	Inundado
GEOMORFOLOGÍA		
	Forma de la tierra:	Sedimentación aluvial
SUELO		
	Orden del suelo:	Mollisol
IMPACTO HUMANO		
	Estado:	Cultural (sembrado)
	Influencia actual:	Muy intervenido
	Uso actual de la tierra:	Agrícola con Cultivo Anual

Punto de muestreo en la localidad de Finca Marítima (9º 21' N - 81º 2' O).

Punto de muestreo en la localidad de Finca Marítima (9º 21' N - 81º 2' O).

Composición florística observada

Árboles

Coccoloba caracasana (PLG), Erythrina berteroana (FAB/PAP), Guazuma ulmifolia (STR), Inga vera (FAB/MIM), Luehea candida (TIL), Miconia argentea (MLS), Pterocarpus officinalis (FAB/PAP).

Arbustos

Leucaena leucocephala (FAB/MIM), Piper hispidum (PIP), Piper marginatum (PIP), Piper peltatum (PIP), Senna obtusifolia (FAB/CAE), Senna pallida (FAB/CAE), Senna papillosa (FAB/CAE), Sesbania emerus (FAB/PAP), Urera baccifera (URT), Vernonia cinerea (AST).

Bejucos

Cissus verticillata (VIT), Cucumis melo (CUC), Melothria pendula (CUC), Mikania micrantha (AST), Momordica charantia (CUC), Solanum lanceifolium (SOL).

Hierbas

Ageratum conyzoides (AST), Amaranthus spinosus (AMA), Blechum pyramidatum (ACA), Calyptocarpus wendlandii (AST), Caperonia palustris (EUP), Chamaesyce hypericifolia (EUP), Chamaesyce ophthalmica (EUP), Croton trinitatis (EUP), Cuphea carthagenensis (LYT), Eclipta prostrata (AST), Hyptis capitata (LAM), Hyptis vilis (LAM), Justicia comata (ACA), Ludwigia erecta (ONA), Ludwigia octovalvis (ONA), Mazus japonicus (SCR), Melochia melissifolia (STR), Mimosa pudica (FAB/MIM), Oryza sativa (POA), Peperomia pellucida (PIP), Phyllanthus stipulatus (EUP), Phyllanthus urinaria (EUP), Physalis angulata (SOL), Pseudelephantopus spicatus (AST), Scoparia dulcis (SCR), Sida rhombifolia (MLV), Spermacoce assurgens (RUB), Synedrella nodiflora (AST)

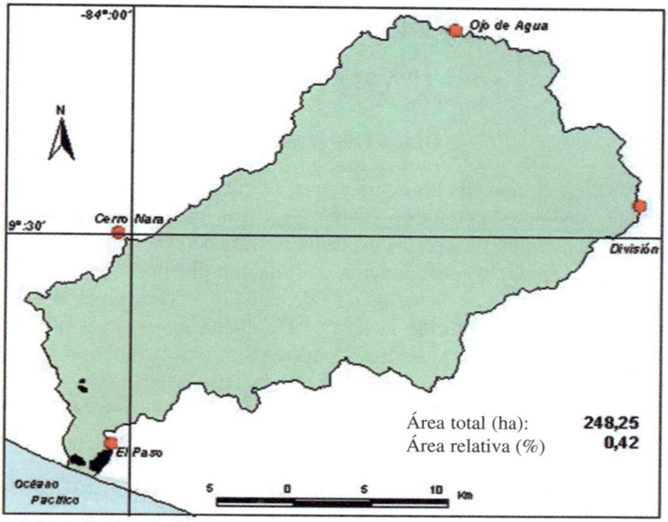

Distribución espacial de una plantación herbácea frutal tropical de arroz (*Oryza sativa).*

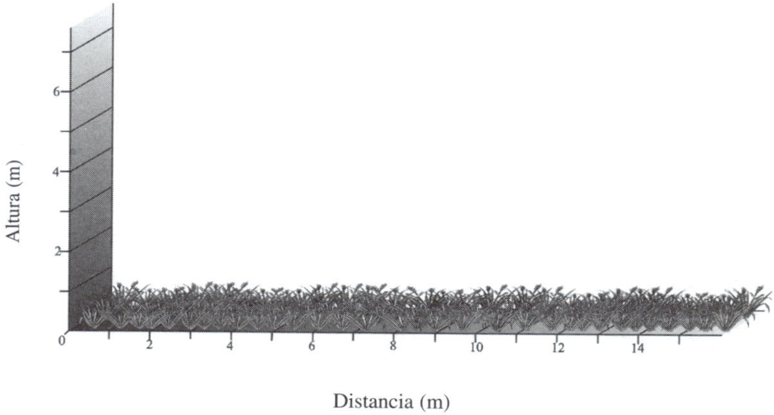

Perfil lateral esquematizado de la plantación herbácea frutal tropical de arroz (*Oryza sativa).*

CAPÍTULO IV

Cobertura de la tierra

Al resumir el mapa de los ecosistemas, se obtuvo como producto un mapa más simple, mediante el cual es posible especificar los tipos de cobertura de la tierra actualmente presentes en la cuenca hidrográfica del río Savegre y analizar, de una manera rápida, la configuración de cada uno de ellos.

De acuerdo con los resultados de este estudio, se determinó la existencia de nueve tipos de cobertura de la tierra. De ellos, tres corresponden a tipos naturales, dos a seminaturales, tres a tipos culturales y un tipo no vegetal (categoría especial sin identificación de presencia de vegetación).

A continuación se presentan los datos generales correspondientes a la cobertura de la tierra y el respectivo mapa.

Cuadro 5. Cobertura de la tierra en la cuenca hidrográfica del río Savegre, 2001

Categoría de ecosistemas	Cobertura de la tierra	Superficie (ha)	Porcentaje (%)
A. naturales			
1. Bosques densos	Bosque	36.772,83	62,41
2. Manglares	Manglar	51,90	0,09
3. Herbazal denso de *Chusquea*	Vegetación herbácea de páramo	287,68	0,49
B. Seminaturales			
1. Bosques ralos			
2. Matorrales denso arbolados	Matorral I	3.695,06	6,27
3. Matorral denso			
4. Matorral ralo	Matorral II	3.272,37	5,55
C. Culturales			
1. Herbazal denso			
2. Herbazal ralo			
3. Herbazal arbustivo			
4. Herbazal arbolado	Pastizal	11.795,25	20,02
5. Plantación de teca			
6. Plantación de melina	Plantaciones forestales	451,54	0,77
7. Palma de aceite			
8. Café			
9. Arroz			
10. Pejibaye			
11. Mora	Plantaciones agrícolas	1.659,33	2,82
D. Clasificación especial			
1. Tierras yermas, tajos o suelo descubierto			
2. Nubes			
3. Infraestructura			
4. Sombras			
5. Cuerpos de agua	Otros	931,89	1,58
Total		**58.917,87**	**100,00**

La cobertura de la tierra con mayor extensión dentro de la cuenca es el bosque, con un 62,41% de la superficie total (ver mapa en la página 254). Ese porcentaje refleja el grado de conservación de la cuenca, sobre todo si se compara con la situación general del país, donde según CCT-CIEDES (1998) el 40% del territorio costarricense está dedicado a cobertura boscosa. Esta cobertura se observa en un rango que se extiende desde la costa hasta los 3.300 m.s.n.m.

Por su parte, el manglar se localiza en el estero Garita, cuyo origen es sedimentario. Esta cobertura escasamente representa el 0,09% de la cuenca; pero constituye un ambiente muy particular, dominado por especies como *Rhizophora mangle* (mangle rojo), *Laguncularia racemosa* (mangle mariquita), *Pelliciera rhizophorae* (mangle piñuela), *Conocarpus erectus* (mangle botón) y la típica presencia del helecho *Acrostichum aureum* (negraforra). Cabe señalar que la cobertura de manglar solo está presente en la costa de la desembocadura del río Savegre.

La vegetación herbácea de páramo (0,49%) se caracteriza por el predominio de la gramínea *Chusquea subtessellata* (familia Poaceae), una planta arbustiva que forma rodales casi puros y alcanza hasta dos metros de altura. Esta cobertura se encuentra a partir de los 3.100 m.s.n.m., aunque la especie puede ser observada en otras coberturas inferiores a esta altitud.

El matorral I presenta una intervención humana bastante evidente y corresponde a sitios en donde se está dando una franca recuperación o sucesión ecológica de la vegetación; mientras que el matorral II corresponde a los matorrales ralos, entendidos como etapas tempranas de sucesión ecológica, y los matorrales densos conocidos como etapas intermedias.

Finalmente, los pastizales, las plantaciones forestales y las agrícolas involucran áreas donde se desarrollan actividades productivas y de subsistencia para el ser humano.

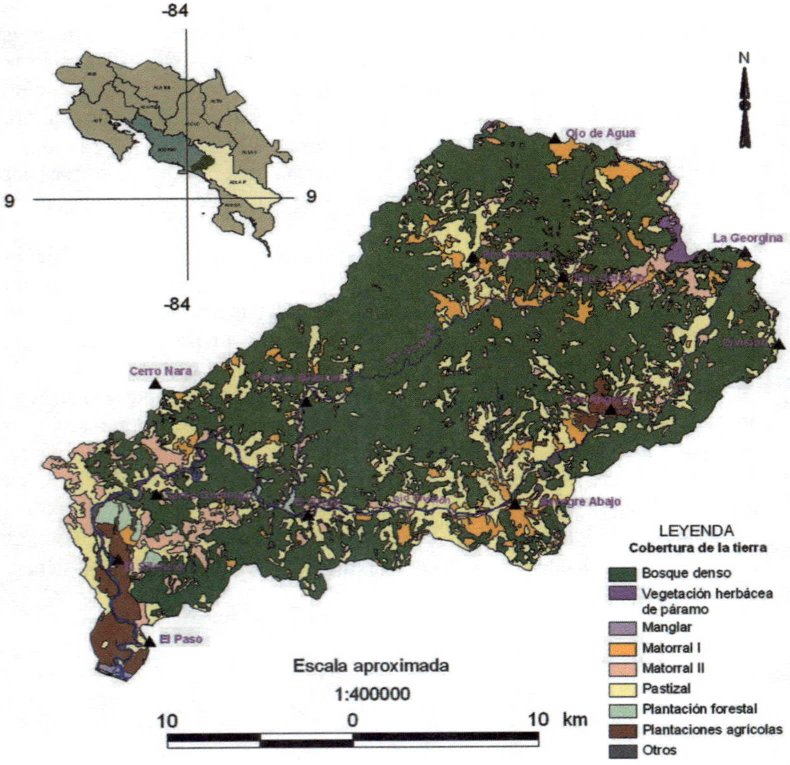

Cobertura de la tierra de la cuenca hidrográfica del río Savegre.

Apéndices

1. *Acrónimos*
2. *Glosario*
3. *Resumen de la metodología*
   Evaluación Ecológica Rápida
4. *Lista de especies de las plantas vasculares observadas*
5. *Formularios de campo para la recolección de datos en los puntos de muestreo*
6. *Literatura consultada*
7. *Mapas consultados*
8. *Fuentes de las fotografías aéreas interpretadas*
9. *Leyenda de dibujos de las plantas vasculares*
10. *Mapa de los ecosistemas de la cuenca hidrográfica del río Savegre (desplegable)*

1. Acrónimos

AC	Área de Conservación
ACA	Área de Conservación Arenal
ACCVC	Área de Conservación Cordilllera Volcánica Central
ACG	Área de Conservación Guanacaste
ACHN	Área de Conservación Huetar Norte
ACLA-C	Área de Conservación La Amistad Caribe
ACLA-P	Área de Conservación La Amistad Pacífico
ACMIC	Área de Conservación Isla del Coco
ACOPAC	Área de Conservación Pacífico Central
ACOSA	Área de Conservación Osa
ACT	Área de Conservación Tempisque
ACTO	Área de Conservación Tortuguero
ASP	Área Silvestre Protegida
CRTM	Proyección Costa Rica Transversal Mercator
° C	Grados Celsius (grados de temperatura)
ECOMAPAS	Proyecto de Mapeo Ecológico
EER	Evaluación Ecológica Rápida
ESRI	Environmental System Research Institute, Inc.
GIS	Geographical Information System
GPS	Global Positioning System
IGN	Instituto Geográfico Nacional
INBio	Instituto Nacional de Biodiversidad
ITC	International Institute for Aerospace Survey and Earth Sciences
MAG	Ministerio de Agricultura y Ganadería
MINAE	Ministerio de Ambiente y Energía
MNCR	Museo Nacional de Costa Rica
m.s.n.m.	metros sobre el nivel del mar
ONG	Organización no gubernamental
SIG	Sistema de Información Geográfica
SINAC	Sistema Nacional de Áreas de Conservación
UNESCO	United Nations Educational, Scientific and Cultural Organization

2. Glosario

A

abiótico sin vida; relativo a lo no vivo, estructuras, formaciones, elementos inertes, etc.

agrícola referente a la agricultura; es decir, al cultivo y cosecha de plantas o de algunas de sus partes (por ejemplo, hojas y frutas).

agroforestal relativo a las plantaciones (parcelas productivas) que combinan o entremezclan cultivos agrícolas con especies forestales, generalmente maderables.

agrosilvopastoril relativo a las plantaciones (parcelas productivas) que combinan o entremezclan cultivos agrícolas y forestales con la actividad de pastoreo.

agua dulce agua de origen no marino, costero ni estuarino, que se encuentra en los ríos, lagunas y lagos, con una salinidad menor a 0,5 ppm.

alpino se refiere a los ecosistemas, las comunidades o las especies que se encuentran por encimo del límite superior de bosque natural en las montañas, sea tropicales o templadas, que generalmente se ubica en el isoterma de 8 grados Celsius que corresponde al límite de crecimiento de tallos altos y leñosos. El término se deriva de los Alpes europeos.

altímetro instrumento utilizado para medir altitudes.

altitud altura de un sitio relativo al nivel medio del mar.

altura distancia vertical entre un punto dado (sobre el suelo) y otro de referencia.

antropogénico de origen humano, antrópico.

anual dícese de una planta que, en una sola estación, completa todo su ciclo vital, desde la germinación hasta la producción de nuevas semillas. Una vez concluido el ciclo, muere.

árbol planta leñosa perenne con una altura mayor de 5 m sobre el nivel de suelo (definido para fines de cartografía), generalmente, los individuos adultos presentan una ramificación inferior a no menos de 2 m de altura sobre el nivel de suelo. Algunas plantas mayores de 5 m no son consideradas árboles por no tener ramificaciones, como es el caso del bambú y la palma.

arbolado ecosistema o vegetación que tiene árboles.

arbustivo ecosistema o vegetación que tiene arbustos.

arbusto individuo leñoso perenne con una altura menor de 5 m sobre el nivel de suelo (definido para fines de cartografía), generalmente los individuos adultos presentan una ramificación inferior a menos de 2 m de altura sobre el nivel de suelo. Algunas plantas pueden ser no leñosas y no ramificadas, aunque cuenten con alturas entre los 2 y 5 m; tales como el banano y el helecho negraforra (*Acrosticum aureum*).

área superficie de un espacio dado. En este estudio se utilizan básicamente las unidades de medida hectárea (1 ha = 10.000 m^2) y kilómetro cuadrado (1 km^2 = 100 ha).

B

basal franja o piso altitudinal que va de 0 a 500 m.s.n.m.

bejuco planta trepadora, a menudo leñosa.

bien drenado dícese de un terreno donde el agua, sea de lluvia o por riego, drena sin mayor dificultad, dada la ausencia de capas impermeables en el subsuelo; contrario de pantanoso.

biodiversidad variabilidad de la vida en la tierra; variabilidad de los organismos vivos de cualquier fuente, ya sea que se encuentren en ecosistemas terrestres, aéreos, marinos, acuáticos o en otros complejos ecológicos. Comprende la diversidad dentro de cada especie, y entre las especies y ecosistemas de los que forma parte.

bosque ecosistema o tipo de vegetación dominado por árboles.

bosque denso ecosistema con predominio de vegetación arbórea, en el cual la proporción de árboles (cobertura aérea) es mayor o igual al 66,7%.

bosque ralo ecosistema con predominio de vegetación arbórea y arbustiva, en el cual la proporción de árboles (cobertura aérea) fluctúa entre el 33,33% y el 66,7%, mientras, por otro lado, la proporción de arbustos (cobertura aérea) no supera el 33,33%. La suma de ambas proporciones siempre es mayor a los 66,7%.

bosque seminatural bosque manejado y modificado por el ser humano, mediante la silvicultura y la regeneración natural.

C

caducidad foliar característica de una planta (generalmente árboles) que pierde o bota su follaje (hojas) en una época desfavorable determinada (por ejemplo, la época seca en el trópico).

capa (1) estrato estructural de vegetación en un ecosistema; (2) mapa monotemático que se integra a una serie de mapas en un sistema de información geográfica.

cartografía técnica geográfica que estudia la secuencia de etapas y procesos ejecutados para la visualización de un espacio geográfico, mediante la producción de mapas, cartas, planos o croquis.

clasificación acción de clasificar o de disponer las especies, los tipos de vegetación o los ecosistemas en clases, para formar u ordenarlos en grupos.

cobertura área horizontal ocupada por algún tipo de hábitat natural, seminatural, cultural, industrial, terrestre, acuático o indefinido.

composición florística tratándose de una comunidad vegetal, se refiere al detalle de las distintas especies que la constituyen.

comprobación de campo verificación real, mediante el trabajo de campo (análisis geoecológico y botánico), de la presencia y caracterización de unidades mapeadas con base en la fotointerpretación.

comunidad (biológica) se define por las especies que ocupan una localidad dada y por las interacciones que entre ellas mantienen (excluyendo el ambiente físico); si se incluye el ambiente físico que rodea las especies, se habla de un ecosistema.

conservación de la biodiversidad manejo de las interacciones humanas con los genes, las especies, y los ecosistemas, de manera que se promueva el beneficio máximo a la generación presente, mientras que se mantiene el potencial para satisfacer las necesidades y aspiraciones de las futuras generaciones; incluye los elementos de salvar, conocer y usar la biodiversidad.

costero deltaico dícese de los ecosistemas aledaños a la costa y los deltas (ver: delta) de los ríos grandes, donde predomina un ambiente de aguas saladas sobre uno de aguas salobres.

costero estuarino dícese de los ecosistemas aledaños a la costa y los estuarios (ver: estuario) de los ríos grandes, donde predomina un ambiente de aguas saladas sobre uno de aguas salobres.

cuerpo de agua objeto espacial que se encuentra sobre la superficie terrestre y que consiste de agua superficial, por ejemplo lagos, lagunas, embalses.

cultivo toda clase de especie vegetal cultivada en un campo, generalmente con fines económicos.

cultivo anual cultivo que tiene un ciclo de vida no mayor de un año.

cultivo perenne cultivo que tiene un ciclo de vida de dos o más años.

cultural ecosistema o tipo de vegetación determinado, básicamente, por la influencia humana. Se origina a raíz de la introducción de especies vegetales sembradas, por el ser humano, con fines agrícolas.

D

deciduo vegetación en la cual más del 75% de las especies de plantas leñosas, pierden su follaje en la época seca.

delta tipo de desembocadura fluvial; sistema dinámico de canales de poca profundidad e islas de origen aluvional, encontrado en la desembocadura de algunos ríos y generado por la deposición de sedimentos acarreados por la corriente de agua.

densidad relación existente entre el número de individuos de una especie dada o una forma de crecimiento y la superficie de un lugar.

denso dícese de un ecosistema que tiene una vegetación con predominio de árboles, arbustos o hierbas, siempre cuando uno de estos componentes supere el 66,7%.

dicotiledónea planta que tiene una semilla con dos cotiledones.

digitalización proceso de convertir a formato digital cualesquiera símbolo, figura o texto, tales como, polígonos, líneas, puntos, que aparecen impresos o dibujados en un mapa o una fotografía aérea.

diversidad variedad de objetos; en las ciencias naturales: riqueza de componentes que se encuentran dentro de una área determinada, en un momento dado.

dominante dícese de aquel componente de una comunidad -normalmente una especie- que domina la comunidad debido a su abundancia o influencia mayor sobre el carácter de la totalidad.

dosel estrato superior de un bosque.

duración de la estación seca cantidad promedio de meses secos durante un año (véase: mes seco).

E

ecosistema (1) complejo dinámico de comunidades de organismos y su medio físico, como una unidad funcional, en un espacio determinado; sistema con presencia de flujos de energía que afectan todos los niveles de la cadena trófica, o redes de nutrición, y la diversidad biológica; así como a los ciclos naturales dentro de él (agua, carbono, nitrógeno, diversos nutrimentos); (2) para el caso de este estudio, es una unidad mapeable en donde convergen: variables bióticas (clases fisionómicas, comunidades vegetales, especies florísticas, entre otras); variables abióticas (clima, geología, geomorfología, topografía, tipo de suelo, régimen hídrico); y, variables antropogénicas (impacto sobre las anteriores y sus interrelaciones), las cuales conforman un sistema con sus propias características, en su dinámica, y flujos de energía, que permiten su identificación y clasificación dentro de un contexto espacial mayor.

ecosistemas culturales ecosistemas que involucran las áreas en donde se desarrollan actividades productivas o de subsistencia para el ser humano, como son los pastizales, las plantaciones agrícolas y forestales, y los cultivos en general, perennes o anuales, ya sea a pequeña o gran escala.

ecosistemas naturales ecosistemas que presentan poca o ninguna intervención humana, por lo que incluyen los bosques primarios, los boques poco alterados y los bosques secundarios en etapas muy avanzadas de recuperación.

ecosistemas seminaturales ecosistemas que presentan una intervención humana bastante evidente y corresponden a sitios en donde se está dando una franca recuperación o sucesión ecológica de la vegetación original.

endémica originario y restringido a una región o localidad específica; se aplica a organismos y ecosistemas.

entisol en el sistema de la USDA, un orden de suelo caracterizado por el predominio de materiales de suelos minerales y por la ausencia de horizontes distintos (Bates y Jackson, 1984).

especie estrictamente, en su definición biológica, es el conjunto de organismos capaces de reproducirse entre ellos; nivel principal de la clasificación taxonómica; unidad fundamental de la biodiversidad la cual se expresa, principalmente, mediante la riqueza de especies.

especie forestal formalmente, especie arbórea; término acuñado a una especie arbórea generalmente utilizada por la calidad de su madera para aserrío o para leña.

espinosidad característica de estar armado con espinas.

espinoso aspecto de espinosidad; por ejemplo, un arbusto con esta característica tiene espinas, normalmente sobre la corteza de los tallos y ramas.

estación seca período de meses secos continuos (ver: mes seco) (Herrera y Gómez, 1993).

estacionalmente inundado superficie de la tierra cubierta por agua durante períodos extensos, recurrentes y predecibles (definido por estaciones), los cuales se dan especialmente al comienzo de la época lluviosa, pero desaparece al finalizar este período; normalmente durante la estación seca, el nivel freático se encuentra cerca de la superficie de la tierra.

estado situación en que se encuentra un tipo de ecosistema.

estratificación pluralidad de los estratos de un tipo de vegetación o ecosistemas.

estrato una de las capas horizontales de un tipo de vegetación o ecosistema; verticalmente, es posible distinguir el estrato arbóreo (emergente, superior e inferior), el arbustivo, el herbáceo y el briofítico terrestre.

estrato difuso estrato que no se distingue bien de otro.

estrato definido estrato que se distingue bien de otro mediante un cambio abrupto en su estructura vertical.

estrato dominante estrato que domina en cobertura sobre los demás.

estructura configuración fisionómica vertical de la vegetación de un ecosistema.

estuario cuerpo de aguas continentales que, por razones topográficas, geológicas o geográficas, se une a una contraparte de aguas marinas y presenta así un gradiente de salinidad decreciente hacia el interior

exposición orientación geográfica de un sitio específico (norte, este, suroeste).

F

familia categoría de la taxonomía que comprende uno o más géneros y que, a su vez, tiene en común diversos caracteres importantes.

fenología foliar conjunto de características y fenómenos biológicos relacionados con las hojas, acomodados con cierto ritmo periódico; se incluyen procesos como la brotación, la floración y la defoliación o caducidad foliar.

fisionomía carácter morfológico de un tipo de vegetación o ecosistema, según la forma de crecimiento. Por ejemplo, en los árboles: bosque; en los arbustos: matorral; en las hierbas: herbazal, el cual (pre)domina.

florística relativo o perteneciente a la flora.

foliar relativo a la hoja de una planta.

forestal relativo a los bosques y plantaciones arbóreas.

forma de crecimiento forma morfológica de una especie de planta vascular, que describe la manera como ella se desarrolla en el tiempo. Se distingue como formas morfológicas: árboles, arbustos, hierbas, helechos, bambúes, epífitas, parasites y bejucos, entre otros.

fotointerpretación acción o proceso de examinar las imágenes fotográficas mediante pares estereoscópicos, con el propósito de identificar objetos o condiciones, y apreciar su significado. Las finalidades de la fotointerpretación son: (1) identificación de elementos o áreas homogéneas que requieren una previa detección, mediante un completo reconocimiento de aspectos formales; y, (2) interpretación que permite extraer del fotograma la información buscada.

frutal plantación de especies vegetales que tiene frutos comestibles.

G

género categoría en la taxonomía que incluye especies similares entre sí.

geografía ciencia que estudia el espacio geográfico, investigando la distribución espacio temporal de los fenómenos abióticos, bióticos y antrópicos, y las interrelaciones entre ellos.

geomorfología rama de la geografía que describe y explica las formas del relieve terrestre.

georeferenciar asignar coordenadas geográficas a un objeto o estructura; el concepto aplicado a una imagen digital implica un conjunto de operaciones geométricas que permiten asignar a cada pixel de la imagen un par de coordenadas (x, y) en un sistema de proyección.

GIS siglas en inglés de *Geographical Information System* (ver: SIG).

gramínea grama y plantas semejantes (Poaceae: pasto, maíz, arroz y bambú, entre otros; se incluye también a los Cyperaceae).

graminoide semejante a una gramínea.

H

helecho término que coincide con el de pteridófito y, más concretamente, con el de filical; planta que se reproduce mediante esporas y no mediante polen.

herbazal sitio poblado de hierbas.

herbazal arbolado ecosistema con predominio de vegetación herbácea, en el cual la proporción de árboles (cobertura aérea) fluctúa entre 33,33% y 66,7%, mientras, por otro lado, la proporción de arbustos (cobertura aérea) no supera el 33,33%. La suma de ambas proporciones siempre fluctúa entre el 33,33% y el 66,7%.

herbazal arbustivo ecosistema con predominio de vegetación herbácea, en el cual la proporción de arbustos (cobertura aérea) fluctúa entre 33,33% y 66,7%, mientras, por otro lado, la proporción de árboles (cobertura aérea) no supera el 33,33%. La suma de ambas proporciones fluctúa siempre entre 33,33% y 66,7%.

herbazal de *Chusquea* ecosistema con predominio de vegetación herbácea, en el cual domina la presencia del género del bambú *Chusquea*, de la familia Poaceae.

herbazal denso ecosistema con predominio de vegetación herbácea, en el cual la proporción de árboles y arbustos (cobertura aérea) es menor que el 33,3%. La suma de ambas proporciones no supera el 33,33%.

herbazal ralo ecosistema con predominio de vegetación herbácea, en el cual la proporción de árboles (cobertura aérea) es menor del 33,33%, mientras que la proporción de arbustos (cobertura aérea) tampoco supera el 33,33%; a la vez, la suma de las dos proporciones es mayor que el 33,3%, pero menor al 66,7 %.

hierba planta vascular con tallos no lignificados.

húmeda provincia de humedad con una demanda evapotranspirativa entre 0,83 (20%) y 0,5 (100%), (Herrera y Gómez, 1993).

I

impacto humano grado (origen, intensidad y frecuencia) de alteración realizada por la actividad antropogénica; se distinguen las variables: estado, influencia actual y uso actual de la tierra.

inceptisol en el sistema de la USDA, orden de suelo caracterizado por tener uno o más horizontes, en los cuales los materiales minerales y otros como carbonatos o silica amorfa, han sido alterados o removidos, pero no acumulados hasta un grado significante (Bates y Jackson 1984).

influencia actual intensidad de la presente alteración por la actividad antropogénica; se distinguen las categorías: muy intervenido, intervenido y no intervenido.

infraestructura conjunto de objetos no vivos, construidos por el hombre y visibles en un mapa (asentamientos, estructuras industriales, etc.).

intervención humana alteración de un ecosistema por la actividad antropogénica.

intervenido en este estudio, nivel intermedio de intensidad de la presente alteración por la actividad antropogénica.

inundabilidad propiedad o característica de un ecosistema con respecto al grado de pasar anegado un cierto tiempo del año.

inundado aplícase a los ecosistemas: el hecho de ser anegado durante gran parte del día (manglares) o año (bosques pantanosos).

L

lacustrino relativo a los lagos; de aguas con poco o ningún movimiento.

latifoliado dícese de una vegetación o un ecosistema con predominio de plantas con hojas anchas.

latitud posición relativa de un lugar con respecto al ecuador, medida en grados; puede ser norte o sur.

línea de vuelo serie de fotografías aéreas tomadas en forma consecutiva, siguiendo una línea imaginaria denominada misión; en las líneas de vuelo, se busca captar un área para ser fotografiada en común entre cada par de fotos colindantes (traslape).

localidad sitio geográfico seleccionado para ser muestreado, donde generalmente se recolectan especímenes botánicos.

longitud posición relativa de un lugar con respecto al Meridiano de Greenwich (Inglaterra), medida en grados; puede ser este u oeste.

M

manglar bosque tropical, anegado por aguas salobres y cerca de la costa, sujeto a la acción periódica de las mareas y dominado por una o más especies arborescentes de mangle.

mangle especies arborescentes adaptadas a la salinidad, con raíces fúlcreas y que pertenecen a unos pocos géneros; por ejemplo, *Avicennia, Conocarpus, Laguncularia, Pelliciera, Rhizophora,* dominan los manglares en el trópico.

mapa representación gráfica de una porción del espacio geográfico, proyectada sobre una superficie plana

mapeo ver: cartografía.

matorral sitio poblado por arbustos.

matorral denso ecosistema con predominio de vegetación arbustiva, en el cual la proporción de arbustos (cobertura aérea) es mayor o igual al 66,7%.

matorral denso arbolado ecosistema con predominio de vegetación arbustiva, en el cual la proporción de árboles (cobertura aérea) como la proporción de arbustos (cobertura aérea) fluctúa entre 33,33% y 66,7%.

matorral ralo ecosistema con predominio de vegetación arbustiva, en el cual la proporción de arbustos (cobertura aérea) fluctúa entre el 33,33% y el 66,67%, mientras que la proporción de árboles (cobertura aérea) no supera el 33,33%. La suma de ambas proporciones siempre es mayor al 66,67%.

mes seco mes en que la precipitación media anual es menor al 50% de la evapotranspiración potencial (ETP) anual (Herrera y Gómez, 1993).

mollisol en el sistema de la USDA, un orden de suelo que muchas veces se forma bajo vegetación herbácea, en áreas con climas definidos por un período estacional de déficit de humedad; son oscuros con una capacidad mayor de intercambio de cationes, dominados por calcio (Bates y Jackson, 1984).

monocotiledónea planta que tiene semillas compuestas de un solo cotiledón.

montano alto banda altitudinal entre 2.100 y 3.100 m.s.n.m.; provincia térmica templada fría.

montano bajo banda altitudinal entre 1.200 y 2.100 m.s.n.m., provincia térmica templada.

muestreo recolección de datos en el campo, generalmente en un punto geográficamente definido; se efectúa con fines de comprobación y verificación de datos anteriormente conocidos del sitio muestreado.

muy húmeda provincia de humedad con una demanda evapotranspirativa entre 0,5 (100%) y 0,25 (300%), (Herrera y Gómez, 1993).

muy intervenido en este estudio, el nivel superior de intensidad de la presente alteración por la actividad antropogénica.

N

nativo propio de un área o sitio dado.

natural ecosistema o tipo de vegetación determinado por la naturaleza, generalmente sin o con poca influencia humana; originado a causa de la regeneración natural.

naturaleza aquello no interferido por el hombre; opuesto de cultura.

no vegetal sin vegetación, ausencia total de vegetación.

nombre común nombre vernacular de un taxón; nombre no científico que generalmente aplican los pobladores de las zonas rurales para identificar especies en el campo.

nubosidad nivel de incidencia, frecuencia e intensidad de nubes y neblina en regiones o sitios geográficos.

O

ombrófilo dícese de un ecosistema o un tipo de vegetación donde predominan plantas capaces de resistir mucha lluvia.

orden de suelo grupo taxonómico de suelos con características físicas y químicas similares; por ejemplo, entisoles, inceptisoles, mollisoles y ultisoles.

origen dícese del génesis de un ecosistema o su vegetación, a causa de la regeneración natural (natural) combinada con la introducción de especies vegetales por el ser humano (seminatural) o de especies vegetales dominantes, sembradas con fines agrícolas (cultural).

origen estructural dícese de las unidades geomorfológicas terrestres originadas a partir de la dinámica de rocas deformadas.

origen tectónico y erosivo dícese de las unidades geomorfológicas terrestres originadas a partir de un proceso dinámico de levantamiento tectónico y denudación de los bloques elevados.

origen volcánico dícese de las unidades geomorfológicas terrestres originadas a partir de procesos de vulcanismo, tanto extrusivo como intrusivo.

ortofoto fotografía aérea modificada geométricamente para ajustarla a un sistema de proyección geográfica. En una ortofoto se han eliminado las distorsiones debidas a la perspectiva, al movimiento de la cámara y al relieve, de forma que posee las mismas propiedades métricas que un mapa.

P

palma planta generalmente arbórea, con tronco simple y con hojas en un gran rosetón apical, perteneciente a la familia Arecaceae.

palustrino propio de aguas estancadas o con poco movimiento, poca profundidad y con vegetación emergente, al menos en un 30% de su área; relativo a sistemas lagunares poco profundos y a pantanos.

pantano generalmente, área húmeda más o menos permanentemente, no cultivada, donde el suelo tiene un porcentaje considerable en materia vegetal, muchas veces con un nivel freático en o por encima del suelo.

pantanoso pantano.

páramo ecosistema o vegetación tropical húmedo caracterizado por un clima diurno y ubicado por encima del límite superior de bosque (es decir, en la zona "alpina"); en el Neotrópico se encuentra en las montañas altas de Costa Rica, Panamá, Venezuela, Colombia, Ecuador, y el norte de Perú).

pastizal herbazal que sostiene el crecimiento de pastos y plantas pequeñas, donde están ausentes grandes agrupaciones de árboles o arbustos; generalmente utilizado para sostener ganado mediante el pastoreo.

pastizal arbolado pastizal con una alta presencia de árboles; en este caso, un herbazal arbolado dominado por pastos.

pastizal arbustivo pastizal con una alta presencia de arbustos; en este caso, un herbazal arbustivo dominado por pastos.

pastizal denso pastizal con una alta presencia de árboles; en este caso, un herbazal denso dominado por pastos.

pastizal ralo pastizal con una alta presencia de árboles; en este caso, un herbazal ralo dominado por pastos.

pasto hierba nativa o introducida por el hombre para ser utilizada en el pastoreo de animales, generalmente perteneciente a la familia Poaceae.

pastoril relativo a la actividad del pastoreo.

perenne aplica a una especie de la cual los individuos persisten por varios años (dos o más).

perennifolio vegetación en la cual lentre el 0 y el 25% de las especies de plantas pierden su follaje en la época seca.

perfil lateral de la vegetación diagrama de las porciones de plantas que se encuentran por encima del suelo, presentadas en un dibujo, a lo largo de un gradiente ambiental (por ejemplo, un transecto elevacional); generalmente, se presenta con dos dimensiones (altura, distancia).

piso altitudinal de la vegetación ámbito de las condiciones climáticas y florísticas, homogéneas e individualizadas, que conforman determinadas comunidades vegetales; las cuales, al modo de franjas, se van sucediendo conforme ascendemos o descendemos.

planta leñosa planta que desarrolla tejidos duros, persistentes y fibrosos, básicamente xilema.

planta vascular planta que ha desarrollado un sistema de vasos que transporta agua, minerales, azucares y otros nutrientes por todo su cuerpo; excluye a las briófitas.

plantación grupo, usualmente grande, de plantas bajo cultivo.

plantación arbórea grupo de árboles bajo cultivo.

plantación arbustiva grupo de arbustos bajo cultivo.

plantación de árboles maderables grupo de árboles maderables bajo cultivo.

plantación de árboles frutales grupo de árboles frutales bajo cultivo.

plantación herbácea grupo de hierbas bajo cultivo.

población grupo de organismos de la misma especie que viven en un área o región en particular; más específicamente, el número total de individuos maduros de una especie o subespecie.

polígono unidad espacial en dos dimensiones, correspondiente a un objeto bien delimitado y gráficamente representado en un mapa; muchas veces se refiere a manchas de ecosistemas o tipos de vegetación visibles en fotografías aéreas o imágenes de satélite.

premontano banda altitudinal entre los 500 y 1.200 m.s.n.m.; provincia térmica subtropical.

proporción de árboles cantidad relativa (%) de árboles, de acuerdo con la cobertura aérea de las copas de los mismos, observada desde el aire a mediante una fotografía aérea

proporción de arbustos cantidad relativa (%) de arbustos, de acuerdo con la cobertura aérea de las copas de los mismos, observada desde el aire mediante una fotografía aérea.

provincia de humedad área geográfica con ámbitos anuales definidos de precipitación y demanda evapotranspirativa (Herrera y Gómez, 1993); se distinguen las siguientes provincias: desértica, árida, semiárida, seca, subhúmeda seca, subhúmeda húmeda, húmeda, muy húmeda, pluvial y hiperpluvial.

provincia térmica área geográfica definida a partir de la biotemperatura compensada, que es una variable basada en la temperatura media mensual con valores mayores de 0 ºC y la temperatura media de cada mes con valores mayores a 0 ºC (Herrera y Gómez, 1993); se distinguen las siguientes provincias: tropical, subtropical, templado, templado frío, boreal/austral, subpolar y polar.

punto de muestreo sitio geográfico del ecosistema donde se aplica el muestreo, en particular, de la vegetación (geografía, fisionomía, composición florística); generalmente, los puntos de muestreo son indicados en fotografías aéreas y sus coordenadas son verificadas mediante el uso de una unidad de GPS.

Q

Quercus — Género arborescente de la familia Fagaceae (robles encinos).

R

ralo — opuesto de denso; aplícase a un ecosistema que tiene una vegetación que no presenta una proporción de árboles o arbustos mayor de 66,7%, mientras que la suma de las dos proporciones siempre supera el 33,33%.

régimen hidrológico — dícese de la gama de características relacionadas con la hidrología específica de un sitio o ecosistema.

región biogeográfica — región que es homogénea en suelo, clima y vegetación natural potencial.

registro nuevo — presencia o muestra de una especie biológica que ha sido observada por primera vez en una localidad, zona, país o región biogeográfica, pero si es conocida en otros sitios fuera del área muestreada.

rollo — en este estudio, película fotográfica que lleva una serie de fotografías aéreas tomadas en uno o más vuelos consecutivos.

S

salinidad — medida de la cantidad de diversas sales disueltas en un volumen dado de agua (ppm)

salobre agua con salinidad intermedia entre la promedio del agua dulce (< 0,5 ppm) y el agua oceánica (35 ppm).

sedimentación proceso geomorfológico complementario a la erosión, que consiste en la formación de depósitos de material rocoso meteorizado, así como de organismos y sustancias orgánicas muertas, en la superficie terrestre de continentes, lagos, hondonadas y fondos marinos.

sedimentación aluvial dícese de las unidades geomorfológicas terrestres originadas a partir de la sedimentación de materiales arrastrados por una corriente de agua.

semicaducifolio ver: semideciduo.

semidecíduo vegetación en la cual entre el 25% y 75% de las especies de plantas leñosas pierden su follaje en la época seca

seminatural ecosistema o tipo de vegetación determinado en parte por la naturaleza y por la influencia humana; originado a raíz de la regeneración natural en combinación con la introducción de especies vegetales por el ser humano.

sensor remoto cualquier técnica que se aplica para el análisis de patrones y tendencias en el paisaje y que hace uso de fotografías aéreas tomadas a baja altitud, o de imágenes satelitales.

siempreverde ver: perennifolio.

SIG siglas de Sistema de Información Geográfica (el acrónimo en idioma inglés es GIS); sistema computacional orientado a capturar, almacenar, administrar, integrar, manipular, analizar y presentar datos de los elementos dispuestos sobre la superficie de la Tierra y su posición en ella; típicamente, se utiliza para el manejo de mapas representados dentro del sistema como una o más capas diferentes, cada una de las cuales contiene información de tipo: a) geográfico (posición de cada elemento en la Tierra); b) topológico (relaciones existentes entre los elementos de la capa); y, c) temático (tema que busca representar, contenido) sobre algún aspecto particular.

silvestre que se cría en la selva o el bosque.

sostenible dícese de un período de tiempo largo e indefinido.

subtropical provincia térmica donde los valores de la biotemperatura compensada oscilan entre los 20 y 24 °C y se presentan en las tierras premontanas (Herrera y Gómez, 1993).

suelo formación natural superficial, mineral, vegetal y animal, de estructura muelle y variable en extremo y espesores diferentes, resultante de la transformación de la roca madre por acción de los agentes biológicos y físicos.

T

taxonomía estudio de la clasificación de los seres vivos conforme a sus semejanzas y diferencias. El nombar y asignar organismos a ciertos taxones o taxa.

temperatura componente del clima que indica el grado de calentamiento del aire atmosférico.

templada provincia térmica donde los valores de la biotemperatura compensada oscilan entre los 15 y 20 ºC y se presentan en las tierras montano bajas (Herrera y Gómez, 1993).

terrestre perteneciente al material tierra o al planeta Tierra; propio de un ambiente relacionado estrechamente con la tierra o con la superficie sólida del planeta Tierra.

tierra baja piso altitudinal basal, donde los valores de la biotemperatura compensada son mayores de 24 ºC; también conocido como la provincia tropical (Herrera y Gómez, 1993).

tierra yerma porción de terreno no ocupada por vegetación ni cuerpos de agua o infraestructura; por ejemplo, rocas expuestas, suelos desnudos, derrumbes, deslizamientos recientes y tajos (minas a cielo abierto).

tropical (1) referente a la zona alrededor del planeta Tierra, entre los 23° latitud norte (Trópico de Cáncer) y los 23° latitud sur (Trópico de Capricornio), que colinda con las zonas subtropicales templadas en el hemisferio norte y sur, respectivamente; (2) provincia térmica donde los valores de la biotemperatura compensada son mayores de 24 °C, correspondiente a las tierras bajas (Herrera y Gómez, 1993).

U

ultisol en el sistema de la USDA, un orden o categoría que abarca los suelos lateríticos con subsuelos rojos y fuertemente meteorizados, muchas veces ricos en óxidos secundarios de hierro y aluminio (Bates y Jackson, 1984).

uso actual de la tierra uso al que es sometido una porción del espacio geográfico en un determinado momento (presente).

V

vedada delimitación de una porción geográfica donde es prohibido entrar, talar, cazar, pescar; también se refiere a especies de las cuales no se permiten su tala, caza o pesca.

vegetación conjunto de especies vegetales asociadas por su aspecto o fisionomía y condicionadas por las características ambientales de un lugar determinado.

verificación de campo actividad que contempla la comprobación en el campo de ciertas características geográfico ecológicas, observadas e interpretadas en el laboratorio (gabinete), a partir de fotografías aéreas o imágenes de satélite.

Z

zona de vida unidad ecológica determinada y definida dentro del Sistema de Clasificación de Zonas de Vida del Mundo, desarrollado por Holdridge (1967). Está basada en variables como: temperatura (biotemperatura media anual), humedad (precipitación total por año) y evapotranspiración potencial (ETP), de los diferentes ecosistemas presentes en el mundo; Tosi (1969) preparó el mapa de zonas de vida de Costa Rica

3. Evaluación Ecológica Rápida

Para recolectar la información ecológica, biológica y geográfica de una superficie específica, la metodología denominada Evaluación Ecológica Rápida (ERR) es una de las más efectivas para: (i) delimitar áreas de prioridad en la conservación de la biodiversidad, (ii) detectar amenazas potenciales que pongan en peligro la biodiversidad y (iii) dirigir investigaciones específicas, como el inventario y monitoreo de la biodiversidad.

La metodología EER ha sido utilizada exitosamente en Belice, Bolivia, Brasil, Costa Rica, Ecuador, EEUU, Guatemala, Honduras, Jamaica, Panamá, Puerto Rico y República Dominicana. Algunas de las actividades realizadas por ECOMAPAS con base en la metodología EER son:

- revisión de literatura y mapas existentes (por ejemplo: hojas topográficas);
- selección de mapas con información abiótica (clima, geomorfología, suelo);
- análisis preliminar de fotografías aéreas;
- reconocimiento de campo;
- desarrollo de una macroclasificación fisionómica (unidades de cobertura de la tierra);
- desarrollo de formularios para la comprobación en el campo;
- interpretación de fotografías aéreas;
- comprobación de campo mediante giras de una semana;
- recolección de especímenes botánicos para la identificación en el herbario y, desde luego, su depósito;
- toma de fotografías digitales de los ecosistemas con fines ilustrativos;
- un sobrevuelo para reconocer las zonas más inaccesibles;
- ajustes de la fotointerpretación, basados en la comprobación de campo;
- almacenamiento y procesamiento de la información recolectada en formato de bases de datos;
- clasificación y descripción de los ecosistemas y su vegetación;
- ortorrectificación de las fotografías aéreas;
- digitalización de los polígonos interpretados en un SIG;
- producción de mapas; y,
- capacitación de usuarios del material producido;

Durante el proceso EER, la retroalimentación surgida entre los diferentes grupos contribuyó significativamente al rigor y la calidad de los productos. En consecuencia, es necesario reconocer el importante rol jugado por este elemento en el logro de los objetivos y retos de la conservación y del uso sostenible de la biodiversidad del país.

Por otra parte, para perfeccionar la metodología del inventario y del mapeo de los ecosistemas y su vegetación, el Proyecto ECOMAPAS efectuó un proceso consultivo con expertos nacionales e internacionales. (Castro, 1998). Entre otros, participaron distintos funcionarios del CCT, INBio, SINAC, UCR, UNA, la CONABIO de México y la Universidad de Amsterdam, Holanda. Los especialistas ofrecieron sugerencias que luego fueron incorporadas en el proceso de la clasificación, descripción y mapeo de los ecosistemas y sus asociaciones vegetales. Sin duda, este aporte fue fundamental para el desarrollo del sistema de clasificación y de los productos finales del Proyecto.

4. Lista de especies de las plantas vasculares observadas

FAMILIA (AFW)* Género	Especie	Forma de crecimiento
ACANTHACEAE (ACA) 11/21		
Aphelandra	*leonardii* McDade	Arbusto
	lingua-bovis Leonard	Arbusto
	scabra (Vahl) Sm.	Arbusto
Blechum	*pyramidatum* (Lam.) Urb.	Hierba
Bravaisia	*integerrima* (Spreng.) Standl.	Árbol
Chamaeranthemum	*durandii* Leonard (**EECR**)	Hierba
Dicliptera	*iopus* Lindau	Hierba
	skutchii Leonard (**EECR**)	Hierba
Justicia	*angustibracteata* Leonard	Hierba
	aurea Schltdl.	Hierba
	comata (L.) Lam.	Hierba
	metallica Lindau	Hierba
	peninsularis Gómez-Laur. & Hammel	Arbusto
	skutchii Leonard	Hierba
	valerii Leonard	Hierba
Odontonema	*tubaeforme* (Bertol.) Kuntze	Arbusto
Razisea	*spicata* Oerst.	Arbusto
Ruellia	*inundata* Kunth	Hierba
	tubiflora Kunth	Hierba
Teliostachya	*alopecuroidea* (Vahl) Nees	Hierba
Thunbergia	*grandiflora* Roxb.	Bejuco
ACTINIDIACEAE (ACT) 1/1		
Saurauia	*montana* Seem.	Árbol
AGAVACEAE (AGA) 1/1		
Yucca	*guatemalensis* Baker	Árbol
ALSTROEMERIACEAE (ALS) 1/2		
Bomarea	*acutifolia* (Link & Otto) Herb.	Bejuco
	costaricensis Kraenzl.	Bejuco
AMARANTHACEAE (AMA) 5/7		
Amaranthus	*spinosus* L.	Hierba
Chamissoa	*altissima* (Jacq.) Kunth	Bejuco
Cyathula	*achyranthoides* (Kunth) Moq.	Hierba
	prostrata (L.) Blume	Hierba
Iresine	*calea* (Ibanez) Standl.	Hierba
	diffusa Humb. & Bonpl. ex Willd.	Hierba
Pleuropetalum	*pleiogynum* (Kuntze) Standl.	Arbusto
AMARYLLIDACEAE (AMR) 1/1		
Crinum	*erubescens* Aiton	Hierba

ANACARDIACEAE (ANA) 5/7		
Anacardium	*excelsum* (Bertero & Balb. ex Kunth	Árbol
	occidentale L.	Árbol
Mangifera	*indica* L.	Árbol
Mauria	*heterophylla* Kunth	Árbol
Spondias	*mombin* L.	Árbol
Tapirira	*mexicana* Marchand	Árbol
	myriantha Triana & Planch.	Árbol
ANNONACEAE (ANN) 4/10		
Annona	*amazonica* R. E. Fr.	Árbol
	muricata L.	Árbol
	pittieri Donn. Sm.	Árbol
Duguetia	*confusa* Maas	Árbol
Guatteria	*diospyroides* Baill.	Árbol
	oliviformis Donn. Sm.	Árbol
	sp1	
	talamancana	
	tonduzii Diels	Árbol
Xylopia	*frutescens* Aubl.	Árbol
APIACEAE (API) 5/8		
Daucus	*carota* L.	Hierba
	montanus Humb. & Bonpl.	Hierba
Eryngium	*foetidum* L.	Hierba
	humile Cav.	Hierba
Hydrocotyle	*bowlesioides* Mathias & Constance	Hierba
	ribifolia Rose & Standl.	Hierba
Myrrhidendron	*donnellsmithii* J. M. Coult. & Rose	Arbusto
Sanicula	*liberta* Cham. & Schltdl.	Hierba
APOCYNACEAE (APO) 8/9		
Allamanda	*cathartica* L.	Bejuco
Aspidosperma	*spruceanum* Benth. ex Mull. Arg.	Árbol
Lacmellea	*panamensis* (Woodson) Markgr.	Árbol
	zamorae J. F. Morales (**EECR**)	Árbol
Mandevilla	*subsagittata* (Ruiz & Pav.) Woodson	Bejuco
Mesechites	*trifida* (Jacq.) Mull. Arg.	Bejuco
Prestonia	*portobellensis* (Beurl.) Woodson	Bejuco
Stemmadenia	*simulans* J. F. Morales	Arbusto
Tabernaemontana	*longipes* Donn. Sm.	Arbusto
AQUIFOLIACEAE (AQF) 1/4		
Ilex	*costaricensis* Donn. Sm.	Árbol
	lamprophylla Standl.	Árbol
	maxima W. J. Hahn	Árbol
	pallida Standl.	Árbol
ARACEAE (ARA) 12/32		
Alocasia	*macrorrhizos* (L.) G. Don	Hierba
Anthurium	*acutifolium* Engl.	Hierba
	alatipedunculatum	

	Croat & R. A. Baker (**EECR**)	Hierba
	caperatum Croat & R. A. Baker	Hierba
	carnosum Croat & R. A. Baker	Hierba
	concinnatum Schott	Hierba
	cuspidatum Mast.	Hierba
	lancifolium Schott	Hierba
	microspadix Schott	Hierba
	oerstedianum Schott	Hierba
	protensum Schott	Hierba
	ramonense Engl. ex K. Krause	Hierba
	ranchoanum Engl.	Bejuco
	ravenii Croat & R. A. Baker	Hierba
	scandens (Aubl.) Engl.	Hierba
	tonduzii Engl.	Hierba
Dieffenbachia	*oerstedii* Schott	Hierba
Dracontium	*pittieri* Engl. (**EECR**)	Hierba
Heteropsis	*oblongifolia* Kunth	Bejuco
Homalomena	*erythropus* Engl.	Hierba
Monstera	*adansonii* Schott	Hierba
	deliciosa Liebm.	Hierba
Philodendron	*dodsonii* Croat & Grayum	Hierba
	microstictum Standl. & L. O. Williams	Hierba
	pterotum K. Koch & Augustin	Hierba
	purpureoviride Engl.	Hierba
Philodendron	*verrucosum* L. Mathieu ex Schott	Hierba
Spathiphyllum	*montanum* (R. A. Baker) Grayum	Bejuco
	wendlandii Schott	Hierba
Stenospermation	*angustifolium* Hemsl.	Hierba
Xanthosoma	*violaceum* Schott	Hierba
Zantedeschia	*aethiopica* (L.) Spreng.	Hierba

ARALIACEAE (ARL) 3/8

Dendropanax	*arboreus* (L.) Decne. & Planch.	Árbol
	querceti Donn. Sm.	Árbol
Oreopanax	*oerstedianus* Marchal	Árbol
	striatus M. J. Cannon & Cannon	Árbol
	xalapensis (Kunth) Decne. & Planch.	Árbol
Schefflera	*robusta* (A. C. Sm.) A. C. Sm.	Árbol
	rodriguesiana Frodin ex M. J. Cannon & Cannon sp	Árbol

ARECACEAE (ARE) 16/30

Asterogyne	*martiana* (H. Wendl.) H. Wendl. ex Hemsl.	Arbusto
Bactris	*gasipaes* Kunth.	Árbol
	glandulosa Oerst.	Arbusto
	hondurensis Standl.	Arbusto
Calyptrogyne	*ghiesbreghtiana* (Linden & H. Wendl.) H. W	Arbusto
Chamaedorea	*costaricana* Oerst.	Arbusto
	incrustata Hodel, G. Herrera & Cascante (**EECR**)	Arbusto
	macrospadix Oerst.	Arbusto
Chamaedorea	*pinnatifrons* (Jacq.) Oerst.	Arbusto

	piscifolia Hodel, G. Herrera & Casc. (**EECR**)	Arbusto
	rossteniorum Hodel, G. Herrera & Cascante	Arbusto
	sullivaniorum Hodel & N. W. Uhl	Arbusto
	tepejilote Liebm.	Arbusto
	zamorae Hodel (**EECR**)	Arbusto
Coccos	*nucifera* L.	Árbol
Cryosophila	sp	
Desmoncus	*schippii* Burret	Bejuco
	sp	
Elaeis	*guianensis* Jacq.	Árbol
Euterpe	*precatoria* Mart.	Árbol
Geonoma	*congesta* H. Wendl. ex Spruce	Arbusto
	deversa (Poit.) Kunth	Arbusto
	edulis H. Wendl. ex Spruce	Arbusto
Iriartea	*deltoidea* Ruiz & Pav.	Árbol
Neonicholsonia	*watsonii* Dammer	Arbusto
Prestoea	*acuminata* (Willd.) H. E. Moore	Árbol
	longepetiolata (Oerst.) H. E. Moore	Arbusto
Reinhardtia	*gracilis* (H. Wendl.) Drude ex Damm	Arbusto
Socratea	*exorrhiza* (Mart.) H. Wendl.	Árbol
Synechanthus	*warscewiczianus* H. Wendl.	Arbusto
ASCLEPIADACEAE (ASC) 2/2		
Asclepias	*curassavica* L.	Hierba
Cynanchum	*glaberrimum* (Woodson) L. O. Williams	Hierba
ASPLENIACEAE (ASL) 1/4		
Asplenium	*abscissum* Willd.	Hierba
	auritum Sw.	Hierba
	maxonii Lellinger	Hierba
	pteropus Kaulf.	Hierba
ASTERACEAE (AST) 64/110		
Acmella	*radicans* (Jacq.) R. K. Jansen	Hierba
Ageratina	*anisochroma* (Klatt) R. M. King & H. Rob.	Hierba
	ixiocladon (Benth.) R. M. King & H. Rob.	Hierba
	kupperi (Suess.) R. M. King & H. Rob.	Hierba
	ligustrina (DC.) R. M. King & H. Rob.	Hierba
	pichinchensis (Kunth) R. M. King & H. Rob.	Hierba
	reticulifera (Standl. & L. O. Williams) R. M. King & H. Rob.	Hierba
	subcordata (Benth. ex Oerst.) Hemsl.	Hierba
Ageratum	*conyzoides* L.	Hierba
Archibaccharis	*irazuensis* (S. F. Blake) S. F. Blake	Hierba
	schiedeana (Benth.) J. Jacks.	Hierba
Baccharis	*pedunculata* (Mill.) Cabrera	Arbusto
	trinervis (Lam.) Pers.	Arbusto
Bartlettina	*prionophylla* (B. L. Rob.)	

	R. M. King & H. Rob. (**EECR**)	Arbusto
	silvicola (B. L. Rob.) R. M. King & H. Rob. (EE) (**EECR**)	Arbusto
Bidens	*pilosa* L.	Hierba
	reptans (L.) G. Don	Bejuco
Brickellia	*argyrolepis* B. L. Rob.	Arbusto
Calea	*urticifolia* (Mill.) DC.	Hierba
Calyptocarpus	*wendlandii* Sch. Bip.	Hierba
Chaptalia	*nutans* (L.) Pol.	Hierba
Chionolaena	*lavandulifolia* Benth.	Hierba
Cirsium	*mexicanum* DC.	Hierba
	subcoriaceum (Less.) Petr.	Hierba
Clibadium	*anceps* Greenm.	Arbusto
	leiocarpum Steetz	Arbusto
	surinamense L.	Arbusto
Conyza	*apurensis* Kunth	Hierba
	bonariensis (L.) Cronquist	Hierba
	canadensis (L.) Cronquist	Hierba
Critonia	*morifolia* (Mill.) R. M. King & H. Rob.	Hierba
Dahlia	*imperialis* Roezl ex Ortgies	Hierba
Decachaeta	*thieleana* (Klatt) R. M. King & H. Rob.	Arbusto
Delilia	*biflora* (Sw.) Sch. Bip.	Hierba
Diplostephium	*costaricense* S. F. Blake (**EECR**)	Arbusto
Eclipta	*prostrata* (L.) L.	Hierba
Elephantopus	*mollis* Kunth	Hierba
	spicatus Juss. ex Aubl.	Hierba
	spirales (Less.) Cronquist	Hierba
Eleutheranthera	*ruderalis* (Klatt) R. M. King & H. Rob.	Hierba
Emilia	*fosbergii* Nicolson	Hierba
Erechtites	*valerianifolia* (Wolf) DC.	Hierba
Erigeron	*karvinskianus* DC.	Hierba
Fleischmannia	*pycnocephala* (Less.) R. M. King & H. Rob.	Hierba
Galinsoga	*quadriradiata* Ruiz & Pav.	Hierba
Gamochaeta	*americana* (Mill.) Wedd.	Hierba
Gnaphalium	*attenuatum* DC.	Hierba
	brachyphyllum Greenm.	Hierba
	domingense Lam.	Hierba
	roseum Kunth	Hierba
	sp	
Heterocondylus	*vitalbae* (DC.) R. M. King & H. Rob.	Hierba
Hieracium	*irasuense* Benth.	Hierba
Hypochoeris	*radicata* L.	Hierba
Ichthyothere	*scandens* S. F. Blake	Hierba
Jaegeria	*hirta* (Lag.) Less.	Hierba
Jungia	*ferruginea* L. f.	Bejuco
Lactuca	*sativa* L.	Hierba
Laestadia	*costaricensis* S. F. Blake (**EECR**)	Hierba
Liabum	*bourgeaui* Hieron.	Bejuco
Melampodium	*divaricatum* (Rich.) DC.	Hierba
Melanthera	*aspera* (Jacq.) Small	Hierba
	nivea (L.) Small	Hierba

Mikania	*banisteriae* DC.	Bejuco
	castroi R. M. King & H. Rob.	Bejuco
	guaco Humb. & Bonpl.	Bejuco
	holwayana B. L. Rob.	Bejuco
	micrantha Kunth	Bejuco
	sp	
Neomirandea	*angularis* (B. L. Rob.) R. M. King & H. Rob. (**EECR**)	Arbusto
	araliifolia (Less.) R. M. King & H. Rob.	Hierba
Neurolaena	*lobata* (L.) R. Br.	Arbusto
Oligactis	*volubilis* (Kunth) Cass.	Hierba
Otopappus	*verbesinoides* Benth.	Arbusto
Polyanthina	*nemorosa* (Klatt) R. M. King & H. Rob.	Hierba
Pseudelephantopus	*spicatus* (Juss.) Vahl	Hierba
Rumfordia	*polymnioides* Greenm.	Arbusto
Salmea	*scandens* (L.) DC.	Bejuco
Senecio	*andicola* Turcz.	Arbusto
	angustiradiatus T. M. Barkley	Bejuco
	arborescens Steetz	Arbusto
	cooperi Greenm.	Arbusto
	costaricensis R. M. King	Hierba
	firmipes Greenm. (**EECR**)	Arbusto
	multivenius Benth. (**EECR**)	Arbusto
	oerstedianus Benth.	Hierba
	phanerandrus Greenm.	Bejuco
Sigesbeckia	*jorullensis* Kunth	Hierba
Sinclairia	*polyantha* (Klatt) Rydb.	Hierba
Sonchus	*oleraceus* L.	Hierba
Synedrella	*nodiflora* (L.) Gaertn.	Hierba
Tagetes	*filifolia* DC.	Hierba
	microglossa Benth.	Hierba
Tessaria	*integrifolia* Ruiz & Pav.	Arbusto
Thelechitonia	*trilobata* (L.) H. Rob. & Cuatrec.	Hierba
Tridax	*procumbens* L.	Hierba
Verbesina	*gigantea* Jacq.	Arbusto
	oerstediana Benth.	Arbusto
	tapantiana Poveda & Hammel (**EECR**)	Arbusto
	tonduzii Greenm.	Arbusto
	turbacensis Kunth	Arbusto
Vernonia	*brachiata* Benth.	Arbusto
	canescens Kunth	Arbusto
	cinerea (L.) Less.	Arbusto
	patens Kunth	Arbusto
	sp	
	tortuosa (L.) DC.	Arbusto
Viguiera	*cordata* (Hook. & Arn.) D"Arcy	Hierba
Westoniella	*triunguifolia* Cuatrec.	Hierba
Zexmenia	*virgulta* Klatt	Arbusto

BALSAMINACEAE (BLS) 1/1

Impatiens	*balsamina* L.	Hierba

BEGONIACEAE (BEG) 1/12

Begonia	*cardiocarpa* Liebm.	Hierba

	convallariodora C. DC.	Hierba
	cooperi C. DC.	Hierba
	corredorana C. DC.	Hierba
	estrellensis C. DC.	Hierba
	glabra Aubl.	Bejuco
Begonia	*involucrata* Liebm.	Hierba
	multinervia Liebm.	Hierba
	sp	
	tonduzii C. DC.	Hierba
	udisilvestris C. DC.	Hierba
	urophylla Hook.	Hierba
BETULACEAE (BET) 1/1		
Alnus	*acuminata* Kunth	Árbol
BIGNONIACEAE (BIG) 9/11		
Amphilophium	*pannosum* (DC.) Bureau & K. Schum.	Bejuco
Callichlamys	*latifolia* (Rich.) K. Schum.	Bejuco
Crescentia	*cujete* L.	Árbol
Jacaranda	*copaia* (Vahl) Sandwith	Árbol
Lundia	*corymbifera* (Rich.) Bureau	Bejuco
Paragonia	*pyramidata* (Bory) C. Chr.	Bejuco
Phryganocydia	*phellosperma* (Hemsl.) Sandwith	Bejuco
Spathodea	*campanulata* P. Beauv.	Árbol
Tabebuia	*ochracea* (Cham.) Standl.	Árbol
	palustris Hemsl.	Arbusto
	rosea (Bertol.) DC.	Árbol
BLECHNACEAE (BLE) 2/4		
Blechnum	*buchtienii* Rosenst.	Hierba
	ensiforme (Liebm.) C. Chr.	Hierba
	glandulosum Kaulf.	Hierba
Salpichlaena	*volubilis* (Kaulf.) J. Sm.	Bejuco
BOMBACACEAE (BOM) 5/6		
Ceiba	*pentandra* (L.) Gaertn.	Árbol
Matisia	*tinamastiana* A.Estrada & *Cascante* (**EECR**)	Árbol
Ochroma	*pyramidale*	Árbol
Pachira	*aquatica* Aubl.	Árbol
Quararibea	*asterolepis* Pittier	Árbol
	obliquifolia (Standl.) Standl.	Árbol
BORAGINACEAE (BOR) 1/9		
Cordia	*alliodora* (Ruiz & Pav.) Oken	Árbol
	bicolor A. DC.	Árbol
	croatii James S. Mill.	Árbol
	cymosa (Donn. Sm.) Standl.	Árbol
	inermis (Mill.) I. M. Johnst.	Arbusto
	linnaei Stearn	Arbusto
	lucidula I. M. Johnst.	Árbol
	porcata Nowicke	Arbusto
	spinescens L.	Arbusto
BRASSICACEAE (BRA) 5/5		
Brassica	*juncea* (L.) Czerniak.	Hierba

Cardamine	*bonariensis* Pers.	Hierba
Lepidium	*virginicum* L.	Hierba
Nasturtium	*officinale* R. Br.	Hierba
Rorippa	*nasturtium-aquaticum* (L.) Hayek	Hierba

BROMELIACEAE (BML) 8/18

Aechmea	*pubescens* Baker	Hierba
	tonduzii Mez & Pittier	Hierba
Araeococcus	*pectinatus* L. B. Sm.	Hierba
Catopsis	*nutans* Mez & Tonduz ex Mez	Hierba
Guzmania	*desautelsii* Read & L. B. Sm.	Hierba
	monostachia (L.) Rusby ex Mez ex	Hierba
	polycephala Mez & Werckle	Hierba
Pitcairnia	*atrorubens* (Beer) Baker	Hierba
Puya	*dasylirioides* Standl. (**EECR**)	Hierba
Tillandsia	*leiboldiana* Schltdl.	Hierba
	multicaulis Steud.	Hierba
	punctulata Schltdl. & Cham.	Hierba
Vriesea	*gladioliflora* (H. Wendl.) Antoine	Hierba
	ororiensis (Mez) L. B. Sm. & Pittend	Hierba
	pedicellata (Mez & Werckl_) L. B. Smith & Pittendr.	Hierba
	pittieri L. B. Sm.	Hierba
	tonduziana (Regel) Wittm. ex Mez	Hierba
	williamsii Donn. Sm.	Hierba

BRUNELLIACEAE (BNL) 1/2

Brunellia	*comocladifolia* Humb. & Bonpl.	Árbol
	costaricensis Standl.	Árbol

BURSERACEAE (BRS) 3/5

Bursera	*standleyana* L. O. Williams & Cuatrec. (**EECR**)	Árbol
Protium	*glabrum* (Rose) Engl.	Árbol
	panamense (Rose) I. M. Johnst.	Árbol
	schippii Lundell	Árbol
Tetragastris	*panamensis* (Engl.) Kuntze	Árbol

CACTACEAE (CAC) 1 1

Opuntia	*brasiliensis* (Willd.) Haw.	Hierba

CAMPANULACEAE (CAM) 7/14

Burmeistera	sp	
	tenuiflora Donn. Sm.	Hierba
	vulgaris E. Wimm.	Hierba
Centropogon	*congestus* Gleason	Hierba
	costaricae (Vatke) McVaugh (**EECR**)	Hierba
	granulosus C. Presl	Hierba
	panamensis Wilbur	Hierba
	valerii Standl. (**EECR**)	Hierba
Diastatea	*micrantha* (Kunth) McVaugh	Hierba
Heterotoma	*lobelioides* Zucc.	Hierba
Hippobroma	*longiflora* (L.) G. Don	Hierba
Lobelia	*irazuensis* Planch. & Oerst.	Hierba

	laxiflora Kunth	Hierba
Siphocampylus	*nematosepalus* (Donn. Smith.) Wim.	Hierba
CAPPARIDACEAE (CAP) 1/1		
Podandrogyne	*decipiens* (Triana & Planch.) Woodson	Arbusto
CAPRIFOLIACEAE (CPR) 2/2		
Lonicera	*japonica* Thunb.	Bejuco
Viburnum	*costaricanum* (Oerst.) Hemsl.	Árbol
CARICACEAE (CRC) 2/3		
Carica	*papaya* L.	Arbusto
Jacaratia	*dolichaula* (Donn. Sm.) Woodson	Arbusto
	spinosa (Aubl.) DC.	Árbol
CARYOCARACEAE (CCR) 2/2		
Anthodiscus	*chocoensis* Prance (**EA**)(**EV**)	Árbol
Caryocar	*costaricense* Donn. Sm. (**EA**)	Árbol
CARYOPHYLLACEAE (CRY) 5/5		
Arenaria	*lanuginosa* (Michx.) Rohrb.	Hierba
Cerastium	*guatemalense* Standl.	Hierba
Drymaria	*cordata* (L.) Willd. ex Schult.	Hierba
Sagina	*procumbens* L.	Hierba
Stellaria	*ovata* Willd. ex Schltdl.	Hierba
CECROPIACEAE (CEC) 3/8		
Cecropia	*insignis* Liebm.	Árbol
	obtusifolia Bertol.	Árbol
	peltata L.	Árbol
	polyphlebia Donn. Sm.	Árbol
Coussapoa	*parviceps* Standl.	Árbol
	villosa Poepp. & Endl.	Árbol
Pourouma	*bicolor* Mart.	Árbol
	minor Benoist	Árbol
CELASTRACEAE (CEL) 4 4		
Euonymus	*costaricensis* Standl.	Árbol
Maytenus	*woodsonii* Lundell	Árbol
Perrottetia	*multiflora* Lundell	Árbol
Zinowiewia	*costaricensis* Lundell	Árbol
CHENOPODIACEAE (CHE) 1/1		
Chenopodium	*ambrosioides* L.	Hierba
CHLORANTHACEAE (CLR) 1/4		
Hedyosmum	*bonplandianum* Kunth	Arbusto
	brenesii Standl.	Arbusto
	goudotianum Solms	Arbusto
	scaberrimum Standl.	Arbusto
CHRYSOBALANACEAE (CHB) 4/4		
Chrysobalanus	*icaco* L.	Arbusto

Hirtella	*triandra* Sw.	Árbol
Licania	*platypus*	
Maranthes	*panamensis* (Standl.) Prance & F. White	Árbol

CLETHRACEAE (CLE) 1/2

Clethra	*gelida* Standl.	Árbol
	mexicana A. DC.	Árbol

CLUSIACEAE (CLU) 10/20

Calophyllum	*brasiliense* Cambess.	Árbol
Chrysochlamys	*allenii* (Maguire) Hammel	Árbol
	glauca (Oerst., Planch. & Triana) Hemsl.	Árbol
Clusia	*minor* L.	Árbol
	multiflora Kunth	Árbol
	palmana Standl.	Árbol
	torresii Standl.	Árbol
	valerii Standl.	Árbol
Dystovomita	*paniculata* (Donn. Sm.) Hammel	Árbol
Garcinia	*intermedia* (Pittier) Hammel	Árbol
	madruno (Kunth) Hammel	Árbol
Hypericum	*caracasanum* Willd.	Hierba
	irazuense Kuntze	Hierba
	pratense Cham. & Schltdl.	Hierba
	strictum Kunth	Hierba
Marila	*laxiflora* Rusby	Árbol
	pluricostata Standl. & L. O. Williams	Árbol
Symphonia	*globulifera* L. f.	Árbol
Tovomita	*weddelliana* Planch. & Triana	Árbol
Vismia	*baccifera* (L.) Triana & Planch.	Árbol

COMBRETACEAE (CMB) 4/6

Buchenavia	*tetraphylla* (Aubl.) R. A. Howard	Árbol
Combretum	*cacoucia* Exell	Bejuco
Laguncularia	*racemosa* (L.) C. F. Gaertn.	Árbol
Terminalia	*amazonia* (J. F. Gmel.) Exell	Árbol
	catappa L.	Árbol
	oblonga (Ruiz & Pav.) Steud.	Árbol

COMMELINACEAE (CMM) 3/4

Cochliostema	*odoratissimum* Lem.	Hierba
Dichorisandra	*hexandra* (Aubl.) Standl.	Hierba
Tradescantia	*poelliae* D. Hunt	Hierba
	zanonia (L.) Sw.	Hierba

CONVOLVULACEAE (CNV) 2/3

Ipomoea	*squamosa* Choisy	Bejuco
Merremia	*tuberosa* (L.) Rendle	Bejuco
	umbellata (L.) Hallier f.	Bejuco

CORNACEAE (COR) 1/2

Cornus	*disciflora* DC.	Árbol
	peruviana J. F. Macbr.	Árbol

COSTACEAE (COT) 1/4

Costus	*lasius* Loes.	Hierba

	nitidus Maas	Hierba
	plicatus Maas	Hierba
	ricus Maas & H. Maas (**EECR**)	Hierba
CUCURBITACEAE (CUC) 11/12		
Cayaponia	*granatensis* Cogn.	Bejuco
Cucumis	*melo* L.	Bejuco
Cyclanthera	*langaei* Cogn.	Bejuco
Elateriopsis	*oerstedii* (Cogn.) Pittier	Bejuco
Gurania	*makoyana* (Lem.) Cogn.	Bejuco
Melothria	*pendula* L.	Bejuco
Momordica	*charantia* L.	Bejuco
Polyclathra	*cucumerina* Bertol.	Bejuco
Psiguria	*warscewiczii* (Hook. f.) Wunderlin	Bejuco
Sechium	*pittieri* (Cogn.) C. Jeffrey	Bejuco
	tacaco (Pittier) C. Jeffrey (**EECR**)	Bejuco
Sicydium	*tuerckheimii* (Baker) D. S. Conant	Bejuco
CUNONIACEAE (CUN) 1/3		
Weinmannia	*balbisiana* Kunth	Árbol
	fagaroides Kunth	Árbol
	pinnata L.	Árbol
CUPRESSACEAE (CUP) 1/1		
Cupressus	*lusitanica* Mill.	Árbol
CYATHEACEAE (CTH) 2/3		
Cnemidaria	*choricarpa* (Maxon) R. M. Tryon	Arbusto
Cyathea	*divergens* Kunze	Arbusto
	multiflora Sm.	
Arbusto		
CYCLANTHACEAE (CYC) 5/7		
Asplundia	*alata* Harling	Hierba
	pittieri (Woodson) Harling	Hierba
Carludovica	*drudei* Mast.	Hierba
Cyclanthus	*bipartitus* Poit.	Hierba
Dicranopygium	*osaanse* Hammel	Hierba
Sphaeradenia	*lauchaena* (Mast.) Harling	Hierba
	sphagnicola Harling (**EECR**)	Hierba
CYPERACEAE (CYP) 7/10		
Carex	*polystachya* Sw. ex Wahlenb.	Hierba
	sp	
Cyperus	*giganteus* Vahl	Hierba
	sp	
Eleocharis	*elegans* (L.) C. Presl	Hierba
Fimbristylis	*dichotoma* (L.) Vahl	Hierba
Rhynchospora	sp	
Scleria	*melaleuca* Rchb. f. ex Schltdl.Cham	Hierba
Soleria	sp	
Torulinuim	*oduratum*	

DENNSTAEDTIACEAE (DST) 4/4		
Lindsaea	*lancea* (L.) Bedd.	Hierba
Odontosoria	*gymnogrammoides* H. Christ	Hierba
Paesia	*anfractuosa* (H. Christ) C. Chr.	Hierba
Pteridium	*arachnoideum* (Kaulf.) Maxon	Hierba
DICHAPETALACEAE (DCH) 2/2		
Dichapetalum	*hammelii Prance* (**EECR**)	Bejuco
Stephanopodium	*costaricense Prance* (**EECR**)	Árbol
DICKSONIACEAE (DCK) 1/1		
Dicksonia	*gigantea* H. Karst.	Arbusto
DILLENIACEAE (DLL) 3/7		
Davilla	*nitida* (Vahl) Kubitzki	Bejuco
	rugosa Poir.	Bejuco
Doliocarpus	*brevipedicellatus* Garcke	Bejuco
	dentatus (Aubl.) Standl.	Bejuco
	multiflorus Hemsl.	Bejuco
Tetracera	*portobellensis* Beurl.	Bejuco
	volubilis L.	Bejuco
DIOSCOREACEAE (DSC) 1/4		
Dioscorea	*lepida* C. V. Morton	Bejuco
	mexicana Scheidw.	Bejuco
	spiculiflora (Sw.) Ching	Bejuco
	standleyi C. V. Morton	Bejuco
DRACAENACEAE (DRC) 1/1		
Dracaena	*fragrans* (L.) Ker Gawl.	Arbusto
DRYOPTERIDACEAE (DRY) 2/2		
Dryopteris	*wallichiana* (Spreng.) Hyl.	Hierba
Olfersia	*cervina* (L.) Kunze	Hierba
ELAEOCARPACEAE (ELC) 1/2		
Sloanea	*brenesii* Standl.	Árbol
	terniflora (Moc. & Sess_ ex DC.) Standl.	Árbol
EQUISETACEAE (EQU) 1/1		
Equisetum	*bogotense* Kunth	Hierba
ERICACEAE (ERI) 9/12		
Cavendishia	*bracteata* (Ruiz & Pav. ex J. St.-Hi	Arbusto
	callista Donn. Sm.	Arbusto
	confertiflora A. C. Sm.	Arbusto
Comarostaphylis	*arbutoides* Lindl.	Arbusto
Gaultheria	*erecta* Vent.	Arbusto
Gonocalyx	sp	
Macleania	*rupestris* (Kunth) A. C. Sm.	Arbusto
Pernettya	*prostrata* (Cav.) DC.	Arbusto
Satyria	*warszewiczii* Klotzsch	Arbusto
Sphyrospermum	*buxifolium* Poepp. & Endl.	Arbusto

	cordifolium Benth.	Arbusto
Vaccinium	*consanguineum* Klotzsch	Arbusto

ERIOCAULACEAE (ERO) 1/1

Paepalanthus	*kupperi Suess.* (**EECR**)	Hierba

ERYTHROXYLACEAE (ERX) 1/1

Erythroxylum	*macrophyllum* Cav.	Árbol

EUPHORBIACEAE (EUP) 19/45

Acalypha	*alopecuroidea* Jacq.	Hierba
	apodanthes Standl. & L. O. Williams	Hierba
	arvensis Poepp. & Endl.	Hierba
	diversifolia Jacq.	Arbusto
	ferdinandii K. Hoffm.	Arbusto
	macrostachya Jacq.	Arbusto
Alchornea	*costaricensis* Pax & K. Hoffm.	Árbol
	glandulosa Poepp.	Árbol
	latifolia Sw.	Árbol
Aparisthmium	*cordatum* (Juss.) Baill.	Árbol
Caperonia	*palustris* (L.) A. St.-Hil.	Hierba
Chamaesyce	*densiflora* (Klotzsch & Garcke) Mills	Hierba
	dioica Lundell	Hierba
	hirta (L.) Millsp.	Hierba
	hypericifolia (L.) Millsp.	Hierba
	ophthalmica (Pers.) D. G. Burch	Hierba
Codiaeum	*variegatum* (L.) Blume	Arbusto
Croton	*brevipes* Pax	Arbusto
	draco Cham. & Schltdl.	Árbol
	hirtus L"Her.	Hierba
	jimenezii Standl. & Valerio	Árbol
	schiedeanus Schltdl.	Árbol
	skutchii Standl. (**EECR**)	Árbol
	trinitatis Millsp.	Hierba
Dalechampia	*dioscoreifolia* Poepp. & Endl.	Bejuco
Drypetes	*brownii* Standl.	Árbol
Euphorbia	*elata* Brandegee	Arbusto
Hura	*crepitans* L.	Árbol
Hyeronima	*alchorneoides* Allemao	Árbol
	oblonga (Tul.) Mull. Arg.	Árbol
Mabea	*klugii* Steyerm.	Árbol
	occidentalis Benth.	Árbol
Manihot	*esculenta* Crantz	Arbusto
Omphalea	*diandra* L.	Bejuco
Phyllanthus	*acuminatus* (L.) Willd.	Árbol
	mocinianus Baill.	Arbusto
	niruri L.	Hierba
	skutchii Standl.	Árbol
	stipulatus (Raf.) G. L. Webster	Hierba
Phyllantus	*urinaria* L.	Hierba
Plukenetia	*stipellata* L. J. Gillespie	Bejuco
Sapium	*glandulosum* (L.) Morong	Árbol
	pachystachys K. Schum. & Pittier	Árbol
	rigidifolium Huft	Árbol

Sebastiania	*panamensis* Webster	Arbusto

FABACEAE/CAESALPINACEAE FAB/CAE 8/13

Cassia	*grandis* L. f.	Árbol
Chamaecrista	*nictitans* (L.) Moench	Hierba
Dialium	*guianense* (Aubl.) Sandwith	Árbol
Macrolobium	*costaricense* W. C. Burger	Árbol
Mora	*oleifera* (Triana) Ducke (**EA**)	Árbol
Schizolobium	*parahyba* (Vell.) S. F. Blake	Árbol
Senna	*obtusifolia* (L.) H. S. Irwin & Barneby	Arbusto
	pallida (Vahl) H. S. Irwin & Barneby	Arbusto
	papillosa (Britton & Rose) H. S. Irwin & Barneby	Arbusto
	pendula (Willd.) H. S. Irwin & Barneby	Arbusto
	reticulata (Willd.) H. S. Irwin & Barneby	Arbusto
	spectabilis (DC.) H. S. Irwin & Barneby	Árbol
Tachigali	*versicolor* Standl. & L. O. Williams (**EA**)	Árbol

FABACEAE/MIMOSACEAE FAB/MIM 17/27

Abarema	*idiopoda* (S. F. Blake) Barneby & Grimes	Árbol
Acacia	*allenii* D. H. Janzen (**EECR**)	Árbol
	hayesii Benth.	Bejuco
	tenuifolia (L.) Fawc. & Rendle	Bejuco
Adenopodia	*patens* (Hook. & Arn.) J. Dixon ex Brenan	Bejuco
Albizia	*carbonaria* Britton	Árbol
Cojoba	*costaricensis* Britton & Rose	Árbol
Entada	*gigas* Willd.	Bejuco
Enterolobium	*cyclocarpum* (Jacq.) Griseb.	Árbol
Inga	*acrocephala* Steud.	Árbol
	nobilis (Kunth) Harms	Árbol
	oerstediana Benth. ex Seem.	Árbol
	pezizifera Benth.	Árbol
	ruiziana G. Don	Árbol
	skutchii Standl. (**EECR**)	Árbol
	spectabilis (Vahl) Willd.	Árbol
	tonduzii Donn. Sm.	Árbol
	vera Willd.	Árbol
Leucaena	*leucocephala* (Lam.) de Wit	Arbusto
Mimosa	*pudica* L.	Hierba
Newtonia	*suaveolens* (Miq.) Brenan	Árbol
Parkia	*pendula* (Willd.) Benth. ex Walp. (**EA**) (**EV**)	Árbol
Pseudosamanea	*guachapele* (Sw.) DC.	Árbol
Samanea	*saman* (Jacq.) Merr.	Árbol
Stryphnodendron	*microstachyum* Poepp. & Endl.	Árbol
Zapoteca	*tetragona* (Willd.) H. M. Hern.	Arbusto
Zygia	*longifolia* (Humb. & Bonpl. ex Willd.) Britton & Rose	Árbol

FABACEAE/PAPILONACEAE FAB/PAP 20/28

Aeschynomene	*americana* L.	Hierba
Andira	*inermis* (W. Wright) Kunth	Árbol
Centrosema	*pubescens* Benth.	Bejuco

Clitoria	*javitensis* (Kunth) Benth.	Bejuco
Dalbergia	*frutescens* (Vell.) Britton	Bejuco
Desmodium	*adscendens* (L.) DC.	Hierba
	incanum DC.	Hierba
	triflorum Meisn.	Hierba
Diphysa	*americana* (Mill.) M. Sousa	Árbol
Dussia	*macroprophyllata* (Donn. Sm.) Harms (**EA**)	Árbol
Erythrina	*berteroana* Urb.	Árbol
	costaricensis Micheli	Árbol
	fusca Lour.	Árbol
	poeppigiana (Walp.) O. F. Cook	Árbol
Gliricidia	*sepium* (Jacq.) Steud.	Árbol
Lupinus	*valerioi* Standl.	Hierba
Machaerium	*pittieri* J. F. Macbr.	Arbusto
Mucuna	*holtonii* (Kuntze) Moldenke	Bejuco
Pachyrhizus	*erosus* Hemsl.	Bejuco
Pterocarpus	*officinalis* Jacq.	Árbol
	rohrii Vahl	Árbol
Pueraria	*phaseoloides* (Roxb.) Benth.	Bejuco
Sesbania	*emerus* (Aubl.) Urb.	Arbusto
Swartzia	*myrtifolia* Sm.	Arbusto
	sp	
Trifolium	*dubium* Sibth.	Hierba
	repens L.	Hierba
Vigna	*speciosa* (Kunth) Verdc.	Hierba

FAGACEAE (FAG) 1/6

Quercus	*copeyensis* C. H. Mull.	Árbol
	costaricensis Liebm.	Árbol
	insignis M. Martens & Galeotti	Árbol
	oocarpa Liebm.	Árbol
	rapurahuensis Pittier ex Trel.	Árbol
	seemannii Liebm.	Árbol

FLACOURTIACEAE (FLC) 13/18

Banara	*guianensis* Aubl.	Arbusto
Carpotroche	*platyptera* Pittier	Arbusto
Casearia	*arborea* (Rich.) Urb.	Árbol
	arguta Kunth	Arbusto
	commersoniana Cambess.	Árbol
	tacanensis Lundell	Árbol
Chiangiodendron	*mexicanum* Wendt	Árbol
Hasseltia	*floribunda* Kunth	Árbol
Lacistema	*aggregatum* (Bergius) Rusby	Árbol
Lozania	*mutisiana* Roem. & Schult.	Árbol
	pittieri (S. F. Blake) L. B. Sm.	Árbol
Lunania	*mexicana* Brandegee	Árbol
Macrohasseltia	*macroterantha* (Standl. & L. O. Williams) L. O. Williams	Árbol
Mayna	*odorata* Aubl.	Arbusto
Pleuranthodendron	*lindenii* (Turcz.) Sleumer	Árbol
Tetrathylacium	*macrophyllum* Poepp.	Árbol
Xylosma	*chlorantha* Donn. Sm.	Arbusto
	hispidula Standl.	Arbusto

GARRYACEAE (GAR) 1/1		
Garrya	*laurifolia* Hartw. ex Benth.	Arbusto
GENTIANACEAE (GEN) 6/7		
Gentiana	*sedifolia* Kunth	Hierba
Halenia	*aquilegiella* Standl.	Hierba
	rhyacophila C. K. Allen	Hierba
Irlbachia	*alata* (Aubl.) Maas	Hierba
Macrocarpaea	*macrophylla* (Kunth) Gilg	Hierba
Symbolanthus	*calygonus* (Ruiz & Pav.) Griseb.	Hierba
Tachia	*parviflora* Maguire & Weaver	Arbusto
GERANIACEAE (GER) 1/1		
Geranium	*guatemalense* R. Knuth	Hierba
GESNERIACEAE (GSN) 12/18		
Alloplectus	*ichthyoderma* Hanst.	Hierba
Besleria	*laxiflora* Benth.	Hierba
	macropoda Kunth	Hierba
	pauciflora Rusby	Hierba
	solanoides (Kunth) Decne. ex Planch.	Hierba
Capanea	*grandiflora* Donn. Sm.	Hierba
Chrysothemis	*friedrichsthaliana* (Hanst.) H. E. Moore	Hierba
Codonanthe	*crassifolia* (Focke) C. V. Morton	Hierba
Columnea	*florida* C. V. Morton	Hierba
	hirta Klotzsch ex Oerst.	Hierba
	polyantha (Wiehler) L. E. Skog	Hierba
	sp	
Drymonia	*mortoniana* C. V. Morton	Hierba
Episcia	*lilacina* Hanst.	Hierba
Kohleria	*spicata* (Kunth) Oerst.	Hierba
Paradrymonia	*bullata* Gomez-Laur. & Chavarria (**EECR**)	Hierba
Rhynchoglossum	*azureum* Donn. Sm.	Hierba
Solenophora	*calycosa* H. Christ	Hierba
GLEICHENIACEAE (GLE) 1/1		
Gleichenia	*bifida* (Willd.) Spreng.	Hierba
GROSSULARIACEAE (GRO) 2/2		
Escallonia	*myrtilloides* L. f.	Árbol
Ribes	*leptostachyum* Benth.	Arbusto
GUNNERACEAE (GUN) 1/1		
Gunnera	*insignis* (Oerst.) A. DC.	Hierba
HAEMODORACEAE (HAE) 1/1		
Xiphidium	*coeruleum* Aubl.	Hierba
HAMAMELIDACEAE (HAM) 2/2		
Matudaea	*trinervia* Lundell	Árbol
Molinadendron	*hondurense* (Standl.) P. K. Endress	Árbol
HELICONIACEAE (HLC) 1/7		
Heliconia	*beckneri* Benth.	Hierba

	latispatha Benth.	Hierba
	sp1	
	sp2	
	stilesii W. J. Kress	Hierba
	vaginalis Petersen	Hierba
	wagneriana (Seem.) A. C. Sm.	Hierba
HERNANDIACEAE (HRN) 1/1		
Hernandia	*stenura* Standl.	Árbol
HIPPOCASTANACEAE (HIP) 1/2		
Billia	*colombiana* Planch. & Lindl.	Árbol
	hippocastanum Peyr.	Árbol
HUMIRIACEAE (HOU) 1/1		
Vantanea	*barbourii* Standl. (**EA**)	Árbol
HYDRANGEACEAE (HDR) 1/1		
Hydrangea	*peruviana* Moric.	Bejuco
HYDROPHYLLACEAE (HYD) 1/1		
Wigandia	*urens* (Ruiz & Pav.) Kunth	Arbusto
ICACINACEAE (ICC) 3/3		
Calatola	*costaricensis* Standl.	Árbol
Citronella	*costaricensis* (Donn. Sm.) R. A. Howard	Árbol
Discophora	*guianensis* Miers	Árbol
IRIDACEAE (IRI) 2/2		
Orthrosanthus	*chimboracensis* (Kunth) Baker	Hierba
Sisyrinchium	*chiricanum* Woodson	Hierba
JUGLANDACEAE (JUG) 1/2		
Alfaroa	*costaricensis* Standl.	Árbol
	williamsii A. R. Molina	Árbol
JUNCACEAE (JUN) 2/3		
Juncus	*bufonius* L.	Hierba
	effusus (Brandegee) Kosterm.	Hierba
Luzula	*denticulata* Liebm.	Hierba
LAMIACEAE (LAM) 4/12		
Hyptis	*capitata* Jacq.	Hierba
	obtusiflora C. Presl ex Benth.	Hierba
	pectinata Poit.	Hierba
	suaveolens (L.) Poit.	Hierba
	verticillata Jacq.	Hierba
	vilis Kunth & Bouche	Hierba
Prunella	*vulgaris* L.	Hierba
Rosmarinus	*officinalis* L.	Hierba
Salvia	*alvajaca* Oerst.	Hierba
	carnea Kunth	Hierba
	occidentalis Sw.	Hierba
	polystachya Ortega	Hierba

LAURACEAE (LAU) 9/43

Aiouea	*costaricensis* (Mez) Kosterm.	Árbol
Aniba	sp	
Beilschmiedia	*alloiophylla* (Rusby) Kosterm.	Árbol
	tovarensis (Meisn.) Sa. Nishida	Árbol
Caryodaphnopsis	*burgeri* N. Zamora & Poveda **(EA) (EECR) (EV)**	Árbol
Cinnamomum	*costaricanum* (Mez & Pittier) Kosterm.	Árbol
	hammelianum W. C. Burger	Árbol
	triplinerve (Ruiz & Pav.) Kosterm.	Árbol
Nectandra	*cufodontisii* (O. C. Schmidt) C. K. Allen	Árbol
	membranacea (Sw.) Griseb.	Árbol
	purpurea (Ruiz & Pav.) Mez	Árbol
	reticulata (Ruiz & Pav.) Mez	Árbol
	salicina C. K. Allen	Árbol
Ocotea	*atirrensis* Mez & Donn. Sm.	Árbol
	austinii C. K. Allen	Árbol
	brenesii Standl. (**EECR**)	Árbol
	cernua (Nees) Mez	Árbol
	endresiana Mez	Árbol
	helicterifolia (Meisn.) Hemsl.	Árbol
	holdridgeiana W. C. Burger	Árbol
	insularis (Meisn.) Mez	Árbol
	jorge-escobarii C. Nelson	Árbol
	laetevirens Standl. & Steyerm.	Árbol
	leucoxylon (Sw.) Laness.	Árbol
	meziana C. K. Allen	Árbol
	mollicella (L.) Buchenau	Árbol
	mollifolia Mez & Pittier	Árbol
	nicaraguensis Mez	Árbol
	praetermissa van der Werff	Árbol
	sp1	
	sp2	
	sp3	
	stenoneura Mez & Pittier	Árbol
	tonduzii Standl.	Árbol
	valeriana (Standl.) W. C. Burger	Árbol
	veraguensis (Meisn.) Mez	Árbol
	whitei Woodson	Árbol
Persea	*americana* Mill.	Árbol
	rigens C. K. Allen	vrbol
	sp1	
	sp2	
Pleurothyrium	*golfodulcensis* W. C. Burger *& N. Zamora (EECR)*	Árbol
	palmanum (Mez & Donn. Sm.) Rohwer	Árbol

LECYTHIDACEAE (LCY) 2/2

Couratari	*guianensis* Aubl. (**EA**)	Árbol
Grias	*cauliflora* L.	Árbol

LEPIDOBOTRYACEAE (LPB) 1/1

Ruptiliocarpon	*caracolito* Hammel & N. Zamora	Árbol

LILIACEAE (LIL) 1/1

Aloe	*vera* (L.) Burm. f.	Hierba

LIMNOCHARITACEAE (LMC) 1/1

Limnocharis	*flava* L.	Hierba

LOASACEAE (LOA) 2/2

Loasa	*grandis* Standl.	Hierba
	triphylla Juss.	Hierba

LOGANIACEAE (LOG) 5/6

Buddleja	*americana* L.	Arbusto
	nitida Benth.	Arbusto
Desfontainia	*spinosa* Ruiz & Pav.	Arbusto
Mitreola	*petiolata* (J. F. Gmel.) Torr. & A. Gray	Hierba
Peltanthera	*floribunda* Benth.	Arbusto
Spigelia	*anthelmia* (H. Christ) Ching	Hierba

LOMARIOPSIDACEAE (LOM) 1/1

Bolbitis	*portoricensis* (Spreng.) Hennipman	Hierba

LOPHOSORIACEAE (LOP) 1/1

Lophosoria	*quadripinnata* (J. F. Gmel.) C. Chr.	Hierba

LORANTHACEAE (LOR) 5/9

Gaiadendron	*punctatum* (Ruiz & Pav.) G. Don	Arbusto
Oryctanthus	*occidentalis* (L.) Eichler	Arbusto
	spicatus (Jacq.) Eichler	Arbusto
Phthirusa	*pyrifolia* (Poir.) B. Ollg.	Hierba
Psittacanthus	*ramiflorus* (DC.) G. Don	Arbusto
Struthanthus	*burgeri Kuijt* (**EECR**)	Arbusto
	cansjerifolius (Oliv.) Eichler	Arbusto
	leptostachyus (Kunth) G. Don	Arbusto
	quercicola (Schltdl. & Cham.) Blume	Arbusto

LYCOPODIACEAE (LYC) 3/5

Huperzia	*crassa* (Willd.) Rothm.	Hierba
	talamancana B. Hllg.	Hierba
Lycopodiella	*cernua* (L.) Pichi-Serm	Hierba
	clavatum L.	Hierba
	thyoides Humb. & Bonpl. ex Willd.	Hierba

LYTHRACEAE (LYT) 2/3

Cuphea	*carthagenensis* (Jacq.) J. F. Macbr.	Hierba
	utriculosa (Cav.) Cuatrec.	Hierba
Lagerstroemia	*speciosa* (L.) Pers.	Árbol

MAGNOLIACEAE (MAG) 2/3

Magnolia	*poasana* (Pittier) Dandy	Árbol
	sororum Seibert	Árbol
Talauma	*gloriensis* Pittier	Árbol

MALPIGHIACEAE (MLP) 7/10

Banisteriopsis	*elegans* (Triana & Planch.) Sandwiht	Bejuco
Bunchosia	*cornifolia* Kunth	Árbol
	macrophylla Rose	Arbusto

Byrsonima	*crassifolia* (L.) Kunth	Árbol
Dicella	*aciculifera* W. R. Anderson (**EECR**)	Bejuco
Heteropterys	*obovata* (Small) Cuatrec. & Croat	Bejuco
Spachea	*correae* Cuatrec. & Croat	Árbol
Stigmaphyllon	*bogotense* Planch. & Triana	Bejuco
	ellipticum (Kunth) A. Juss.	Bejuco
	lindenianum A. Juss.	Bejuco

MALVACEAE (MLV) 5/8

Hampea	*appendiculata* (Donn. Sm.) Standl.	Árbol
	platanifolia Standl.	Árbol
Malvaviscus	*arboreus* Cav.	Arbusto
Pavonia	*fruticosa* (Mill.) Fawc. & Rendle	Arbusto
	oxyphyllaria Donn. Sm.	Arbusto
Sida	*haenkeana* C. Presl	Hierba
	rhombifolia L.	Hierba
Wercklea	*lutea* Rolfe	Árbol

MARANTACEAE (MRN) 1/7

Calathea	*brenesii* Standl.	Hierba
	crotalifera S. Watson	Hierba
	guzmanioides L. B. Sm. & Idrobo	Hierba
	lutea (Aubl.) Schult.	Hierba
	platystachya Standl. & L. O. Williams	Hierba
	sp1	
	sp2	

MARCGRAVIACEAE (MRC) 3/4

Marcgravia	*brownei* (Triana & Planch.) Krug & Hurb.	Bejuco
	pittieri Gilg	Bejuco
Ruyschia	sp	
Schwartzia	*costaricensis* (Gilg) Bedell	Bejuco

MELASTOMATACEAE (MLS) 20/85

Aciotis	*evyana* Cogn.	Hierba
Adelobotrys	*adscendens* (Sw.) Triana	Bejuco
Arthrostemma	*ciliatum* Pav. ex D. Don	Hierba
Bellucia	*pentamera* Naudin	Árbol
Blakea	*anomala* Donn. Sm. (**EECR**)	Arbusto
	foliacea Gleason	Arbusto
	gracilis Hemsl.	Arbusto
	litoralis L. O. Williams	Arbusto
	subpeltata Cogn.	Arbusto
	woodsonii Gleason	Arbusto
Centradenia	*grandifolia* (Schltdl.) Endl.	Hierba
	paradoxa (Kraenzl.) Almeda	Hierba
Chaetolepis	*cufodontisii* Standl. (**EECR**)	Arbusto
Clidemia	*capitellata* (Bonpl.) D. Don	Arbusto
	densiflora (Standl.) Gleason	Arbusto
	dentata D. Don	Arbusto
	discolor (Triana) Cogn.	Arbusto

	epiphytica (Triana) Cogn.	Bejuco
	radicans Cogn.	Arbusto
	sessiliflora (Naudin) Cogn.	Arbusto
	sp1	
	sp2	
	spectabilis Gleason	Arbusto
Conostegia	*bigibbosa* Cogn. (**EECR**)	Árbol
	montana (Sw.) D. Don ex DC.	Árbol
	rhodopetala Donn. Sm. (**EECR**)	Árbol
	rufescens Naudin	Árbol
	subcrustulata (Beurl.) Triana	Arbusto
	tenuifolia Donn. Sm.	Árbol
Dissotis	*rotundifolia* (Sm.) Triana	Hierba
Graffenrieda	*galeottii* (Naudin) L. O. Williams	Árbol
Henriettea	*cuneata* (Standl.) L. O. Williams	Arbusto
	sp	
	tuberculosa (Donn. Sm.) L. O. William	Árbol
Leandra	*granatensis* Gleason	Arbusto
	subseriata (Naudin) Cogn.	Arbusto
Meriania	*macrophylla* (Benth.) Triana	Arbusto
	phlomoides (Triana) Almeda	Arbusto
Miconia	*affinis* DC.	Árbol
	argentea (Sw.) DC.	Árbol
	astroplocama Donn. Sm.	Árbol
	calvescens DC.	Arbusto
	carnea Cogn.	Arbusto
	costaricensis Cogn.	Arbusto
	cremadena Gleason	Arbusto
	decurrens Cogn.	Árbol
	dodecandra (Desr.) Cogn.	Arbusto
	dolichopoda Naudin	Arbusto
	dolichorrhyncha Naudin	Árbol
	elata (Sw.) DC.	Árbol
	gracilis Triana	Árbol
	impetiolaris (Sw.) D. Don	Árbol
	lacera (Bonpl.) Naudin	Arbusto
	longifolia (Aubl.) DC.	Arbusto
	multiplinervia Cogn.	Árbol
	nervosa (Sm.) Triana	Arbusto
	nutans Donn. Sm.	Arbusto
	paleacea Cogn.	Arbusto
	poeppigii Triana	Arbusto
	prasina (Sw.) DC.	Arbusto
	punctata (Desr.) D. Don	Árbol
	schlimii Triana	Árbol
	schnellii Wurdack (**EECR**)	Árbol
	serrulata (DC.) Naudin	Árbol
	smaragdina Naudin	Árbol
	sp1	
	sp2	
	sp3	
	sp4	
	sp5	

	sp6	
	sp7	
	theizans (Bonpl.) Cogn.	Árbol
	tonduzii Cogn.	Arbusto
	trinervia (Sw.) D. Don	Árbol
Monochaetum	*amabile* Almeda	Arbusto
	cordatum Almeda	Arbusto
	floribundum (Schltdl.) Naudin	Arbusto
	neglectum Almeda	Arbusto
Mouriri	*gleasoniana* Standl.	Árbol
Ossaea	*micrantha* (Sw.) Macfad.	Arbusto
Tibouchina	*longifolia* (Vahl) Baill. ex Cogn.	Arbusto
Topobea	*maurofernandeziana* Cogn.	Arbusto
	multiflora (D. Don) Triana	Arbusto
	pittieri Cogn.	Arbusto

MELIACEAE (MEL) 5/9

Carapa	*guianensis* Aubl.	Árbol
Cedrela	*odorata* L. (**EA**)	Árbol
	tonduzii C. DC. (**EA**)	Árbol
Guarea	*donnell-smithii* C. DC.	Árbol
	glabra Vahl	Árbol
	pterorhachis Harms	Árbol
Ruagea	*glabra* Triana & Planch.	vrbol
Trichilia	*americana* (Sesse & Moc.) T. D. Penn	Árbol
	havanensis Jacq.	Árbol

MENISPERMACEAE (MNS) 5/7

Abuta	*panamensis* (Standl.) Krukoff & Barneby	Bejuco
Anomospermum	*reticulatum* (Mart.) Eichler	Bejuco
Cissampelos	*grandifolia* Triana & Planch.	Bejuco
	pareira L.	Bejuco
	tropaeolifolia DC.	Bejuco
Disciphania	*calocarpa* Standl.	Bejuco
Hyperbaena	*leptobotryosa* (Donn. Sm.) Standl.	Arbusto

MONIMIACEAE (MNM) 2/6

Mollinedia	*costaricensis* Donn. Sm.	Árbol
	pinchotiana Perkins	Árbol
Siparuna	*gesnerioides* (Kunth) A. DC.	Arbusto
	grandiflora (Kunth) Perkins	Arbusto
	guianensis Aubl.	Arbusto
	tecaphora (Poepp. & Endl.) A. DC.	Arbusto

MORACEAE (MOR) 15/46

Batocarpus	*costaricensis* Standl. & L. O. Williams	Árbol
Brosimum	*alicastrum* Sw.	Árbol
	costaricanum Liebm.	Árbol
	guianense (Aubl.) Huber	Árbol
	lactescens (S. Moore) C. C. Berg	Árbol
	utile (Kunth) Oken	Árbol
Castilla	*elastica* Sesse	Árbol
	tunu Hemsl.	Árbol
Clarisia	*biflora* Ruiz & Pav.	Árbol

	racemosa Ruiz & Pav.	Árbol
Dorstenia	*choconiana* S. Watson	Hierba
Ficus	*americana* Aubl.	Árbol
	brevibracteata W. C. Burger	Árbol
	bullenei I. M. Johnst.	Árbol
	caldasiana Dugand	Árbol
	citrifolia Mill.	Árbol
	colubrinae Standl.	Árbol
	costaricana (Liebm.) Miq.	Árbol
	crassiuscula Warb. ex Standl.	Árbol
	crassivenosa W. C. Burger	Árbol
	davidsoniae Standl.	Árbol
	insipida Willd.	Árbol
	macbridei Standl.	Árbol
	maxima Mill.	Árbol
	morazaniana W. C. Burger	Árbol
	nymphaeifolia Mill.	Árbol
	pertusa L. f.	Árbol
	tonduzii Standl.	Árbol
	tuerckheimii Standl.	Árbol
	velutina Willd.	Árbol
	yoponensis Desv.	Árbol
Maquira	*costaricana* (Standl.) C. C. Berg	Árbol
Morus	sp	
Naucleopsis	*ulei* (Warb.) Ducke	Arbusto
Olmedia	*aspera* Ruiz & Pav.	Arbusto
Perebea	*hispidula* Standl.	Árbol
Poulsenia	*armata* (Miq.) Standl.	Árbol
Pseudolmedia	*mollis* Standl.	Árbol
	oxyphyllaria Donn. Sm.	Árbol
	spuria (Sw.) Griseb.	Árbol
Sorocea	*affinis* Hemsl.	Árbol
	cufodontisii W. C. Burger	Árbol
	pubivena Hemsl.	Árbol
	trophoides W. C. Burger	Árbol
Trophis	*mexicana* (Liebm.) Bureau	Árbol
	racemosa (L.) Urb.	Árbol

MUSACEAE (MUS) 1/1

Musa	*acuminata* Colla	Hierba

MYRICACEAE (MRI) 1/2

Morella	*cerifera* (L.) Small	Arbusto
	pubescens (Willd.) Wilbur	Arbusto

MYRISTICACEAE (MYS) 3/5

Compsoneura	*sprucei* (A. DC.) Warb.	Árbol
Otoba	*novogranatensis* Moldenke	Árbol
	guatemalensis (Hemsl.) Warb.	Árbol
	koschnyi Warb.	Árbol
	sebifera Aubl.	Árbol

MYRSINACEAE (MRS) 3/9

Ardisia	*compressa* Kunth	Arbusto
	glandulosomarginata Oerst.	Arbusto
	palmana Donn. Sm.	Árbol

	pittieri Mez	Arbusto
	standleyana P. H. Allen	Arbusto
Myrsine	*coriacea* (Sw.) R. Br. ex Roem. & Schult.	Árbol
	dependens (Ruiz & Pavon) *Spreng.* (**EECR**)	Arbusto
	pellucido-punctata Oerst.	Árbol
Parathesis	*acostensis* J. F. Morales (**EECR**)	Árbol
MYRTACEAE (MRT) 7/9		
Eucalyptus	*saligna* Sm.	Árbol
Eugenia	sp	
	teresae J. F. Morales (**EECR**)	Árbol
Myrcianthes	*fragrans* (Sw.) McVaugh	Árbol
Plinia	*povedae* P. E. Sanchez	Árbol
Psidium	*guajava* L.	Árbol
Syzygium	*jambos* (L.) Alston	Árbol
	malaccense (L.) Merr. & L. M. Perry	Árbol
Ugni	*myricoides* (Kunth) O. Berg	Arbusto
NYCTAGINACEAE (NYC) 2/2		
Guapira	*costaricana* (Standl.) Woodson	Árbol
Pisonia	*sylvatica* Standl.	Arbusto
OCHNACEAE (OCH) 3/3		
Cespedesia	*macrophylla* Seem.	Árbol
Ouratea	*lucens* (Kunth) Engl.	Arbusto
Sauvagesia	*erecta* L.	Hierba
OLACACEAE (OLC) 2/3		
Heisteria	*macrophylla* Oerst.	Arbusto
	scandens Ducke	Bejuco
Minquartia	*guianensis* Aubl. (**EA**)	Árbol
OLEACEAE (OLE) 1/1		
Chionanthus	*panamensis* (Standl.) Stearn	Árbol
OLEANDRACEAE (OLN) 1/1		
Nephrolepis	*biserrata* (Sw.) Schott	Hierba
ONAGRACEAE (ONA) 2/6		
Fuchsia	*microphylla* Kunth	Arbusto
	paniculata Lindl.	Arbusto
	splendens Zucc.	Arbusto
Ludwigia	*decurrens* Walters	Hierba
	erecta (L.) H. Hara	Hierba
	octovalvis (Jacq.) P. H. Raven	Hierba
OPHIOGLOSSACEAE (OPH) 1/1		
Cheiroglossa	*palmata* (L.) C. Presl	Hierba
ORCHIDACEAE (ORC) 25/63		
Barbosella	*geminata* Luer	Hierba
Dichaea	*cryptarrhena* Kraenzl.	Hierba
	morrisii Fawc. & Rendle	Hierba

Elleanthus	*cynarocephalus* (Rchb. f.) Rchb. f.	Hierba
	glaucophyllus Schltr.	Hierba
Encyclia	*pseudopygmaea* (Finet) Dressler & G. E. Pollard	Hierba
Epidendrum	*amparoanum* Schltr.	Hierba
	fundii Ames	Hierba
	modestiflorum Schltr.	Hierba
	piliferum Rchb. f.	Hierba
	pseudepidendrum Rchb. f.	Hierba
	radicans Pav. ex Lindl.	Hierba
	ramonianum Schltr.	Hierba
	ramosum Jacq.	Hierba
	sp1	
	sp2	
	sp3	
	sp4	
	sp5	
	storkii Ames	Hierba
	trialatum Hagsater	Hierba
Gongora	sp	
Lepanthes	sp1	
	sp2	
Macroclinium	*generalense* Pupulin	Hierba
Maxillaria	*aciantha* Rchb. f.	Hierba
	brunnea Linden & Rchb. f.	Hierba
	cedralensis J. T. Atwood & Mora-Retana (**EECR**)	Hierba
	flava Ames, F. T. Hubb. & C. Schweinf.	Hierba
	longipetiolata Ames & C. Schweinf.	Hierba
	meridensis Lindl.	Hierba
	minor (Schltr.) L. O. Williams	Hierba
Maxillaria	*pseudoneglecta* J. T. Atwood	Hierba
	valerioi Ames & C. Schweinf.	Hierba
Oerstedella	*pinnifera* (C. Schweinf.) Hagsater	Hierba
Oncidium	*dichromaticum* Rchb. f.	Hierba
	warscewiczii Rchb. f.	Hierba
Ornithocephalus	sp	
Platystele	*compacta* (Ames) Ames	Hierba
Pleurothallis	*aristata* Hook.	Hierba
	dolichopus Schltr.	Hierba
	phyllocardia Rchb. f.	Hierba
	pompalis Ames	Hierba
	rhodoglossa Schltr.	Hierba
	sp	
	tonduzii Schltr.	Hierba
	verecunda schltr.	Hierba
Psygmorchis	*pusilla (L.)* Dodson & Dressler	Hierba
Sarcoglottis	*hunteriana* Schltr.	Hierba
Scaphyglottis	*bifida* C. Schweinf.	Hierba
	mesocopis (Endres & Rchb. f.) Benth. & Hook. ex Hemsl.	Hierba
	prolifera (R. Br. ex) Lindl. Cogn.	Hierba
Sigmatostalix	*picta* Rchb. f.	Hierba

Sobralia	*leucoxantha* Rchb. f.	Hierba
	luteola Rolfe	Hierba
Stelis	*powellii* Schltr.	Hierba
	sp	
	spathulata Poepp. & Endl.	Hierba
Telipogon	*costaricensis Schltr.* (**EECR**)	Hierba
Trichosalpinx	*sp*	
Trizeuxis	*falcata* Lindl.	Hierba
Xylobium	*foveatum* (Lindl.) G. Nicholson	Hierba
OXALIDACEAE (OXL) 1/1		
Averrhoa	*carambola* L.	Arbusto
PAPAVERACEAE (PAP) 1/1		
Bocona	*frutescens* L.	Arbusto
PASSIFLORACEAE (PAS) 1/19		
Passiflora	*auriculata* Kunth	Bejuco
	biflora Lam.	Bejuco
	brevifila Killip	Bejuco
	coriacea Juss.	Bejuco
	edulis Sims	Bejuco
	gilbertiana J. M. MacDougal (**EE**) (**EECR**)	Bejuco
	guatemalensis S. Watson	Bejuco
	hahnii (E. Fourn.) Mast.	Bejuco
	lancearia Mast.	Bejuco
	ligularis Juss.	Bejuco
	lobata (Killip) Hutch. ex J. M. MacDougal	Bejuco
	membranacea Benth.	Bejuco
	menispermifolia Kunth	Bejuco
	pittieri Mast.	Bejuco
	pseudooerstedii	
	quadrangularis L.	Bejuco
	sexflora Juss.	Bejuco
	tica Gomez-Laur. & Gomez	Árbol
	vitifolia Kunth	Bejuco
PHYTOLACCACEAE (PHT) 1/3		
Phytolacca	*icosandra* L.	Hierba
	rivinoides Kunth & Bouche	Hierba
	rugosa A. Braun & Bouche	Hierba
PIPERACEAE (PIP) 3/53		
Peperomia	*angularis* C. DC.	Hierba
	cordulata C. DC.	Hierba
	dotana Trel.	Hierba
	elata C. DC.	Hierba
	galioides Kunth	Hierba
	macrostachya (Vahl) A. Dietr.	Hierba
	matlalucaensis C. DC.	Hierba
	omnicola C. DC.	Hierba
	palmana C. DC.	Hierba
	pellucida (L.) Kunth	Hierba

	pittieri C. DC.	Hierba
	rhexiifolia C. DC.	Hierba
	rotundifolia (L.) Kunth	Hierba
	saintpauliella Grayum (**EECR**)	Hierba
	saligna Kunth	Hierba
	serpens (Sw.) Loudon	Hierba
	sp	
	sp1	
	sp2	
	sp3	
	tetraphylla (G. Forst.) Hook. & Arn.	Hierba
Piper	*aduncum* L.	Arbusto
	aequale Vahl	Arbusto
	arboreum Aubl.	Arbusto
	augustum Rudge	Arbusto
	auritum Kunth	Arbusto
	biolleyi C. DC.	Arbusto
	biseriatum C. DC.	Arbusto
	cenocladum C. DC.	Arbusto
	chrysostachyum C. DC.	Arbusto
	crassinervium Kunth	Arbusto
	dotanum Trel.	Arbusto
	friedrichsthalii C. DC.	Arbusto
	glabrescens (Miq.) C. DC.	Arbusto
	hispidum Sw.	Arbusto
	imperiale (Miq.) C. DC.	Arbusto
	lacunosum Trel.	Arbusto
	lanceifolium Kunth	Arbusto
	marginatum	
	maxonii C. DC.	Arbusto
	nemorense C. DC.	Arbusto
	nudifolium C. DC.	Arbusto
	obliquum Ruiz & Pav.	Arbusto
	peltatum L.	Arbusto
	phytolaccifolium Opiz	Arbusto
	reticulatum L.	Arbusto
	sagittifolium C. DC. (**EECR**)	Arbusto
	schiedeanum Steud.	Arbusto
	scleromyelum C. DC.	Arbusto
	umbellatum L.	Arbusto
	urostachyum Hemsl.	Arbusto
	xanthostachyum C. DC.	Arbusto
Sarcorhachis	*naranjoana* (C. DC.) Trel.	Bejuco
PLANTAGINACEAE (PLA) 1/1		
Plantago	*australis* Lam.	Hierba
POACEAE (POA) 39/56		
Aegopogon	*cenchroides* Humb. & Bonpl. ex Willd.	Hierba
Agrostis	*bacillata Hack.* (**EECR**)	Hierba
	tolucensis Kunth	Hierba
Anthoxanthum	*odoratum* L.	Hierba
Aulonemia	*viscosa* (Hitchc.) McClure	Hierba
Axonopus	*micay* Garcia-Barr.	Hierba
Bambusa	*vulgaris* Schrad. ex J. C. Wendl.	Arbusto

Brachiaria	*mollis* (Sw.) Parodi	Hierba
	sp	
Bromus	*carinatus* Hook. & Arn.	Hierba
	exaltatus Bernh.	Hierba
Calamagrostis	*intermedia* (J. Presl) Steud.	Hierba
Chusquea	*longifolia* Swallen	Hierba
	longiligulata (S÷derstr. & C. E. Calderón) L. G. Clark	Hierba
	patens L. G. Clark	Hierba
	subtessellata Hitchc.	Hierba
	talamancensis Y. Widmer & L. G. Clark (**EECR**)	Hierba
	tomentosa Y. Widmer & L. G. Clark (**EECR**)	Hierba
Cortaderia	*bifida* Pilg.	Hierba
	hapalotricha (Pilg.) Conert	Hierba
Cynodon	*nlemfuensis* Vanderyst	Hierba
Dichanthium	*annulatum* (Forssk.) Stapf	Hierba
Digitaria	*abyssinica* (Hochst. ex A. Rich.) Stapf	Hierba
Eleusine	*indica* (L.) Gaertn.	Hierba
Eragrostis	sp	
Gynerium	*sagittatum* (Aubl.) P. Beauv.	Hierba
Holcus	*lanatus* L.	Hierba
Homolepis	*aturensis* (Kunth) Chase	Hierba
Hyparrhenia	*rufa* (Nees) Stapf	Hierba
Isachne	*arundinacea* (Sw.) Griseb.	Hierba
Ischaemum	*rugosum* Salisb.	Hierba
	timorense Kunth	Hierba
Lasiacis	*scabrior* Hitchc.	Hierba
	standleyi Hitchc.	Hierba
Melinis	*minutiflora* P. Beauv.	Hierba
Merostachys	*latifolia* R. W. Pohl	Hierba
Muhlenbergia	*flabellata* Mez	Hierba
Olyra	*caudata* Trin.	Hierba
Oplismenus	*burmannii* (Retz.) P. Beauv.	Hierba
Oryza	*sativa* L.	Hierba
Panicum	*maximum* Jacq.	Hierba
	sp2	
	sp3	
Paspalum	*conjugatum* Bergius	Hierba
	sp1	
	sp2	
Pennisetum	*bambusiforme* (E. Fourn.) Hemsl. ex B. D. Jacks.	Hierba
	clandestinum Hochst. ex Chiov.	Hierba
	purpureum Schumach.	Hierba
Poa	*annua* L.	Hierba
Polypogon	*elongatus* Kunth	Hierba
Rhipidocladum	sp1	
Sporobolus	*indicus* (L.) R. Br.	Hierba
Stipa	*hans-meyeri* Pilg.	Hierba
Vulpia	*bromoides* (L.) Gray	Hierba
Zeugites	*americana* Willd.	Hierba

PODOCARPACEAE (POD) 2/2

Podocarpus	*macrostachyus* Parl.	Árbol
Prumnopitys	*standleyi* (J. Buchholz & N. Gray) de Laub. (**EECR**)	Árbol

POLYGALACEAE (PGL) 4/6

Monnina	*deppei* G. Don.	Arbusto
	xalapensis Kunth	Arbusto
Moutabea	*aculeata* Poepp. & Endl.	Bejuco
Polygala	*paniculata* L.	Hierba
	sp	
Securidaca	*diversifolia* Pol.	Bejuco

POLYGONACEAE (PLG) 4/10

Coccoloba	*belizensis* Standl.	Árbol
	caracasana Meisn.	Árbol
	standleyana P. H. Allen	Árbol
	tuerckheimii Donn. Sm.	Árbol
Muehlenbeckia	*tamnifolia* (Kunth) Meisn.	Bejuco
Polygonum	*hydropiperoides* Michx.	Hierba
	punctatum Elliott	Hierba
Rumex	*acetosella* L.	Hierba
	crispus L.	Hierba
	obtusifolius L.	Hierba

POLYPODIACEAE (PLP) 2/3

Niphidium	*crassifolium* (L.) Lellinger	Hierba
	nidulare (Rosenst.) Lellinger	Hierba
Polypodium	*attenuatum* Humb. & Bonpl. ex Willd.	Hierba

PONTEDERIACEAE (PON) 1/1

Heteranthera	*reniformis* Ruiz & Pav.	Hierba

POTAMOGETONACEAE (POT) 1/1

Potamogeton	*illinoensis* Morong	Hierba

PROTEACEAE (PRT) 2/4

Panopsis	*cinnamomea* Pittier	Arbusto
	costaricensis Standl.	Árbol
	mucronata Cuatrec.	Árbol
Roupala	*montana* Aubl. Árbol	

PTERIDACEAE (PTR) 5/7

Acrostichum	*aureum* L.	Hierba
Adiantum	*andicola* Liebm.	Hierba
	latifolium Lam.	Hierba
	tetraphyllum Humb. & Bonpl. ex Willd.	Hierba
Jamesonia	*alstonii* A. F. Tryon	Hierba
Pityrogramma	*calomelanos* (L.) Link	Hierba
Pteris	sp	

QUIINACEAE (QII) 1/1

Quiina	*schippii* Standl.	Árbol

RANUNCULACEAE (RAN) 3/3		
Clematis	*acapulcensis* Hook. & Arn.	Bejuco
Hydrocotyle	*mexicana* Schltdl. & Cham.	Hierba
Ranunculus	*peruvianus* Pers.	Hierba
RHAMNACEAE (RHM) 2/4		
Gouania	*lupuloides* (L.) Urb.	Bejuco
	polygama (Jacq.) Urb.	Bejuco
Rhamnus	*oreodendron* L. O. Williams	Árbol
	sphaerosperma Sw.	Árbol
RHIZOPHORACEAE (RHZ) 2/2		
Cassipourea	*elliptica* (Sw.) Poit.	Árbol
Rhizophora	*mangle* L.	Árbol
ROSACEAE (ROS) 9/19		
Acaena	*cylindristachya* Ruiz & Pav.	Hierba
	elongata L.	Hierba
Alchemilla	*aphanoides* L. f.	Hierba
	pascuorum Standl.	Hierba
	pectinata (Kunth) Rothm.	Hierba
	pinnata	
	polylepis Wedd.	Hierba
	standleyi L. M. Perry	Hierba
Hesperomeles	*heterophylla (Ruiz & Pav.) Hook.*	Arbusto
Holodiscus	*argenteus* (L. f.) Maxim.	Arbusto
Malus	sp	
Potentilla	*heterosepala* Fritsch	Arbusto
Prunus	*brachybotrya* Zucc.	Árbol
	fortunensis McPherson	Árbol
	sp1	
Pyrus	*malus* L.	Arbusto
Rubus	*glaucus* Benth.	Arbusto
	irasuensis	
	roseifolius Sm.	Arbusto
RUBIACEAE (RUB) 38/73		
Arcytophyllum	*lavarum* K. Schum.	Arbusto
	muticum (Wedd.) Standl.	Arbusto
Bathysa	*veraguensis* Dwyer	Árbol
Bertiera	*guianensis* Aubl.	Arbusto
Chimarrhis	*parviflora* Standl.	Árbol
Chiococca	*alba* (L.) Hitchc.	Bejuco
Chione	*sylvicola* (Standl.) W. C. Burger	Árbol
Cinchona	*pubescens* Vahl	Árbol
Coccocypselum	*hirsutum* Bartl. ex DC.	Hierba
Coffea	*arabica* L.	Arbusto
Coussarea	*curvigemmia* Dwyer	Arbusto
	hondensis (Standl.) C. M. Taylor & W. C. Burger	Árbol
	psychotrioides C. M. Taylor & Hammel	Arbusto
Deppea	*grandiflora* Schltdl.	Arbusto
Didymaea	*alsinoides* (Schltdl. & Cham.) Standl	Hierba

Elaeagia	*auriculata* Hemsl.	Árbol
	myriantha (Standl.) C. M. Taylor & Hammel	Árbol
Faramea	*eurycarpa* Standl.	Árbol
	multiflora A. Rich.	Árbol
	occidentalis (L.) A. Rich.	Árbol
	sessifolia P. H. Allen	Árbol
Galium	*hypocarpium* (L.) Endl. ex Griseb.	Hierba
Genipa	*americana* L.	Árbol
Gonzalagunia	*bracteosa* (Donn. Sm.) B. L. Rob.	Arbusto
	rosea Standl.	Arbusto
Guettarda	*crispiflora* Vahl	Árbol
	macrosperma Donn. Sm.	Árbol
	poasana Standl.	Árbol
Hamelia	*axillaris* Sw.	Arbusto
	patens Jacq.	Arbusto
Hillia	*loranthoides* Standl.	Arbusto
	triflora (Oerst.) C. M. Taylor	Arbusto
Hoffmannia	*dotae* Standl.	Arbusto
	longipetiolata Pol.	Arbusto
Isertia	*haenkeana* DC.	Arbusto
Ladenbergia	*brenesii* Standl.	Árbol
	sericophylla Standl.	Árbol
	valerii Standl.	Árbol
Macrocnemum	*roseum* (Ruiz & Pav.) Wedd.	Árbol
Manettia	*reclinata* L.	Bejuco
Nertera	*granadensis* (Mutis ex L. f.) Druce	Hierba
Oldelandia	*corymbosa*	
Palicourea	*adusta* Standl.	Arbusto
	angustifolia Kunth	Arbusto
	guianensis Aubl.	Arbusto
Pentagonia	*tinajita* Seem.	Arbusto
Pogonopus	*speciosus* (Jacq.) K. Schum.	Árbol
Posoqueria	*latifolia* (Rudge) Roem. & Schult.	Árbol
Psychotria	*acicularis* C. M. Taylor	Arbusto
	aubletiana Steyerm.	Arbusto
	berteriana DC.	Arbusto
	borucana (A. R. Molina) C. M. Taylor & W. C. Burger	Arbusto
	correae (Dwyer & M. V. Hayden) W. C. Burger & C. M. Taylor	Arbusto
	elata (Sw.) Hammel	Arbusto
	grandis Sw.	Arbusto
	haematocarpa Standl.	Arbusto
	microbotrys Ruiz ex Standl.	Arbusto
	officinalis (Aubl.) Raeusch. ex Sandwith	Arbusto
	panamensis Standl.	Arbusto
	pithecobia Standl.	Hierba
	poeppigiana Mull. Arg.	Arbusto
	solitudinum Standl.	Arbusto
	stockwellii C. W. Ham.	Arbusto
	uliginosa Sw.	Arbusto

Rondeletia	*amoena* (Planch.) Hemsl.	Arbusto
	buddleioides Benth.	Árbol
Rudgea	*reducticalyx* Dwyer (**EECR**)	Arbusto
Sabicea	*panamensis* Wernham	Bejuco
Sommera	*donnell-smithii* Standl.	Árbol
Spermacoce	*assurgens* Ruiz & Pav.	Hierba
	exilis (L. O. Williams) C.D. Adams ex W.C. Burger & C. M. Taylor	Hierba
	latifolia Aubl.	Hierba
Warszewiczia	*coccinea* (Vahl) Klotzsch	Árbol
RUTACEAE (RUT) 4/6		
Citrus	*aurantium* L.	Árbol
	sinensis (L.) Osbeck	Árbol
Raputia	*heptaphylla* Pittier	Arbusto
Ruta	*chalepensis* L.	Hierba
Zanthoxylum	*limoncello* Planch. & Oerst.	Árbol
	melanostictum Schltdl. & Cham.	Árbol
SABIACEAE (SAB) 1/3		
Meliosma	*depressiva* J. F. Morales (**EECR**)	Árbol
	donnellsmithii	
	glabrata (Liebm.) Urb.	Árbol
SAPINDACEAE (SAP) 6/8		
Allophylus	*psilospermus* Radlk.	Árbol
Cardiospermum	*grandiflorum* Sw.	Bejuco
Cupania	*macrophylla* A. Rich.	Árbol
Matayba	*apetala* Radlk.	Árbol
	ingifolia Standl.	Árbol
Paullinia	*faginea* (Triana & Planch.) Radlk.	Bejuco
Talisia	*allenii* Croat	Árbol
	nervosa Radlk.	Arbusto
SAPOTACEAE (SPT) 4/8		
Micropholis	*crotonoides* (Pierre) Pierre	Árbol
	melinoniana Pierre	Árbol
Pouteria	*laevigata* (Mart.) Radlk.	Árbol
	macrocarpa (Mart.) D. Dietr.	Árbol
	reticulata (Engl.) Eyma	Árbol
	torta (Mart.) Radlk.	Árbol
Sarcaulus	*brasiliensis* (A. DC.) Eyma	Árbol
Sideroxylon	*portoricense* Urb.	Árbol
SCHIZAEACEAE (SCH) 1/1		
Lygodium	*venustum* Sw.	Hierba
SCROPHULARIACEAE (SCR) 11/16		
Alonsoa	*meridionalis* (L. f.) Kuntze	Hierba
Calceolaria	*irazuensis* Donn. Sm.	Hierba
	mexicana Benth.	Hierba
	tripartita Ruiz & Pav.	Hierba
Castilleja	*arvensis* Schltdl. & Cham.	Hierba
	irasuensis Oerst.	Hierba

	quirosii Standl.	Hierba
	talamancensis N. H. Holmgren (**EECR**)	Hierba
Hemichaena	*fruticosa* Benth.	Arbusto
Lamourouxia	*lanceolata* Benth.	Hierba
Lindernia	*diffusa* (L.) Wettst.	Hierba
Mazus	*japonicus* (Thumb.) Kuntze	Hierba
Russelia	*sarmentosa* Jacq.	Hierba
Schlegelia	*parviflora* (Oerst.) Monach.	Hierba
Scoparia	*dulcis* L.	Hierba
Tetranema	*gamboanum* Grayum & Hammel (**EECR**)	Hierba

SELAGINELLACEAE (SEL) 1/1
Selaginella sp

SIMAROUBACEAE (SMR) 2/2

Simaba	*cedron* Planch.	Arbusto
Simarouba	*amara* Aubl.	Árbol

SMILACACEAE (SML) 1/4

Smilax	*kunthii* Killip & C. V. Morton	Bejuco
	mollis Humb. & Bonpl. ex Willd.	Bejuco
	spissa Killip & C. V. Morton	Bejuco
	subpubescens A. DC.	Bejuco

SOLANACEAE (SOL) 7/31

Acnistus	*arborescens* (L.) Schltdl.	Arbusto
Browallia	*speciosa* Hook. f.	Hierba
Brugmansia	*candida* Pers.	Arbusto
Cestrum	*megalophyllum* Dunal	Arbusto
	racemosum Ruiz & Pav.	Árbol
	tomentosum L. f.	Arbusto
	warscewiczii Klotzsch	Arbusto
Physalis	*angulata* L.	Hierba
	sp1	
Solanum	*acerifolium* Dunal	Arbusto
	americanum Mill.	Hierba
	antillarum O. E. Schulz	Arbusto
	chrysotrichum Schltdl.	Arbusto
	circinatum Bohs	Arbusto
	hazenii Britton	Arbusto
	hispidum Pers.	Arbusto
Solanum	*lanceifolium* Jacq.	Bejuco
	lepidotum Humb. & Bonpl. ex Dunal	Arbusto
	nigrescens M. Martens & Galeotti	Hierba
	oxycarpum Schiede	Hierba
	pulverulentum Pers.	Arbusto
	quitoense Lam.	Hierba
	roblense Bitter (**EECR**)	Arbusto
	rovirosanum Donn. Sm.	Arbusto
	sp1	
	sp2	
	torvum Sw.	Arbusto
	trizygum Bitter	Hierba
	valerianum C. V. Morton & Standl.	Arbusto

Witheringia	*coccoloboides* (Dammer) Hunz.	Hierba
	solanacea L"Her.	Hierba

STAPHYLEACEAE (STP) 1/1

Turpinia	*occidentalis* (Sw.) G. Don	Árbol

STERCULIACEAE (STR) 5/6

Byttneria	*aculeata* (Jacq.) Jacq.	Arbusto
Guazuma	*ulmifolia* Lam.	Árbol
Herrania	*purpurea* (Pittier) R. E. Schult.	Arbusto
Melochia	*melissifolia* Benth.	Hierba
Sterculia	*apetala* (Jacq.) H. Karst.	Árbol
	recordiana Standl.	Árbol

STYRACACEAE (STY) 1/2

Styrax	*argenteus* C. Presl	Árbol
	glabrescens Benth.	Árbol

SYMPLOCACEAE (SYM) 1/2

Symplocos	*limoncillo* Humb. & Bonpl.	Árbol
	serrulata Humb. & Bonpl.	Árbol

TECTARIACEAE (TEC) 1/2

Tectaria	*andina* (Baker) C. Chr.	Hierba
	mexicana (Fee) C. V. Morton	Hierba

THEACEAE (TEA) 3/4

Cleyera	*theioides* (Sw.) Choisy	Árbol
Freziera	*candicans* Tul.	Árbol
	friedrichsthaliana (Szyszyl.) Kobuski	Árbol
Gordonia	*fruticosa* (Schrad.) H. Keng	Árbol

THELYPTERIDACEAE (THL) 1/4

Thelypteris	*arborescens* (Humb. & Bonpl. ex Willd.) C. V. Morton	Hierba
	interrupta (Willd.) K. Iwats.	Hierba
	nicaraguensis (Fourn.) C. V. Morton	Hierba
	rudis (Kunze) Proctor	Hierba

THYMELAEACEAE (THY) 1/2

Daphnopsis	*americana* (Mill.) J. R. Johnst.	Árbol
	morii Barringer & Nevling	Árbol

TICODENDRACEAE (TIC) 1/1

Ticodendron	*incognitum* Gomez-Laur. & Gomez	Árbol

TILIACEAE (TIL) 9/14

Apeiba	*membranacea* Spruce ex Benth.	Árbol
	tibourbou Aubl.	Árbol
Dicraspidia	*donnell-smithii* Standl.	Árbol
Goethalsia	*meiantha* (Donn. Sm.) Burret	Árbol
Heliocarpus	*appendiculatus* Turcz.	Árbol

Luehea	*candida* (DC.) Mart.	Árbol
	seemannii Triana & Planch.	Árbol
Mortoniodendron	*anisophyllum* (Standl.) Standl. & Steyerm.	Árbol
Muntingia	*calabura* L.	Árbol
Trichospermum	*galeottii* (Turcz.) Kosterm.	Árbol
	grewiifolium (A. Rich.) Kosterm.	Árbol
Triumfetta	*bogotensis* DC.	Arbusto
	lappula L.	Arbusto
	speciosa Seem.	Arbusto
TROPAEOLACEAE (TRO) 1 1		
Tropaeolum	*moritzianum* Klotzsch	Bejuco
ULMACEAE (ULM) 5 6		
Ampelocera	*macrocarpa* Forero & A. H. Gentry	Árbol
Celtis	*iguanaea* (Jacq.) Sarg.	Bejuco
Lozanella	*enantiophylla* (Donn. Sm.) Killip & C. V. Morton	Arbusto
Trema	*integerrima* (Beurl.) Standl.	Árbol
	micrantha (L.) Blume	Árbol
Ulmus	*mexicana* (Liebm.) Planch.	Árbol
URTICACEAE (URT) 6 16		
Boehmeria	*aspera* Wedd.	Hierba
	ramiflora Jacq.	Hierba
	ulmifolia Wedd.	Hierba
Myriocarpa	*ongipes* Liebm.	Arbusto
Phenax	*sonneratii* (Poir.) Wedd.	Arbusto
Pilea	*acuminata* Liebm.	Hierba
	cornutocucullata Cufod.	Hierba
	pittieri Killip	Hierba
	quichensis Donn. Sm.	Hierba
Pouzolzia	*obliqua* (Poepp.) Wedd.	Bejuco
Urera	*baccifera* (L.) Gaudich.	Arbusto
	caracasana (Jacq.) Griseb.	Arbusto
	corallina (Liebm.) Wedd.	Arbusto
	eggersii Hieron.	Arbusto
	elata (Sw.) Griseb.	Arbusto
	sp1	
VALERIANACEAE (VAL) 1 4		
Valeriana	*candolleana* Gard.	Hierba
	prionophylla Standl.	Hierba
	puchella M. Martens & Galeotti	Hierba
	scandens L.	Hierba
VERBENACEAE (VRB) 11 14		
Aegiphila	*odontophylla* Donn. Sm.	Árbol
Callicarpa	*acuminata* Kunth	Arbusto
Citharexylum	*caudatum* L.	Árbol
	costaricensis Moldenke	Árbol
Cornutia	*pyramidata* L.	Árbol
Duranta	*erecta* L.	Árbol

Gmelina	*arborea* (L.) Roxb.	Árbol
Lantana	*camara* L.	Hierba
	trifolia L.	Hierba
Lippia	*myriocephala* Schltdl. & Cham.	Árbol
	torresii Standl.	Árbol
Tectona	*grandis* L. f.	Árbol
Verbena	*litoralis* Kunth	Hierba
Vitex	*cooperi* Standl.	Árbol

VIOLACEAE (VIO) 4/6

Amphirrhox	*longifolia* (A. St.-Hil.) Spreng.	Arbusto
Fusispermum	*laxiflorum* Hekking	Arbusto
Rinorea	*deflexiflora* Bartlett	Arbusto
	sp1	
Viola	*nannei* Pol.	Hierba
	stipularis Sw.	Hierba

VISCACEAE (VIS) 2/6

Dendrophthora	*costaricensis* Urb.	Arbusto
	squamigera (Benth.) Kuntze	Arbusto
Phoradendron	*chrysocladon* A. Gray	Arbusto
	robustissimum Eichler	Arbusto
	tonduzii Trel.	Arbusto
	undulatum Eichler	Arbusto

VITACEAE (VIT) 2/5

Cissus	*biformifolia* Standl.	Bejuco
	rhombifolia Vahl	Bejuco
	trianae Planch.	Bejuco
	verticillata (L.) Nicolson & C. E. Jarvis	Bejuco
Vitis	*tiliifolia* Humb. & Bonpl.	Bejuco

VITTARIACEAE (VTT) 1/1

Vittaria	*lineata* (L.) Sm.	Hierba

VOCHYSIACEAE (VOC) 1/3

Vochysia	*allenii* Standl. & L. O. Williams	Árbol
	ferruginea Mart.	Árbol
	megalophylla Stafleu	Árbol

WINTERACEAE (WIN) 1/1

Drimys	*granadensis* L. f.	Árbol

WOODSIACEAE (WOD) 1/1

Diplazium	*subsilvaticum* H. Christ	Hierba

ZAMIACEAE (ZAM) 1/1

Zamia	*fairchildiana* L.D. Gomez	Hierba

ZINGIBERACEAE (ZIN) 2/2

Hedychium	*coronarium* J. Konig	Hierba
Renealmia	*cernua (Sw.)* J. F. Macbr.	Hierba

Notas:

(AFW)* = Acrónimo de familia de plantas vasculares según Weber (1982).

(EA) = Especies en estado crítico, corresponden a las especies amenazadas o en peligro de extinción definidas por Jiménez (1999) para Costa Rica.

(EE) = Especies Endémicas solamente encontradas en la Cuenca Hidrográfica del Río Savegre según MNCR, MINAE e INBio (2001).

(EECR) = Especies Endémicas para el país, encontradas en la Cuenca Hidrográfica del Río Savegre según MNCR, MINAE e INBio (2001).

(EV) = Especie Vedada, especies declaradas en veda total de aprovechamiento (Decreto 25700-MINAE, La Gaceta # 11 del 16 de enero de 1997).

5. Formularios

FORMULARIO 01, PARA LA RECOPILACION DE DATOS DE CAMPO EN EL MARCO DEL PROYECTO ECOMAPAS

Area de Conservación:	**Observadores:**	**Fecha:**

IDENTIFICADORES CARTOGRAFICOS		
Localidad:		
Dirección:		
Punto Muestreo #:	Fotografía Aérea:	Latitud GPS:
Hoja Cartográfica:	Linea de Vuelo:	Longitud GPS:
Misión:	Altitud Cartogr. (m):	

IDENTIFICADORES FISIOGRAFICOS		
Altitud por Altímetro (m):	Pendiente (%):	
Exposición: (N), (NE), (E), (SE), (S), (SO), (O), (NO), (Total)		

IDENTIFICADOR DE FOTOINTERPRETACION
Preclasificación Fisionóm. (Estructura Vegetal:):

VARIABLES ECOLOGICOS

COBERTURA DE LA TIERRA

Cobertura Vegetal (Estructura):
- O Bosque Denso (1)
- O Bosque Ralo (2)
- O Matorral Arbolado Denso (6)
- O Matorral Denso (4)
- O Matorral Ralo (5)
- O Herbazal Arbolado (3)
- O Herbazal Arbustivo (9)
- O Herbazal Ralo (8)
- O Herbazal Denso (7)

Cobertura Especial:
- O Suelo Descubierto, Tierra Yerma, Tajo, Sedimentación (10)
- O Cuerpos de Agua (14)
- O Infraestructura (12)
- O Nubes (11)
- O Sombras (13)
- O Otro: ....

Uso Actual de la Tierra:
- O De Uso Forestal
- O De Uso Agroforestal
- O De Uso Silvopastoril
- O De Uso Agrosilvopastoril
- O De Uso Pastoril (Ganadero)
- O De Uso Agrícola con Cultivo Anual
- O De Uso Agrícola con Cultivo Perenne
- O De Uso Acuícola
- O De Uso Minero
- O De Uso Enegético
- O De Uso Recreativo/Turistico
- O De Uso Urbano
- O De Uso Industrial
- O De Uso Otro Uso

Estratificación:
- O Con Estratos Definidos
- O Con Estratos Difusos

Altura de la Vegetación:
- O Menor de 1 m de Alto
- O De 1 - 5 m de Alto
- O De 5 - 25 m de Alto
- O Mayor de 25 m de Alto

Fenología Foliar:
- O Siempreverde (Bosque, Matorral)
- O Semi-deciduo (Bosque, Matorral)
- O Deciduo (Bosque, Matorral)

Periodicidad:
- O Perenne (Herbazal)
- O Anual (Herbazal)

Tipo Foliar del Estrato Dominante:
- O Latifoliado
- O De Coniferas
- O Mircrofilo
- O Graminoide (Pastos)
- O De Hierbas No Graminoides
- O Pteridofítico (Helechos)

Espinosidad del Estrato Dominante:
- O Espinoso
- O No Espinoso

Origen:
- O Natural
- O Semi-natural
- O Cultural (Sembrado)

Influencia Humana Actual:
- O Muy intervenido
- O Intervenido
- O No Intervenido

Regimen Hidrológico:
- O De Tierra Firme (Terrestre S.S.)
- O Palustrino (Agua Dulce)
- O Lacustrino (Agua Dulce)
- O Riverino (Agua Dulce)
- O Costero-Deltáico (Agua Salobre)
- O Costero-Estuarino (Agua Salobre)
- O Marino-Mesolitoral (Agua Salada)
- O Marino-Nerítico (Agua Salada)
- O Marino-Oceánico (Agua Salada)

Inundabilidad Actual:
- O Inundado
- O No Inundado

Observaciones:

FORMULARIO 02, PARA LA RECOPILACION DE DATOS DE CAMPO EN EL MARCO DEL PROYECTO ECOMAPAS

Area de Conservación:	**Observadores:**	**Fecha:**
IDENTIFICADORES CARTOGRAFICOS		
Localidad:		
Dirección:		
Punto Muestreo #:	Fotografía Aérea:	Latitud GPS:
Hoja Cartográfica:	Línea de Vuelo:	Longitud GPS:
Misión:	Altitud Cartogr. (m):	

Abund.
M = Muy Común
F = Frecuente
R = Raro
Forma de Crecim.
A = Arbol
A = Arbusto
H = Hierba
L = Liana

COMPOSICION FLORISTICA (ESPECIES DE PLANTAS VASCULARES TERRESTRES)

No.	Familia:	Genero:	Especie:	Form.Crec.	Abund.
1					
2					
3					
4					
5					
6					
7					
8					
9					
10					
11					
12					
13					
14					
15					
16					
17					
18					
19					
20					
21					
22					
23					
24					
25					
26					

6. Literatura consultada

Avery, T.E. & G.L. Berlin. 1992. Fundamentals of Remote Sensing and Airphoto Interpretation. Fifth Edition. Prentice Hall. Upper Saddle River, New Jersey. 472 pp.

Barrantes & Vega. 2001. Informe de Proyecto: Evaluación del Servicio Ambiental Hídrico en la Cuenca del Río Savegre con fines de Ordenamiento Territorial. Heredia, Costa Rica. s.e.

Castro, M.V. 1998. Memoria del Taller Técnico para la Definición de Necesidades Cartográficas - Ecológicas. Proyecto "Desarrollo del Conocimiento de la Biodiversidad y Uso Sostenible en Costa Rica", Componente "Colección de Datos Ecológicos y Mapas de Distribución de Ecosistemas para cinco Áreas de Conservación". Mimeografiado. INBio. Santo Domingo de Heredia. 20 pp.

Castro, M.V. & M. Kappelle. 2000. The mapping of ecosystems in the Osa Conservation Area (Costa Rica): A case of its utility. P. 67. In: R.J. Hall, A.L. Storrier, G.A. Sánchez-Azofeifa, B.A. Rivard, R.W. Wein, J.L. Henry, C.J. Brodie & B.L. Laishley, eds. Geographic Information Systems and Remote Sensing for Sustainable Forest Management: Challenge and Innovation in the 21st Century. Abstracts and Workshop Program. Canadian Forestry Service – Northern Forestry Centre. February 23-25, 2000, Edmonton, Alberta, Canada.

CCAD & TWB. 1999a. Mapping Ecosystems of Central America: A Manual for Field Data Collection. The World Bank & The Government of the Netherlands. WB, Washington. 20 pp.

CCAD & TWB. 1999b. The Central American Ecosystem Monitoring Database: A Manual. The World Bank & The Government of the Netherlands. WB, Washington. 19 pp.

Cordero, P. Dávila, F. Rodríguez, E. Solano, F. Ureña, H. Azofeifa, F. Romero, JC. 1998. Propuesta para la Conservación y Desarrollo Integral de la Cuenca del Río Savegre: Consultoría para la Agencia Española de Cooperación Internacional (AECI). 79 p.

Eiten, G. 1968. Vegetation forms: A classification of stands of vegetation based on structure, growth form of the components, and vegetative periodicity. Boletim do Instituto de Botánica (Sao Paulo) no. 4: 18-29.

Estrada, A. y J. Sánchez. 2000. Exploración botánica en las áreas de altitud media del sureste del Pacífico Central de Costa Rica. Informe interno. Museo Nacional de Costa Rica. 54 p.

Felicísimo, A. 1997. Glosario de términos usados en el trabajo con Sistemas de Informacióngeográfica. http://www.etsimo.uniovi.es/~feli/pdf/glosario.pdf

Font-Quer, P. 1993. Diccionario de Botánica. Tomos I y II. Editorial Labor. Barcelona. 1244 pp.

García, R. 1996. Propuesta Técnica de Ordenamiento Territorial con Fines de Conservación de Biodiversidad en Costa Rica: Proyecto GRUAS. Wildlife Conservation Society Working Paper no. 10. Sistema Nacional de Areas de Conservación, Ministerio del Ambiente y Energía. San José, Costa Rica. 114 pp.

García, R. 1997. Biología de la Conservación y Áreas Silvestres Protegidas: Situación Actual y Perspectivas en Costa Rica. Heredia, CR. Editorial INBio.

Gobierno de Costa Rica – Poder Ejecutivo. 1990. Ley N° 7822. Diario Oficial La Gaceta. San José, CR, 09/29:

Gobierno de Costa Rica - Poder Ejecutivo. 1997. Decreto # 25700-MINAE. Diario Oficial La Gaceta. San José, CR, 01/16:

Gobierno de Costa Rica - Poder Ejecutivo. 1999. Decreto # 27912-RE. Diario Oficial La Gaceta. San José, CR, 07/27: 48 p

Gómez, L.D. 1986. Vegetación de Costa Rica. Vol. 1. En: L.D. Gómez, ed., Vegetación y Clima de Costa Rica. Con 10 mapas (escala 1:200.000). EUNED. San José.

Granados, C. & E. Bedoya. 1990. Costa Rica en el Mundo de los Mapas. IGN. San José.

Grayum, M., B. Hammel & N. Zamora, eds. En prep. Manual de Plantas de Costa Rica. Missouri Botanical Garden, INBio, Museo Nacional de Costa Rica. St. Louis, Missouri.

Herrera, W. 1986. Clima de Costa Rica. Vol. 2. En: L.D. Gómez, ed., Vegetación y Clima de Costa Rica. Con 10 mapas (escala 1:200.000). EUNED. San José.

Holdridge, L.R. 1967. Life Zone Ecology. Edición revisada. CCT. San José.

Holdridge, L.R. & L.J. Poveda. 1975. Árboles de Costa Rica. Vol. I. Centro Científico Tropical. San José. 546 pp.

INBio (Instituto Nacional de Biodiversidad, CR), MINAE (Ministerio de Ambiente y Energía, CR) & MNCR (Museo Nacional de Costa Rica). 2001a. Informe de Proyecto: Caracterización de la Vegetación de la Cuenca Hidrográfica del Río Savegre, Costa Rica. Ed. H, Acevedo, E. Estrada, Q. Jiménez y F. Murillo. Heredia, CR. s.e. 117 p

INBio (Instituto Nacional de Biodiversidad, CR), MINAE (Ministerio de Ambiente y Energía, CR) & MNCR (Museo Nacional de Costa Rica). 2001b. Informe de Proyecto: Manual de Plantas Registradas en la Cuenca Hidrográfica del Río Savegre, Costa Rica. Ed. H, Acevedo, E. Estrada, Q. Jiménez y F. Murillo. Heredia, CR. s.e. 105 p

INBio. 2001c. Página Web en Internet: http://www.inbio.ac.cr.

Jiménez, Q. 1999. Árboles maderables en peligro de extinción en Costa Rica. Segunda edición, revisada y ampliada. INBio. Santo Domingo de Heredia. 187 pp.

Johnston, C.A. 1998. Geographic Information Systems in Ecology. Methods in Ecology. Blackwell Science. Oxford, Inglaterra. 239 pp.

Kappelle, M., H.P. van Velzen & W.H. Wijtzes. 1994. Plant communities of montane secondary vegetation in the Cordillera de Talamanca, Costa Rica. Phytocoenologia 22 (4): 449-484.

Kappelle, M. 1996. Los Bosques de Roble (Quercus) de la Cordillera de Talamanca, Costa Rica: Biodiversidad Ecología, Conservación & Desarrollo. Universidad de Amsterdam – INBio. Amsterdam – Santo Domingo de Heredia. 319 pp.

Kappelle, M. 1999. Mapping and Monitoring Costa Rica's Biodiversity: The ECOMAPAS Project. Abstracts of the Workshop 3 'An Ecosystem Approach to Rehabilitation' de la 13th Session of the Global Biodiversity Forum (GBF 13), San José, Costa Rica. Mayo 7-9, 1999. Tropinet 10(1): 1.

Kappelle, M., M. Castro & R. García. 1999. Mapping Costa Rica's Biodiversity: The ECOMAPAS Project. Mountain Protected Areas Update (World Commission on Protected Areas/IUCN) (March 1999): 5-6.

Kappelle, M, & M. Castro. 2000. Mapping ecosystems and monitoring land cover change in Costa Rica. In: Abstracts of the XIXth Congress Geo Information for All of the International Society for Photogrammetry and Remote Sensing (ISPRS). July 16 – 23, 2000, Amsterdam, The Netherlands.

Kappelle, M., E. van Omme & M.E. Juárez. 2000. Lista de la flora vascular terrestre de la cuenca superior del Río Savegre, San Gerardo de Dota, Costa Rica. Acta Botanica Mexicana 51: 1-38.

Kappelle, M, & M. Castro. 2001. Biodiversity, Land Cover and Carbon Stocks and Sinks in a Disturbed Tropical Rain Forest Environment. In: Abstracts of the Global Change Open Science Conference "Challenges of a Changing Earth". July 10 - 13, 2001, Amsterdam, The Netherlands.

Kappelle, M., M. Castro, H. Acevedo, P. Cordero, L. González, E. Méndez & H. Monge. 2002 (En prensa). A rapid method in ecosystem mapping and monitoring as a tool for managing Costa Rican ecosystem health. In: D.J. Rapport, W.L. Lasley, D.E. Rolston, N.O. Nielsen, C.O. Qualset, and A.B. Damania, editors. Managing for Healthy Ecosystems. CRC/Lewis Press. California.

Kappelle, M., M. Castro, H. Acevedo, L. González y H. Monge. 2002 (En prensa). Ecosistemas del Área de Conservación Osa (ACOSA). Heredia, CR. Editorial INBio. 332 pp (Serie Técnica Ecosistemas de Costa Rica)

Kuchler, A.W. 1949. A physiognomic classification of vegetation. Annals of the American Association of Geographers 39:201 210.

Kuchler, A.W. & I.S. Zonneveld. 1988. Vegetation Mapping (Handbook of vegetation science, v. 10). Kluwer Academic Publishers, Dordrecht.

Lillesand, T.M. & R.W. Kiefer. 1987. Remote Sensing and Image Interpretation. Second Edition. John Wiley & Sons, New York.

Lund, H.G. 1999a. Definitions of forest, deforestation, afforestation, and reforestation. Report available at: http://home.att.net/~gklund/DEFpaper.html. 87 p.

Lund, H.G. 1999b. Definitions of old growth, pristine, climax, ancient forests, and similar terms. Report available at: http://home.att.net/~gklund/pristine.html. 29 p.

Lund, H.G. 1999c. Forest classification: A definitional quagmire. Report available at http://home.att.net/~gklund.html. 29 pp.

Madrigal, R. & Rojas E. 1980. Manual Descriptivo del Mapa Geomorfológico de Costa Rica (Escala 1 : 200,000). Secretaría Ejecutiva de Planificación Sectorial Agropecuaria y de Recursos Naturales Renovables. San José.

Meléndez, C. 1989. Cartografía Histórica de Costa Rica: Siglos XVI - XIX. Junta de Protección Social. San José.

MINAE. 1990. Ley No. 7822. Diario oficial La Gaceta. San José, CR, 09/29.

MINAE. 1997. Decreto No. 25700-MINAE. Diario oficial La Gaceta. San José, CR, 01/16.

MINAE & INBio. 1998. Informe de País a la COP. Estrategia Nacional de Biodiversidad. GEF/PNUD. http://www.minae.go.cr/estrategia

MINAE. 1999. Decreto No. 27912-RE. Diario oficial La Gaceta. San José, CR, 07/27: 48 p.

MINAE. 2000. Estrategia Nacional de Conservación y Uso Sostenible de la Biodiversidad, Costa Rica. Ministerio de Ambiente y Energía. San José. 82 pp.

MINAE. 2001. Página Web en Internet: http://www.minae.go.cr

MIRENEM. 1992. Estudio Nacional de Biodiversidad: Costos, beneficios y necesidades de financiamiento de la conservación de la diversidad biológica de Costa Rica. MIRENEM, San José.

Muchoney, D.M., S. Iremonger, & R. Wright. 1993. A Rapid Ecological Assessment of the Blue and John Crow Mountains National Park, Jamaica. Unpublished report. The Nature Conservancy. Arlington, Virginia. 90 pp.

Paso Viola, L.F. 1986. Diccionario de Geografía. Buenos Aires, Argentina. Karten Editora S.A. 184 pp.

Pérez, S., A. Alvarado & E. Ramírez. 1978. Manual Descriptivo del Mapa de Asociaciones de Subgrupos de Suelos de Costa Rica. Escala 1:200,000. Oficina de Planificación Sectorial Agropecuario. IGN – MAG - FAO. San José.

Poveda Álvarez, L.J. & P.E. Sánchez-Vindas. 1999. Árboles y Palmas del Pacífico Norte de Costa Rica: Claves Dendrológicas. Editorial Guayacán. San José. 186 pp.

Proyecto ECOMAPAS–Equipo Técnico. 1999. Mapping and monitoring degraded and recovering forests for restoration in Costa Rican Conservation Areas. P. 41 en: Abstracts of the Symposium "Tropical forest regeneration in abandoned agricultural lands: implications for restoration ecology", as part of the International Conference "Tropical Restoration for the new Millennium", May 20-27, 1999, San Juan, Puerto Rico.

Quesada, F.J., Q. Jiménez, N. Zamora, R. Aguilar & J. González. 1997. Árboles de la Peninsula de Osa. INBio – SIDA. Heredia, Costa Rica. Instituto Nacional de Biodiversidad. 411 pp

Richards, P.W. 1952. The tropical rain forest. Cambridge University Press, Cambridge, England.

Sánchez, J. 2000. Flora del páramo del Reserva Biológica Cerro Vueltas. Informe interno. Museo Nacional de Costa Rica.

Sayre, R., E. Roca, G. Sedaghatkish, B. Young, S. Keel, R. Roca & S. Sheppard. 2000. Nature in Focus: Rapid Ecological Assessment. The Nature Conservancy (TNC) – Island Press. Washington DC. 182 pp.

SINAC. 1998. Información General de las Áreas de Conservación del SINAC. MINAE. San José.

Soto, R. & V. Jiménez. 1992. Evaluación Ecológica Rápida, Peninsula de Osa, Costa Rica. Programa BOSCOSA. Fundación Neotrópica – WWF. 252 pp.

Strong, W.L., E.T. Oswald & D.J. Downing. 1990. The Canadian vegetation classification system, first approximation. National Vegetation Working Group, Canadian Committee on Ecological Land Classification. Ecological Land Classification Series, No. 25, Sustainable Development, Corporate Policy Group, Environment Canada, Ottawa, Canada.

Tansley, A.G. 1935. The use and abuse of vegetational concepts and terms. Ecology 16: 284 307.

TNC. 1994. Field Methods for Vegetation Mapping: Final Draft. NBS/NPS Vegetation Mapping Program. The Nature Conservancy. Arlington, Virginia.

UNESCO. 1973. International Classification and Mapping of Vegetation, Series 6, Ecology and Conservation. Paris, France: United Nations Educational, Scientific, and Cultural Organization. 93 pp.

USGS. 1994. The USGS-NPS Vegetation Mapping Program. Report available at http://biology.usgs.gov/npsveg/classification/toc.html. 53 pp.

Van Gils, H.A.M.J. 1984. Legends of landscape ecology maps. ITC Journal 1989(1): 41-48.

Van Gils, H.A.M.J. & W. van Wijngaarden. 1984. Vegetation structure in reconnaissance and semi-detailed vegetation surveys. ITC Journal 1984(3): 213-218.

Vargas, G. 1992. Cartografía Fitogeográfica de la Reserva Biológica de Carara. Editorial de la Universidad de Costa Rica. San José. 49 pp.

Vargas, G. 1994. La Vegetación de Costa Rica: Su Riqueza, Diversidad y Protección. Editorial Guayacán. San José. 93 pp.

Weber, W.A. 1982. Mnemonic three-letter acronyms for the families of vascular plants: a device for more effective herbarium curation. Taxon 31(1): 74-81.

Whittaker, R.H. 1975. Communities and Ecosystems. Second Edition. MacMillan. New York, NY.

Zamora, N., Q. Jiménez & L.J. Poveda. 2000. Árboles de Costa Rica. Vol. II. Con ilustraciones de Claudia Aragón. Instituto Nacional de Biodiversidad – Centro Científico Tropical. San José. 374 pp.

Zonneveld, I.S. 1989. The land unit a fundamental concept in landscape ecology, and its application. Landscape Ecology 3:67 86.

Zonneveld, I.S. 1995. Land Ecology. SPB Academic Publishing. Amsterdam.

7. Mapas consultados

Bolaños, R.A. & V. Watson. 1993. Mapa Ecológico de Costa Rica según el Sistema de Clasificación de Zonas de Vida del Mundo de L.R. Holdridge. San José, CR. Esc 1:200,000. CCT – ICE.

García, R. 1996. Mapas del Proyecto GRUAS. Wildlife Conservation Society Working Paper no. 10. Sistema Nacional de Areas de Conservación, Ministerio del Ambiente y Energía. San José.

Gómez, L.D. 1986. Mapa de los macrotipos de vegetación de Costa Rica. Serie de 10 mapas. Escala 1:200.000. EUNED. San José.

Goméz & W. Herrera. 2001. Mapa de Ecosistemas de Centroamérica: Costa Rica. Escala: 1:250,000. 8 Hojas. Primera Edición. CCAD-BM-Holanda. CATIE. Turrialba.

Goméz & Herrera, W. 1985. Mapa del Clima de Costa Rica. San José, CR. EUNED. Esc 1:200.000 // 9 h. Color

Herrera & L.D. Gómez. 1993. Mapa de Unidades Bióticas de Costa Rica. s.l. Costa Rica. s.e. Esc 1:685.000. Color

IGN (Instituto Geográfico Nacional, C.R.) & DGAC (Dirección General de Aviación Civil, C.R.). 1991. Carta Aéronautica de la República de Costa Rica. Escala 1:500,000. San José.

IMN (Instituto Meteorológico Nacional, C.R.) & MAG (Ministerio de Agricultura y Ganadería, C.R.). 1982. Mapa de la Precipitación Promedio Anual en Costa Rica. Guadalupe, CR. OFF-SET MAG. Esc 1:1,000,000. IMN - MAG. Color

MINAE (Ministerio de Ambiente y Energía, C.R.) -SINAC. 1999. Mapa de Áreas de Conservación y Áreas Silvestres Protegidas. San José, CR. Industrias Gozaka, S.A. Esc 1:1,000,000. Color

MINAE & RECOPE (Refinadora Costarricense de Petroleo, C.R.) 1997. Cartografía Digital: Coordenadas Costa Rica Transveral Mercator (CRTM). México. Esc 1:25.000 // 323 h. Color.

Madrigal, R. & E. Rojas. 1980. Mapa Geomorfológico de Costa Rica. San José, CR. Litografía Instituto Geográfico Nacional, Oficina de Planificación Sectorial Agropecuario. IGN – MAG - FAO. Esc 1:200,000//9 h. Color.

Pérez, S., A. Alvarado & E. Ramírez. 1978a. Mapa de Asociaciones de Subgrupos de Suelos de Costa Rica. San José, CR. Litografía Instituto Geografico Nacional. Esc 1:200,000 // 9h. Color.

Pérez & P. van Ginneken. 1978b. Mapa de Capacidad de Uso de Suelo de Costa Rica San José, CR. Litografía Instituto Geografico Nacional. Esc 1:200,000 // 9h. Color.

Van Ginneken, P & J.R. Calderón. 1978. Mapa de Pendientes de Costa Rica. San José, CR. Litografia Instituto Geográfico Nacional, Oficina. Esc 1:200,000 // 9 h. Color.

8. Fuentes de fotografías aéreas interpretadas

MINAE (Ministerio de Ambiente y Energía, C.R.) y RECOPE (Refinadora Costarricense de Petroleo, C.R.). 1997-1998. Fotografías Aéreas: Rollo 5, Líneas de Vuelo 23 (8), 24 (2), 26 (10), 27 A (7); Rollo 6, Líneas de Vuelo 25 (6), 26 (4), 27 A (8), 28 A (8); y Rollo 11, Línea de Vuelo 25 (7). Esc 1: 40.000 Color. Hauts-Mont Inc. Canadá.

A

9. Leyenda de dibujos de las plantas vasculares

Acacia collinsii

Acalypha diversifolia

Acnistus arborescens

Acrocomia aculeata

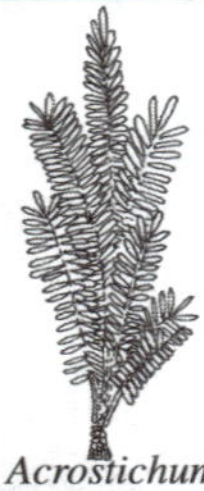

Acrostichum

Albizia carbonaria

Alchemilla pectinata

Alchornea costaricensis

Alfaroa costaricensis

Alfaroa williamsii

Allophylus psilospermus

Alnus acuminata

Ampelocera macrocarpa

Anacardiumxcelsum

Ananas comosus

Andira inermis

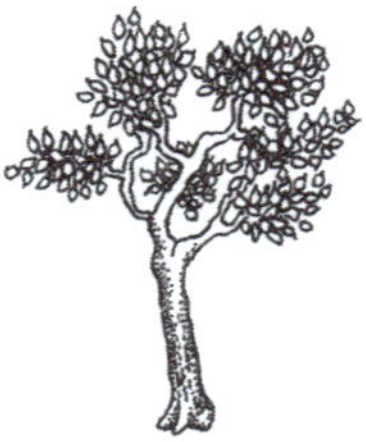

Annona amazonica

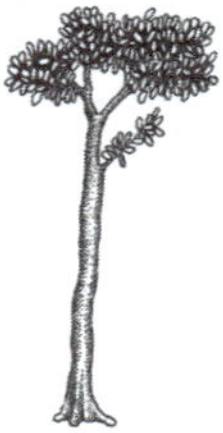

Apeiba membranacea

Apeiba tibourbo

Aphelandra lingua-bovis

Ardisia compressa

Aspidosperma spruceanum

Asplundias microphylla

Asterogyne martiana

Attalea butyracea

Bactris gasipaes 1

Bactris gasipaes 2

Bactris gasipaes 3

Bactris glandulosa

Bactris gasipaes 4

Bauhinia ungulata

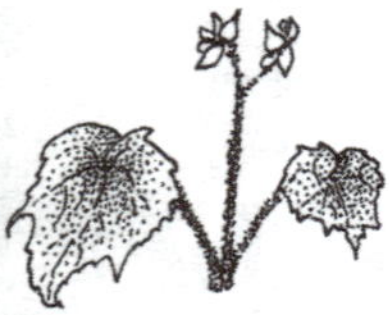

Begonia sp

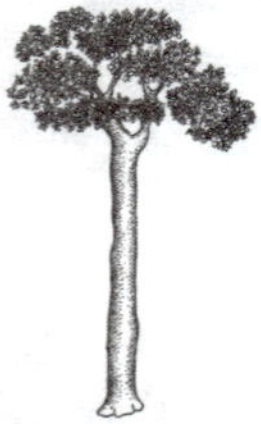

Billia hippocastanum

Bocconia frutescens

Bravaisia integerrima

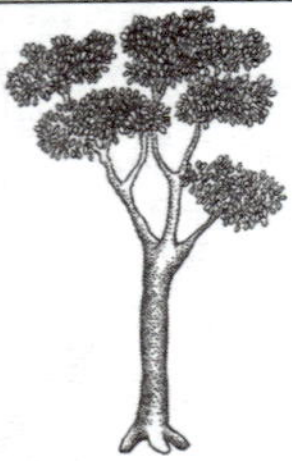

Brosimum costaricanum

B

Brosimum alicastrum

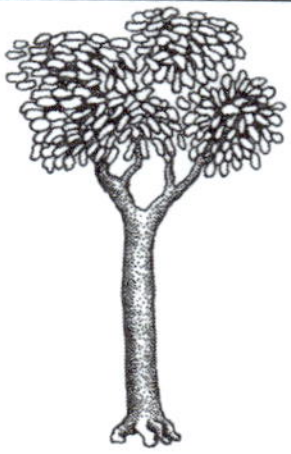
Brosimum utile

Brunellia costaricensis

Buddleja nitida

Bursera simarouba

Byrsonima crassifolia

Calathea lutea

Calatola costaricensis

Calliandra magdalenae

Calophyllum brasiliense

Calyptogyne ghiesbreghtiana

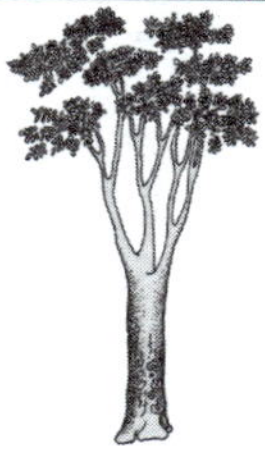
Carapa guianensis

C

Carica papaya

Carludovica drudei

Carpotroche platyptera

Caryocar costaricensis

Casearia arborea

Cassia grandis

Cassiaria arguta

Castilla tunu

Ceanothus caeruleus

Cecropia

Cedrela odorata

Cedrela tonduzii

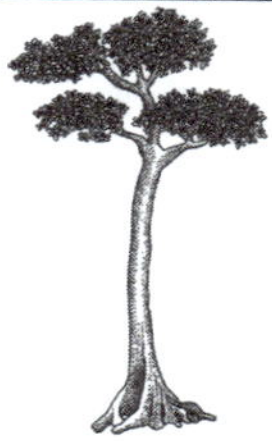

Ceiba pentandra

Chamaedorea tepejitote

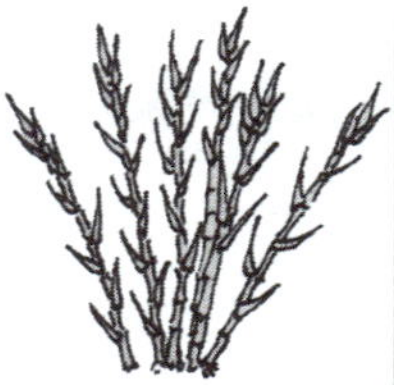

Chusquea subtessellata

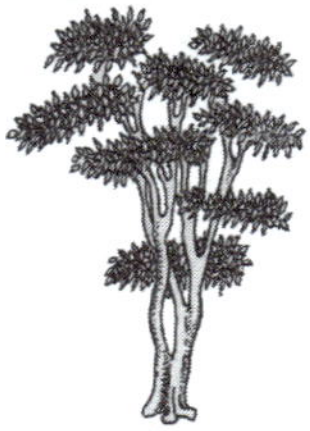

Citharexylum caudatum

Citronella costarisensis

Citrus aurantium

Citrus sinensis

Clethra mexicana

Cleyera theioides

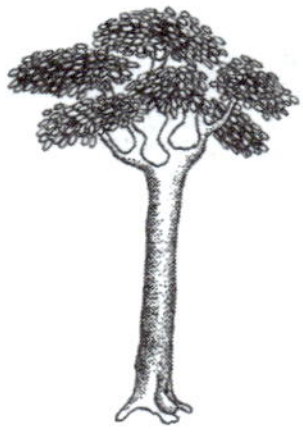

Clusia rosea

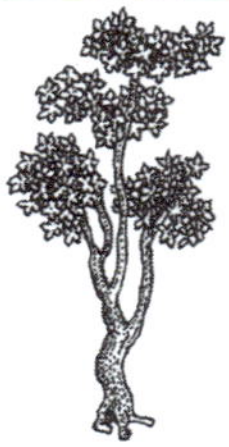

Cochlospermun vitifolium

Cocos nucifera

Coffea arabica

Comarostaphylis arbutoides

Compsoneura sprucei

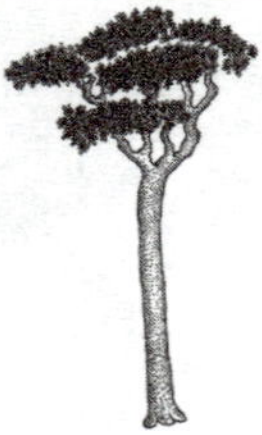

Copaifera camibar

Cordia alliodora

Cornus disciflora

Cupressus lusitanica

Cyathea multiflora

Dendropanax arboreus

Diphysa americana

Dracaena fragans

Ficus crassivenosa

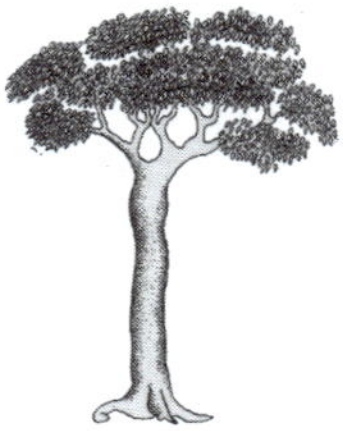

Ficus yoponensis

Ficus tonduzii

Fuchsia paniculata

Gaiadendron puntatum

Garcinia intermedia

Garrya lauriflora

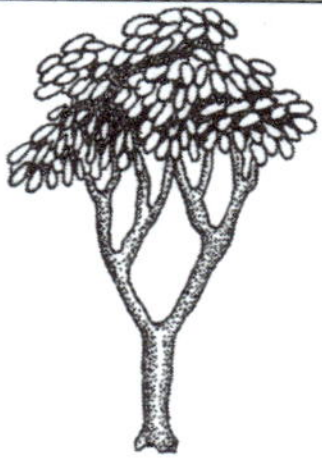

Genipa americana

Geonoma congesta

Gliricidia sepium

Gmelina arborea

Goethalsia meiantha

Gonzalagunia rosea

G

Grias cauliflora

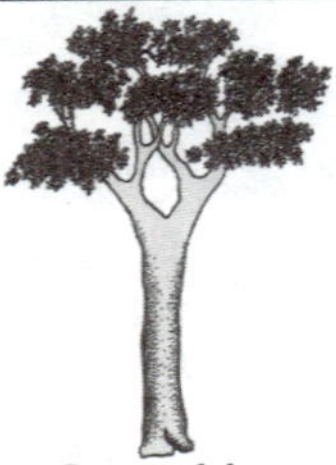
Guarea glabra

Guazuma ulmifolia

Gunnera insignis

Hamelia patens

Hampea platanifolia

Hedyosmum bonplandianum

Heisteria macrophylla

Heliocacpus appendiculatus

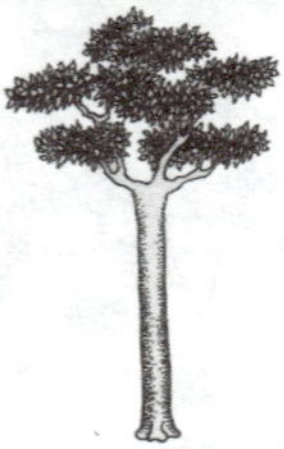
Hernandia stenura

Herrania purpurea

Hesperomeles heterophylla

I

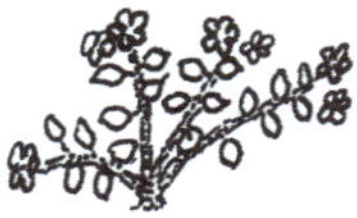

Impatiens walleriana

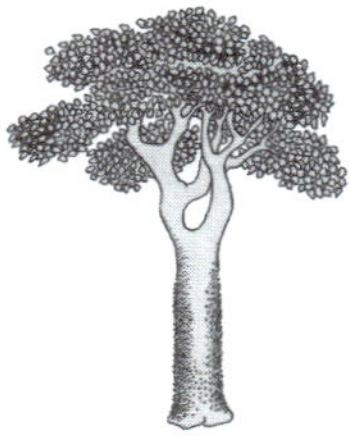

Hura crepitans

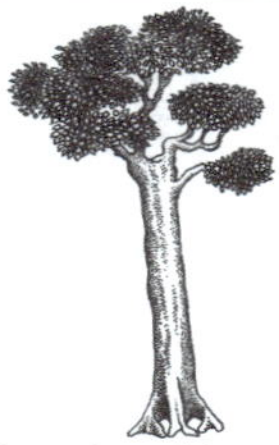

Hyeronima alchorneoides

Hypericum irazuensis

Hyptis brachiata

Inga sapindoides

Iriartea deltoidea

Isertia haenkeana

Jacaranda copaia

Jacaratia dolichaula

Lacistema aggregatum

Laguncularia racemosa

L

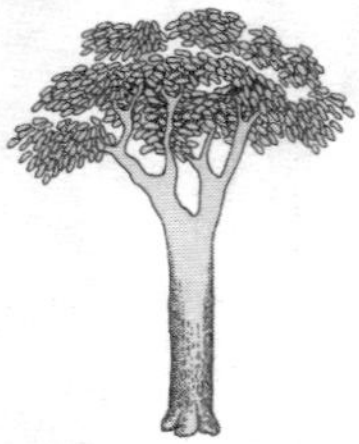

Lippia myriocephala

Luehea seemannii

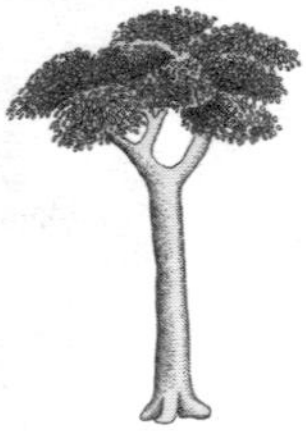

Macrohasseltia macroterantha

Magnolia poasana 1

Magnolia poasana 2

Magnolia sororum

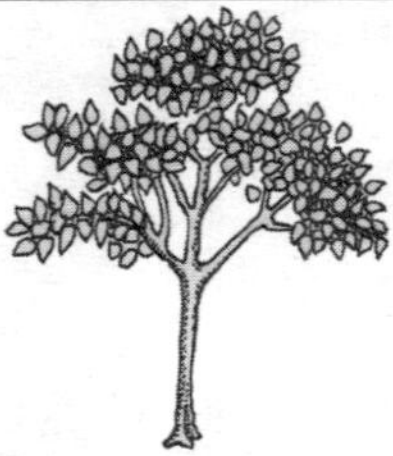

Miconia

Monnina xalapensis

Monstera deliciosa

Mora oleifera

Myrica pubescens

Muntingia calabura

M

Myrrhidendron chirripoense

M. donnel-smithii

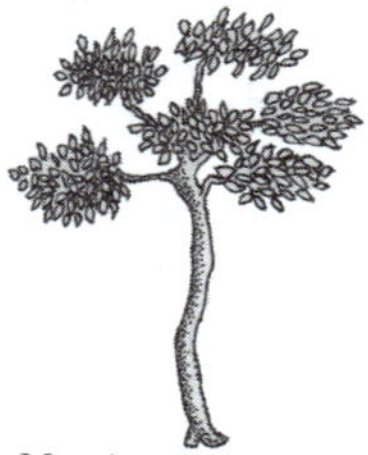
Myrsine coreacea

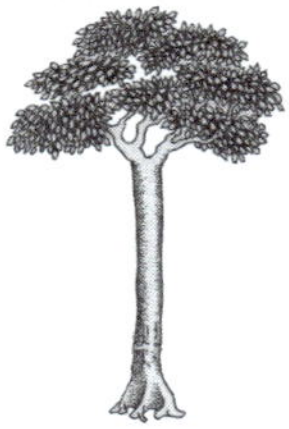
Nectandra cufodontisii

Nicotiana tabacum

Nymphoides

Ocotea nicaraguensis

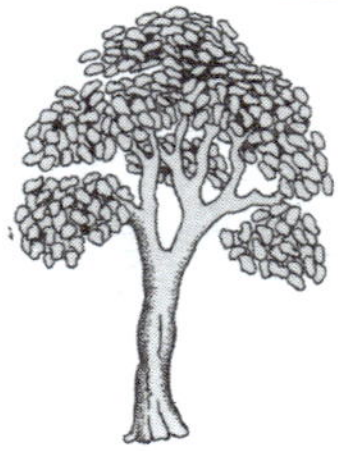
Ochroma pyramidale

Olmedia aspera

Oreopanax xalapensis

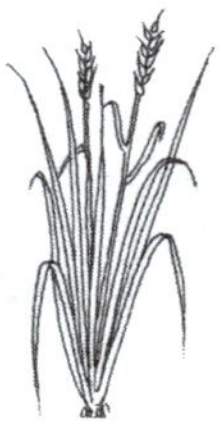
Oryza sativa 2

Oryza sativa 1

O

Otoba novogranatensis

Ottoa oenanthoides

Oxalis

Palicourea guianensis

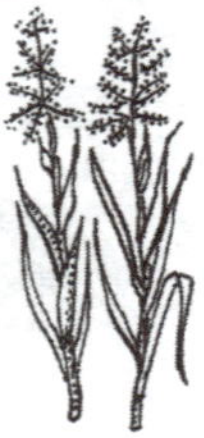

Panicum maximum

Paspalum fasciculatum

Pennisetum 1

Pennisetum 2

Pernettya prostrata

Phytolacca rugosa

Piper

Pleuranthodendron

P

Podocarpus macrostachyus

Pouteria torta

Poulsenia armata

Pourouma bicolor

Prumnopitys standleyi

Psidium guajaba

Pterocarpus rohrii

Pteridium arachnoideum 1

Pteridium arachnoideum 2

Puya dasilirioides

Puya floccosa

Quararibea asterolepis

Q

Quercus copeyensis

Quercus costaricensis

Quercus seemannii

Rhizophora mangle

Rhizophora racemosa

Ricinus cummunis

Roupala montana

Rubus glaucus

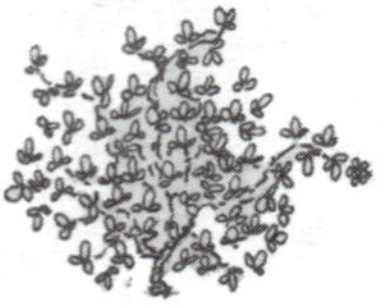
Rubus

Samanea saman

Sapium glandulosum

Sauraria montana

S

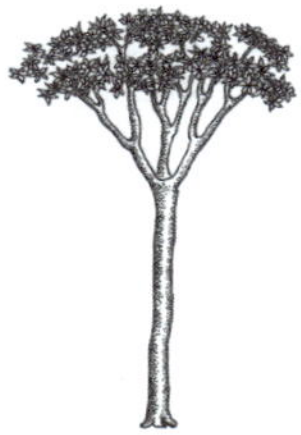

Schefflera morototoni

Schizolobium parahyba

Senecio firmipes

Senecio multivenius

Senecio oerstedianus

Sida rhombifolia

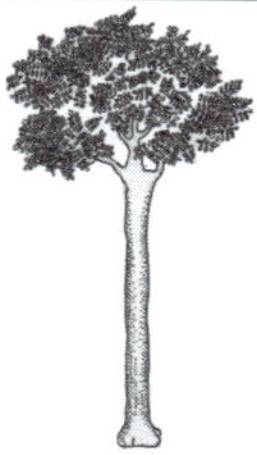

Simarouba amara

Simarouba glauca

Socratea exorrhyza

Spondias mombin

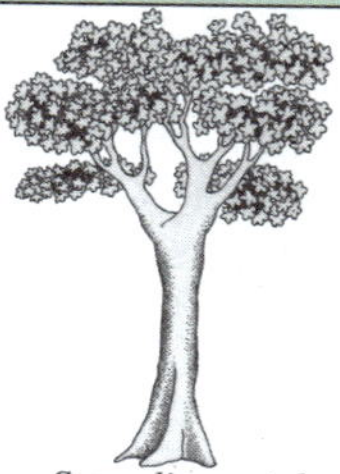

Sterculia apetala

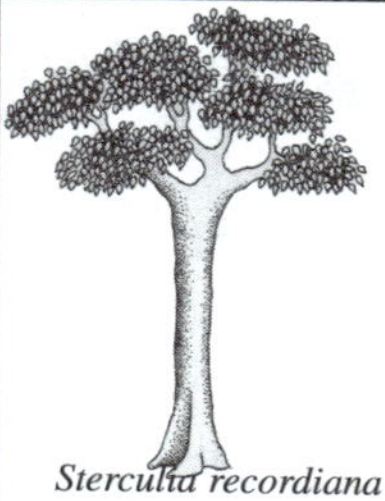

Sterculia recordiana

Styrax argenteus

Styrax glabrescens

Symphonia globulifera

Tabebuia palustris

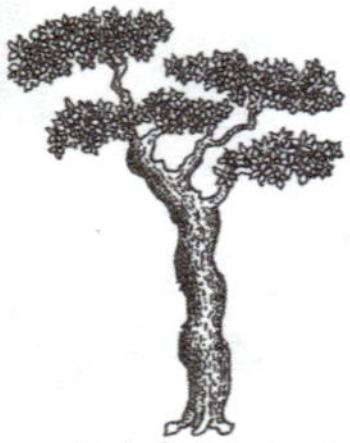

Tabebuia rosea

Tapirira mexicana

Tectona grandis

Terminalia oblonga

Tetragastris panamensis

Tetrathylacium macrophyllum

Tovomita weddelliana

Trema micrantha

T

Trichospermum

Turpinia occidentalis

Ugni myricoides

Ulmus mexicanus

Vaccinium consanguineum

Vernonia patens

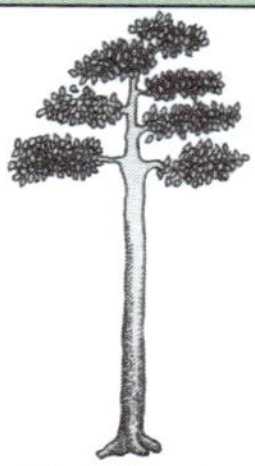
Virola koschnyi

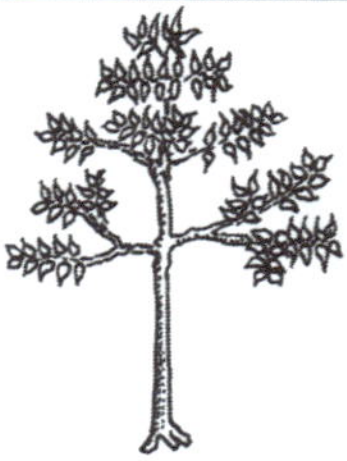
Vismia baccifera

Vitex cooperi

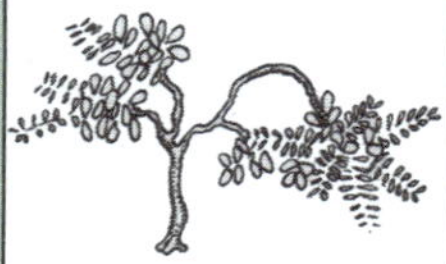
Warszewiczia coccinea

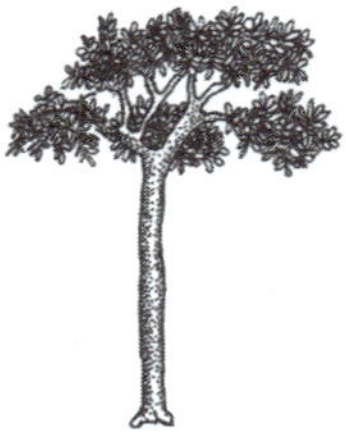
Weinmannia pinnata

Wercklea lutea

W

Wigandia urens

Xylopia frutescens

Zamia skinneri

Zygia longifolia